分子光谱检测及数据处理技术

王巧云　单　鹏　著

U0249496

科学出版社

北　京

内容简介

近些年，光谱技术结合化学计量学方法已经广泛应用于复杂多组分体系的定量和定性分析中。本书系统地介绍了常用光谱技术的基本理论知识、光谱仪的主要组成和功能、化学计量学基础理论以及化学计量学在光谱学中的实际应用。

本书可以作为分析仪器、过程分析和过程控制等相关领域的科研和技术人员的参考书，也可以作为自动化、检测等相关专业的本科生和研究生的教材。

图书在版编目（CIP）数据

分子光谱检测及数据处理技术 / 王巧云，单鹏著. —北京：科学出版社，2019.11

ISBN 978-7-03-062214-3

Ⅰ. ①分…　Ⅱ. ①王…　②单…　Ⅲ. ①分子光谱学－检测　②分子光谱学－数据处理　Ⅳ. ①O561.3

中国版本图书馆 CIP 数据核字（2019）第 188288 号

责任编辑：王　哲 / 责任校对：彭珍珍

责任印制：吴兆东 / 封面设计：迷底书装

科学出版社出版

北京东黄城根北街 16 号

邮政编码：100717

http://www.sciencep.com

北京中石油彩色印刷有限责任公司 印刷

科学出版社发行　各地新华书店经销

*

2019 年 11 月第　一　版　开本：720×1000 1/16

2020 年 1 月第二次印刷　印张：12 3/4　插页：2

字数：280 000

定价：119.00 元

（如有印装质量问题，我社负责调换）

前　言

分子光谱是由分子中电子能级、振动和转动能级的变化产生的，表现为带状光谱。由于分子光谱技术(包括紫外-可见光谱技术、近红外光谱技术、中红外光谱技术及拉曼光谱技术)具有灵敏度高、响应速度快、图谱信息量大，无损伤、无污染，能够在线检测，适用于气体、液体、固体等各种复杂混合物检测的优点，在 20 世纪 90 年代中期，已成为分析化学工作者进行定量和定性分析的主要手段。近几年来，随着光学仪器和化学计量学方法的发展，分子光谱技术展现出新的生命力，使分子光谱技术结合化学计量学方法在复杂多组分体系的应用迈上了一个新台阶。针对任何复杂体系，均可以使用各种以分子光谱理论为基础构建的现代分析测试仪器，将复杂体系样品的化学组成及结构信息通过光谱的形式展现出来，再借助化学计量学多变量分析的方法进行解调，获得物质的化学信息。目前，分子光谱技术结合化学计量学方法对物质进行定量和定性分析已经在很多领域得到应用，分子光谱技术在科研和工农业生产中发挥着越来越重要的作用。国内外已经有很多关于分子光谱和化学计量学的著作，但是这些著作大多侧重基础理论的介绍，很少有针对各种光谱的化学计量学方法的详细介绍。本书从理论出发，对各种光谱技术的基础理论进行介绍，并结合实际，对各种光谱的化学计量学方法进行解释。

作者从 2010 年开始从事分子光谱及化学计量学相关领域的应用研究工作，取得了一些有价值的创新性研究成果。本书除了对数据预处理方法、主成分分析、偏最小二乘、人工神经网络、遗传算法、支持向量机和极限学习机等化学计量学方法的成果进行介绍外，还对各种化学计量学方法在实际光谱中的应用进行介绍，使得本书理论与实际相结合，为技术人员提供帮助。本书内容如下：第 1 章对分子光谱及化学计量学进行了概述；第 2 章对紫外-可见光谱的基本原理、相关仪器进行了介绍；第 3 章对荧光光谱的基本原理、相关仪器进行了介绍；第 4 章对红外光谱的基本原理、相关仪器进行了介绍；第 5 章对拉曼光谱的基本原理、相关仪器进行了介绍；第 6 章对化学计量学基础进行了介绍；第 7 章对主成分分析的基本原理及相关算法进行了详细论述；第 8 章对偏最小二乘的基本原理及相关算法进行了详细论述；第 9 章对遗传算法的基本原理及相关算法进行了详细论述；第 10 章对人工神经网络的基本原理及相关算法进行了详细论述；第 11 章对极限学习机的基本原理及相关算法进行了详细论述；第 12 章对支持向量机的基本原理及相关算法进行了详细论述；第 13 章对模式识别的基本原理及相关算法进行了详细论述。

本书由王巧云负责整体安排和编写，单鹏参与编写了化学计量学部分，邢凌宇、尹翔宇在资料收集、文字整理等方面做了很多的工作，在此表示感谢。本书的出版得到了国家自然科学基金（11404054、61601104）、中央高校基本科研业务费（N142304003、N172304032）、河北省自然科学基金（F2019501025、F2017501052）的资助。

由于作者水平有限，书中难免存在不妥之处，恳请广大专家和读者批评指正。

作　者

2019 年 6 月

目录

第 1 章　概　　述

分析化学是化学分析方法的一个主要分支，主要是对物质的组成、含量、结构和其他信息进行研究，为工业、农业、国防等领域提供科学技术服务。根据分析方法对其进行分类，可分为化学分析和仪器分析两部分。

1.1　光谱学概论

光谱学是一门主要涉及物理学及化学的重要交叉学科，通过光谱来研究电磁波与物质之间的相互作用。光是一种由各种波长(或者频率)的电磁波叠加起来的电磁辐射。光谱借助光栅、棱镜、傅里叶变换等分光手段将一束电磁辐射的某项性质解析成辐射的各个组成波长对此性质贡献的图表。例如，一幅吸收光谱可以在某个波段按照从低到高的波长顺序列出物质对于相应波长的吸收程度。随着科技的进展，光谱学所涉及的电磁波波段越来越广泛，从波长处于皮米级的γ射线，到 X 射线、紫外线、可见光区域、红外线、微波，再到波长可达几千米的无线电波，都有其与物质作用的特征形式。按照光与物质的作用形式，光谱一般可分为吸收光谱、发射光谱、散射光谱等。通过光谱学研究，人们可以解析原子与分子的能级与几何结构、特定化学过程的反应速率、某物质在太空中特定区域的浓度分布等多方面的微观与宏观性质。

当某一特定波长的光照射到一些物质之后，物质分子由于吸收入射光光子的能量而激发，其电子由基态跃迁到激发态。处于激发态的分子是不稳定的，将以辐射的形式又回到基态，此过程中所产生的发光称为光致发光[1]。分子光谱法是由分子中电子能级、振动能级和转动能级的变化产生的，表现为带状光谱，如图 1.1 所示。属于这类分析方法的有红外光谱、拉曼光谱、紫外光谱和分子荧光光谱等。

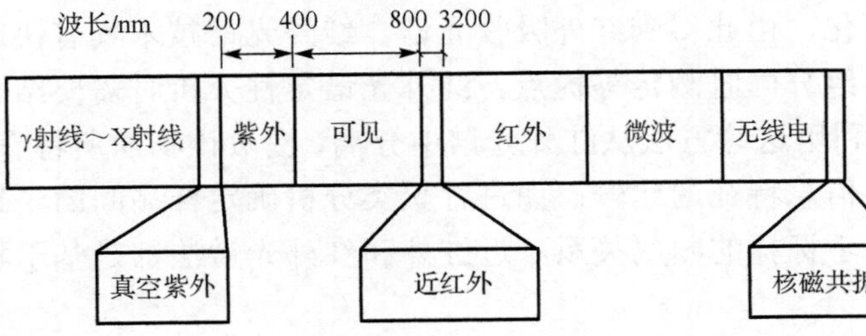

图 1.1　波长分布图

光学分析法是一种重要且常用的仪器分析方法，是在电磁辐射与物质相互作用产生的辐射、吸收和散射等物理现象基础上进行分析的方法，利用从光谱中提取的信息，来对待测物质进行定性、定量或结构分析。光学分析法依照物质与辐射能作用性质的不同，分为光谱法和非光谱法，光谱法主要有发射光谱、吸收光谱和散射光谱三种类型[2]，其中紫外-可见光谱属于吸收光谱，原子和分子荧光光谱属于发射光谱[3]。光谱分析方法具有操作简单、检测过程快速、无污染等特点，成为了新型的分析检测技术之一[4]。

1.1.1 紫外-可见光谱

紫外-可见光谱(Ultraviolet Visible Absorption Spectroscopy)是物质的分子吸收紫外光-可见光区的电磁波时，电子发生跃迁所产生的吸收光谱。通常我们所说的紫外-可见光谱其波长范围主要为200～800nm（其中10～200nm为真空紫外区，由于空气对远紫外区的电磁波有强吸收，因此其光谱研究较少）。由于不同物质的分子其组成和结构不同，它们所具有的特征能级也不同，其能级差不同，而各物质只能吸收与它们分子内部能级差相当的光辐射，所以不同物质对不同波长光的吸收具有选择性。

1.1.2 荧光光谱

荧光光谱是指荧光物质受到激发光的激发后，电子在由第一电子激发单重态跃迁到基态时所发射的光。一般情况下根据荧光所处的波长范围，把荧光分为X射线荧光、紫外射线荧光、可见荧光和红外荧光等。由于不同的发光物质内部结构不同且具有不同的发光性质，所以可以根据荧光光谱的性质鉴别荧光物质，根据特定波长下的荧光强度对荧光物质进行定量分析。

1.1.3 近红外和红外光谱

进行检测时，红外光穿过样品，导致样品分子中的基团吸收红外光产生振动，偶极矩发生了变化，由此得到红外吸收光谱。红外光谱技术具有快速、高效，能够在线检测及多组分同时测定等优点。红外光谱定性分析时需要结合化学计量学方法进行处理，利用这些方法从红外光谱中分离、提取该物质所特有的信息特征，再通过不同样品信息特征的比较，如进行聚类分析确定样品间的一致程度，进而确定未知样品对于标样的归属关系，近红外和红外光谱法都是基于相同的原理来进行测定的。

1.1.4 拉曼光谱

拉曼光谱法同近红外光谱法类似，也是用来测定分子振动光谱的方法。拉曼光谱通过特征频移来表征待测物的分子结构及其主要成分信息，因此，可运用拉曼光谱法对物质的成分、分子结构以及浓度等进行检测。拉曼光谱不易受水的干扰，且谱峰尖锐清晰，能很好地反映组分的信息，在食品等领域的定量及定性分析中应用较广泛。

拉曼光谱是一种散射光谱。当单色激光照射在样品上时，分子的极化率发生变化，产生拉曼散射，检测器检测到的是拉曼散射光。拉曼光谱具有快速、高效、无污染、无需前处理、不损坏样品等优点。

1.2 化学计量学概论

1.2.1 化学计量学的含义

化学计量学诞生于 20 世纪 70 年代初期。1971 年，瑞典化学家 Wold 正式宣布了化学计量学这门新兴学科的诞生。化学计量学是综合运用计算机科学、数学和统计学等相关科学，寻找最佳方法优化化学测量过程，并从测量数据中最大限度地提取有用信息。将化学计量学与分子光谱相结合，最大限度地提取光谱数据中的有用信息，建立对分析组分性质高效、可靠的分析检测模型。

1.2.2 化学计量学的发展历史

化学计量学是一门新兴的交叉学科，它综合应用数学、统计学与计算机科学的工具和手段及其最新研究成果，来设计或选择最优的化学量测过程和方法，并通过解析化学量测数据最大限度地获取化学及其他相关信息，是化学特别是分析化学与数学、统计学及计算机科学之间的“接口”。化学计量学可以为现代化学量测手段提供基础的理论与方法，作为化学与分析化学学科的一个独特分支，已经成为非常活跃的研究领域之一[5]。

最初化学计量学的定义为“化学计量学是一门化学分支学科，它应用数学和统计学方法，借助计算机技术，设计和选择最优的测量程序和试验方法，并且通过解释化学数据获得最大限度的信息。在分析化学领域中，化学计量学通过应用数学和统计学方法，以最佳的方式获取关于物质系统的有关信息”。随着化学计量学的不断发展，化学计量学的内涵也得到了丰富和发展。Wold 对化学计量学的基本含义进行了重新界定，即“从化学量测数据中获取、表述、显示相关化学信息”。并指出“化学计量学的主要特征是把化学问题构造成可以通过数学关系表达的数学模型”。Brown 则认为“化学计量学是定量测量化学与应用统计学的一个交叉领域，通过数学和统计学方法从化学数据中提取信息”。

由于实际化学测量体系的多样性和复杂性，描述其特征的数学模型也是相当复杂的，甚至是非线性的。现代数学和统计学在处理这样的问题时也面临着严峻的挑战。因此，化学计量学不仅仅是数学、统计学或者计算机科学在化学中的应用，它也为数学、统计学和计算化学的理论和应用研究提供了更广阔的发展空间。化学体系的测量数据有其独有的特征，例如，分析样品浓度和波谱的非负性，色谱曲线流出的依次性和单峰性。作为分析化学学科重要分支的化学计量学也发展了具有自己特色的理论和应用方法，例如，已应用的多元校正、多元分辨等，以及秩消失因子分析方法、广义标准加入法等。化学计量学的基础理论和方法基本上形成了一套较完整的体系，成为了分析化学第二层次基础理论和方法学的重要组成部分，其研究发展的领域已经非常广泛，对分析化学乃至整个化学产生了深刻的影响。化学计量学为化学量测提供了理论和方法，为各类波谱及化学量测数据的解析和化学化工过程的机理研究和优化提供了新途径，其研究领域基本涵盖了化学量测的全过程，包括：采样理论与方法、试验设计与化学化工过程优化控制、化学信号处理、多元校正与分辨、化学模式识别、化学过程和化学量测过程的计算机模拟、化学定量构效关系、化学数据库、人工智能与化学专家系统等。这正如美国化学家 Kowalski 所宣称的那样，“分析化学已由单纯的提供数据，上升到从分析化学数据中获取有用的信息和知识，成为生产和科研中实际问题的解决者”。

近几年来，计算机科学、统计学、应用数学以及信息科学的快速发展，为化学计量学注入了新鲜血液，如各类人工神经网络(Artificial Neural Network，ANN)和支持向量机(Support Vector Machine， SVM)的新算法、信息科学中的小波分析(Wavelet Analysis)和图像分析(Image Analysis，IA)、组合技术等，都引起化学计量学家的浓厚兴趣，发展了很多适合于化学量测数据特点的新方法，使得分析化学家比以往任何时候更有能力参与解决化学中许多复杂的问题，在解决化学的实际问题中发挥了巨大的作用。而且，与其他化学相关的领域，如环境科学、食品科学、生物科学、医药化学及农药化学等中出现的日益复杂而传统分析方法无法处理的问题相结合，构成了化学计量学发展的又一个动力因素。同时，化学计量学的发展也为化学各分支学科带来了巨大的活力，特别是分析化学、食品化学、环境化学、药物化学、农业化学、有机化学、化学工程等，提供了不少解决问题的新思路、新途径和新方法。至今为止，化学计量学已发展成为化学与分析化学学科的一个独特且成熟的分支。

化学计量学的研究大致主要包括两方面的内容：一方面是化学计量学在分析化学及其他相关领域中的应用研究，这是化学计量学实践价值得以实现的基础。例如，化学反应动力学、药物动力学、环境化学、化学反应过程控制、中药复方与质量控制、化工与制药企业的在线现场检测与控制等。其研究范围远远超出了分析化学的领域，解决了传统方法无法解决的问题，体现了化学计量学的强大优势。另一方面是化学计量学基础理论与方法的研究。化学计量学的本质就在于从多变量(Multivariate)的角度亦即从矢量空间的角度来看待化学量测数据。因此，可以将其他领域特别是数学中的许多理论和方法，如最优化理论、矩阵理论、数论方法等引入化学计量学并结合化学体系独有的特征，建立适合于解决化学问题的化学计量学算法。化学计量学研究的这两方面内容也是相辅相成，相互促进的。实际问题的解决，促进了化学计量学在各分析化学相关或者相邻领域的应用；反之，随着研究问题的复杂化，又对化学计量学提出了更高的要求，并且催生了新方法的出现。而且，无论如何变化，化学计量学研究和处理的对象(分析数据)是不变的，始终依赖于仪器产生的分析数据最大限度地挖掘化学信息和其他的相关信息。从分析化学的角度看，以多元校正(Multivariate Calibration)和多元分辨(Multivariate Resolution)为基础的研究领域最为活跃、应用最为广泛，构成了分析化学计量学的核心部分。根据所分析数据的结构不同，化学计量学的研究范围主要为二维化学数据和三维化学数据的解析。前者的研究对象为矩阵数据，后者是基于三维数据阵列或者称为立体阵进行研究的。

1.3 化学计量学在光谱学中的应用

光谱法简便、快速、价廉，该方法不仅能够提供量化信息，而且也能给出定性信息(如功能团的化学结构等)。一般而言，光谱法需要化学计量学的方法(如主成分分析、偏最小二乘法等)对谱图进行分析后才能得出结果。

光谱带中含有待分析的信息，但是严重重叠的光谱带以及受到一些物理、化学和结构变量的影响，使得待分析信息以及样品之间的差异可能会导致非常轻微的光谱差异，难以通过肉眼进行区分。然而，功能强大的分子光谱仪可以提供大量的快速、高效处理的数据，从而产生有用的分析信息。由于这些原因，光谱需要使用化学计量学方法从分析数据中提取足够多的相关信息，所以这两种技术是密切相关的。化学计量学方法和光谱的结合经常推动新的化学计量学算法的产生。

光谱中所包含的分析信息，可以通过使用各种多元分析技术提取，涉及几个分析变量的属性的分析物。最常用的多变量技术可以对类似特性的样品进行分组，以建立未知的样品分类方法(定性分析)，或执行方法确定一些属性未知样品(定量分析)。

1.3.1 光谱预处理

在测量样品的分子光谱中，不仅仅包含样品的化学信息，同时还包含一些干扰信息，如环境噪声、电噪声、杂散光和样品背景等。因此需要运用一些数学中的数据处理方法消除原始分子光谱数据中的干扰信息，常用的处理方法有均值中心化、标准化、标准正态变量变换(Standard Normal Variation，SNV)、平滑、求导等。

光谱处理方法中均值中心化和标准化可以增加光谱之间的差异性。平滑可以有效去除光谱中的噪声，但选择的移动窗口大小对平滑效果存在较大的影响。SNV可以消除样品表面漫反射和光程变化的影响。对光谱进行求导可以明显消除基线等干扰。运用这些数据处理方法对光谱数据进行预处理后，更加有利于后续运用光谱数据进行定量和定性分析。

数据求导也是近红外光谱分析中常用的预处理方法，能够有效地对光谱数据进行基线校正，并提高灵敏度。数据求导的方法包括直接差分和 Savitzky-Golay多项式微分。

1.3.2 线性校正方法

线性校正方法主要包括多元线性回归(Multivariate Linear Regression，MLR)、主成分回归(Principal Component Regression，PCR)和偏最小二乘(Partial Least Squares，PLS)等。

多元线性回归又称逆最小二乘法，是最早期近红外光谱定量分析常用的校正方法。它在建立模型前需要对与待测属性对应的特征谱段进行选择，所以具有较大的随意性。但是 MLR 存在诸多局限性，一是由于回归矩阵方程维数限制，所选的变量数(波长点数)不能超过校正集样本数。二是当光谱本身存在线性相关性时，在运算过程中会出现病态矩阵，无法求逆，回归等式可能产生不稳定。此外，直接在波长集合上建模，获取有用信息的同时还可能引入噪声，有可能导致模型过拟合，降低了模型预测能力。

主成分回归先对校正集样本光谱矩阵进行分解，然后选取其中的主元来进行多元线性回归。PCR 结合了对光谱的主成分分析(Principal Component Analysis,

PCA)和 MLR 校正技术获得对复杂样本的定量模型。光谱数据经过 PCA 分解后按照主成分信息量(主成分向量方差)大小组成若干个主成分，用少数几个主要主成分代替原始光谱数据建立线性校正模型，在最大可能利用光谱信息的前提下，忽略掉那些次要主成分，抑制了测量噪声对模型的影响，同时克服了 MLR 由输入变量间严重共线性引起的不稳定带来的计算误差放大问题，建立的模型能预测更复杂的样本属性并且具有更好的外推性。但是，PCA 主成分只代表了校正集样本光谱自身的最大差异性，而这种差异性不一定完全是由待测组分的不同引起的。另外，用于参与多元线性回归的主成分个数是 PCR 的一个重要参数，称为主成分数或主因子数，如果选取的主成分数过多，有可能造成模型过拟合；反之，如果主成分数过少，则会丢失较多的有效光谱信息，造成模型拟合误差大。近几年来，已经很少有直接采用 PCR 方法建立光谱校正模型的文献报道，而对主成分分析方法的研究则主要集中于样本分类和特征提取等领域。

偏最小二乘由 Wold 于 1966 年提出，现已成为光谱定量分析中应用最广泛的一种方法。在 PCR 方法中，只对光谱矩阵进行了分解和主成分特征提取，因此找到的主成分仅能保证自身方差最大，未必与待测属性矩阵线性相关度最佳。偏最小二乘在分解过程中使用了待测属性的信息，使提取出的主成分与待测属性矩阵协方差最大，这样就保证了主成分与待测属性的最大线性相关度，从而获得最佳的校正模型。可以说，偏最小二乘是多元线性回归、典型相关分析和主成分回归的完美结合。Edwar 等通过对多元线性回归、主成分回归和偏最小二乘在定量校正中应用的比较，认为偏最小二乘是最优的方法。

1.3.3 非线性校正方法

在实际工作中，光谱数据与样品待测属性化学测定值之间往往具有一定的非线性，特别是样品待测属性的范围比较大时，其非线性比较明显。另外，样品多组分互相作用、仪器的测量噪声等原因，也会引起光谱数据与待测属性之间的非线性。尽管偏最小二乘在一定程度上可以校正非线性因素，但如果光谱数据与待测属性之间的线性相关性不理想，利用线性校正方法已经无法得到满意的回归和预测精度，需要采用非线性校正方法建立校正模型。常用的非线性校正方法主要包括人工神经网络和支持向量机等。

人工神经网络具有自学习、自组织、自适应和很强的容错能力，并且具有很强的非线性表达能力，因此被作为一种非线性校正方法被引入到光谱定量校正中。但是人工神经网络训练速度慢、容易陷入局部最优、存在过拟合现象以及预测能力较差，限制了其实际应用。

支持向量机法是在统计学习理论的基础上发展起来的一种新的统计学习方

法，可以被应用于定性和定量分析，能够有效克服人工神经网络训练速度慢、过拟合、预测能力差的缺点，在小样本、非线性和高维数据空间条件下的样本分类和回归问题中，表现出了传统方法所不具有的优势。最小二乘支持向量机(Least Square-Support Vector Machines，LS-SVM)是标准支持向量机在二次损失函数形式下的一种扩展，它用等式约束代替不等式约束，需求解一个等式方程组，避免了耗时求解二次规划的问题，使求解速度相对加快，在函数估计和逼近中得到重视。

第2章 紫外-可见光谱

由于每个能级跃迁需要的能量均不相同，且各能级跃迁能量对应一定的电磁辐射波长，从而在不同的光谱区出现吸收光谱带。紫外-可见光谱属于电子吸收光谱，产生电子光谱条件为：分子吸收特定能量的光子，然后出现电子能级的跃迁。其能量约为 1～20eV，响应的波长范围在紫外-可见光区(200～400nm，400～800nm)。紫外-可见光谱主要是利用可见光和紫外波段在经过被测物质后所发生的吸收或反射情况进行定量或定性分析的一种方法，其覆盖的波段主要为 100～800nm，其中，100～200nm 波段为远紫外光谱区，200～400nm 波段为紫外光谱区，400～800nm 为可见光谱区[3]。由于紫外-可见光谱法具有灵敏度好、选择性强等优点，因此得到了广泛的应用。

2.1 基本原理

2.1.1 分子吸收光谱原理

紫外-可见光谱属于电子吸收光谱，是由原子分子的外层电子或价电子的跃迁产生的。在每一个电子能级中包含很多振动能级和转动能级，使用紫外光或可见光照射分子时，会同时发生多种能级跃迁，此时分子有多种多样的运动形式，分别为电子运动、分子中各原子的振动、分子整体的转动。假设这三种分子运动形式之间没有相互作用，则这三种分子运动的能量之和可以表示为分子总能量。通常状态下，分子具有的总能量如下：

$$E_{总} = E_{内能} + E_{平动能} + E_{电子} + E_{振动} + E_{转动} \tag{2.1}$$

其中，$E_{内能}$ 为分子所具有的固有内能，其不会随着分子本身运动状态的改变而改变；$E_{平动能}$ 为分子所具有的平动能，其指的是分子做自由运动所需要的能量，仅与物质的温度有关；$E_{电子}$ 为分子中电子因为围绕原子核相对运动而具有的能量；$E_{振动}$ 为分子内部原子在各自平衡位置附近振动所具备的能量；$E_{转动}$ 为分子自身转动所携带的能量。当分子吸收外界能量时，即会从一个状态向另外一个状态跃迁，并导致总能量发生变化，此变化造成了分子对激发光有特定的吸收谱线[6]。

2.1.2 朗伯-比尔定律

朗伯-比尔定律是光吸收的基本定律，所有吸光物质都满足该定律，因此紫外-可见光谱也服从此定律。朗伯-比尔定律的定义为：将一束平行单色光作为入射光通过非散射且均匀的透明溶液时，该样品溶液对单色光的吸收程度和样品溶液的浓度、单色光通过样品溶液的光程的乘积成正比。

朗伯-比尔定律表示如下：

$$I = I_0 e^{-\varepsilon bc} \tag{2.2}$$

其中，I为透射光的强度，I_0为入射光的强度。当入射光全部被吸收时，$I=0$。ε为摩尔吸收系数，b为样品的光程，c为样品溶液的浓度。

当用一适当波长的单色光照射某一溶液时，如果液体光程固定，则吸光度与溶液浓度成正比。又由吸收定律可知，如果溶液的浓度和液体厚度都不固定时，就必须考虑溶液浓度和厚度对吸光度的影响。结合朗伯-比尔定律及吸收定律可知，吸光度A可以表示为

$$A = \varepsilon bc \tag{2.3}$$

式(2.3)即为吸收定律的数学表达式。该定律表明，当用一适当波长的单色光照射吸收物质的溶液时，其吸光度与溶液浓度和透光液层厚度的乘积成正比。在理想吸收情况下，吸光度A与样品溶液中吸光物质浓度c呈线性关系，其中ε和b均为常量[7]。因此，在测量样品溶液中吸光物质浓度时，可以通过式(2.3)中A和c的关系进行推导。朗伯-比尔定律成立的前提为：①作为入射光必须要选用平行单色光，吸收定律的准确率与单色光纯度成正相关；②吸光物质需要呈现均匀非散射特性；③吸光质点之间没有严格意义上的相互作用；④在光吸收过程中允许辐射与物质之间的相互作用，但在吸收过程中不能产生荧光和光化学现象。

然而，在某些情况下，朗伯-比尔定律关系被破坏并呈现非线性关系，偏离因素可以分为三类。

(1)实际偏差。朗伯-比尔定律本身的限制而产生的偏差，包括：溶液物质浓度过高时，溶质分子可以在溶液中的相邻物质上引起不同的电荷分布，从而造成它们的吸光能力产生变化，高浓度溶液也可能改变溶液的折射率，其反过来可能影响获得的吸光度；溶液物质不均匀也会引起偏差。

(2)化学偏差。被分析样品的特定化学物质而产生的偏差，包括：涉及溶液物质分子的化学反应而产生化学偏差，如溶液中的化合物，常因缔合、解离、聚合、光化反应等，从而产生具有不同吸收特性的新产物，改变溶液浓度；样品溶液中

含有胶体和悬浮物质，使光产生散射而损失能量，又或者在光吸收过程中吸光物质发生荧光和光化学现象。

(3) 仪器偏差。进行吸光度测量而发生的偏差，包括：入射光不是严格意义上的单色光或平行光；样品溶液和参比溶液的样品池具有不同的光程或不等的光学特性。

而且，如果溶液中含有 n 种彼此不相互作用的组分，它们对某一波长的光都产生吸收，那么该溶液对该波长光吸收的总吸光度 $A_{总}$ 应该等于溶液中 n 种组分的吸光度之和，即吸光度具有加和性，如下：

$$A_{总} = A_1 + A_2 + A_3 + \cdots + A_n = (\varepsilon_1 c_1 + \varepsilon_2 c_2 + \varepsilon_3 c_3 + \cdots + \varepsilon_n c_n)b \tag{2.4}$$

其中，A_n 为该混合物在第 n 个波长位置的吸光度，ε_n 为第 n 种纯物质组分的摩尔吸光系数，c_n 为第 n 种物质的浓度。

2.1.3　有机物的紫外-可见光谱的吸收原理

对于有机物分子，其分子吸收入射光光能后使得价电子发生跃迁，从而形成有机化合物的电子吸收光谱[8,9]。根据分子轨道理论可知，与紫外-可见光谱有关的价电子主要为：形成单键的 σ 电子、形成双键的 π 电子和未参与成键的 n 电子(即分子中未共用的电子对或称非键电子对，也称为孤对电子，p 电子)。当分子吸收特定值的能量之后，价电子将从低能量轨道跃迁至高能量轨道，如图 2.1 所示。根据分子轨道理论，分子中这三种电子的能级的高低次序是：$\sigma < \pi < n < \pi^* < \sigma^*$，其中，$\sigma$ 和 π 表示成键分子轨道，n 表示非键分子轨道，π^* 和 σ^* 表示反键分子轨道。σ 和 σ^* 轨道是由原来原子的 s 电子和 p_x 电子构成，π 和 π^* 轨道是由原来的 p_y 和 p_z 电子构成，n 轨道由原子中未参与成键的 p 电子构成。

大多数有机物分子中，价电子总是处在 n 轨道以下的各个轨道当中。当受到光照射后，处在较低能级的电子将跃迁至较高能级中。图 2.1 显示了可能出现的跃迁种类为：$\sigma \to \sigma^*$ 跃迁、$\pi \to \sigma^*$ 跃迁、$\sigma \to \pi^*$ 跃迁、$n \to \sigma^*$ 跃迁、$\pi \to \pi^*$ 跃迁和 $n \to \pi^*$ 跃迁。其中，$\sigma \to \sigma^*$ 跃迁、$\pi \to \sigma^*$ 跃迁和 $\sigma \to \pi^*$ 跃迁对应于远紫外区，不能用一般的紫外-可见光谱仪来测定，因此很少讨论这几种谱线吸收。

分子中价电子从 $n \to \pi^*$ 跃迁时，所需要的能量最小，在较长波段会得到该跃迁方式的吸收峰；其次为 $\pi \to \pi^*$ 跃迁，以上两类跃迁是有机化合物最有用的跃迁类型，对应的吸收峰一般都处在波长大于 200nm 的近紫外区，甚至会出现在可见区($n \to \pi^*$ 跃迁产生的)。因此，紫外光谱适用于分子中具有不饱和结构的有机化合物。

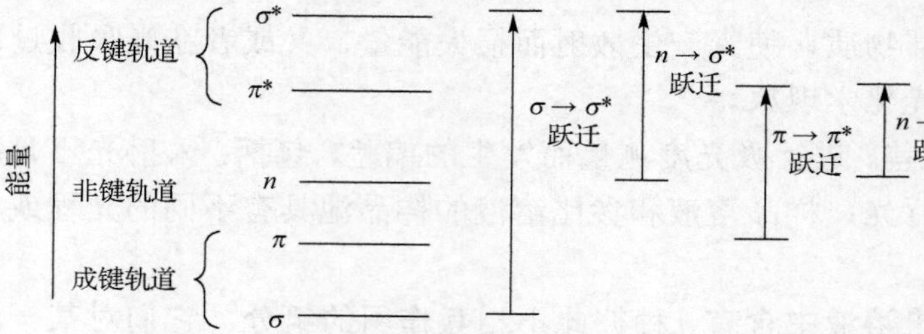

图 2.1　分子中电子跃迁相应的吸收峰和能量示意图

综上所述，饱和化合物或者单烯在 200～400nm 处无法产生吸收峰；芳环类在 250～300nm 处具有中等强度吸收峰，该吸收峰为芳环特征吸收谱；对于具有共轭体系带的化合物，在 200～250nm 处具有较强的吸收；对于含有羟基或者共轭羟基的化合物，则会在 250～350nm 处产生中低强度的吸收；对于含有多环芳烃的有机物，其吸收波长会向紫外区长波方向偏离。

2.2 紫外-可见光谱仪

紫外-可见光谱仪又称为紫外-可见分光光度计，其由五个部件组成：光源、单色仪、样品池、检测器和记录仪。

2.2.1 光源

对于紫外-可见光谱仪来说，光源要求在仪器操作所需的光谱区域内能够发射连续辐射，有足够的辐射强度和良好的稳定性，而且辐射能量随波长的变化应尽可能小。紫外-可见光谱仪中常用的光源有热辐射光源和气体放电光源两类。在检测过程中，光谱仪可以根据检测需要自动切换光源，并自动转换滤光片，以消除高级次谱的干扰。

热辐射光源用于可见光区，如钨丝灯和卤钨灯，可使用的范围在 340～2500nm，其能量大部分处于近红外区。提高钨丝的工作温度可以使光谱向短波方向移动，钨丝灯的工作温度一般设定在 2870K。这类光源的辐射能量与外加电压有关，在可见光区，辐射的能量与工作电压的 4 次方成正比，光电流也与灯丝电压的 n 次方成正比，而且灯的发射系数对灯电压非常敏感，因此必须严格控制灯丝电压，仪器必须备有稳压装置。卤钨灯是指在钨丝灯中加入适量的卤素或者卤化物而制成的。灯内卤元素的存在，使得钨丝灯在工作时挥发出的钨原子和卤素发生作用生成卤化物，卤化物分子在灯丝上受热分解成钨原子和卤素，使得钨原子重新返回到钨丝上，这样就大大减少了钨原子的蒸发，提高了灯的使用寿命。

此外，卤钨灯比普通钨丝灯的发光效率高很多。所以，大多数仪器都采用卤钨灯作为可见光和近红外区域的光源。

气体放电光源主要用于近紫外光区，如氢灯和氘灯，它们可在 160～375nm 范围内产生连续光源。由于玻璃对紫外光有吸收，灯管一般采用石英材质。灯管内充有几十帕的高纯氢(或者同位素氘)气体。当灯管内的一对电极受到一定的电压脉冲后，自由电子被加速穿过气体，电子与气体分子发生碰撞，引起气体分子能级发生跃迁，当受激发的分子返回基态时，将会发出相应波长的光。它是紫外光区应用最广泛的一种光源，其光谱分布与氢灯类似，但光强度比相同功率的氢灯要大 3～5 倍。

2.2.2 单色仪

单色仪是光谱仪的重要组成部分，单色仪的性能对入射光的单色性有直接的影响，从而也会对测量灵敏度、选择性以及校准曲线的线性关系产生影响。单色仪的作用是将光源发射的复合光分解成高纯度的单色光，并可以从紫外可见区域内选出任意波长单色光的光学系统。单色仪主要由入射狭缝、准直镜(透镜或凹面反射镜使入射光变成平行光)、色散元件、聚焦元件和出射狭缝等部分组成。光源发出的光经过入射狭缝后将部分杂散光滤除，剩余的光经准直透镜后转化为平行光，通过色散元件(棱镜或者光栅)分解为单色光，通过转动色散元件使单色光依次通过出射狭缝后到达检测器。

其中，棱镜常用的材料可以分为玻璃棱镜和石英棱镜两种，它们的色散原理是依据不同波长光通过棱镜时有不同的折射率而将不同波长的光分开。由于玻璃可吸收紫外光，所以玻璃棱镜只能用于 350～3200nm 的波长范围，即只能用于可见光区域内。石英棱镜适用的波长范围较宽，为 185～4000nm，即可用于紫外、可见、近红外三个光域。光栅是利用光的衍射原理制成的。它可用于紫外、可见及近红外光域，而且在整个波长区具有良好的、几乎均匀一致的分辨能力。它具有色散波长范围宽、分辨本领高、成本低、便于保存和易于制备等优点。缺点是各级光谱会重叠而产生干扰。光栅的种类很多，根据光是否穿透光栅可分为透射式和反射式光栅，其中反射式光栅又分为平面式和凹面式光栅。根据光栅成像的形状，可分为普通光栅和平场光栅。依据光栅是机械刻划法还是全息干涉法制成的，可分为刻划光栅和全息光栅。入射、出射狭缝在决定单色仪性能上起重要作用。狭缝的大小直接影响单色光纯度，但过小的狭缝又会减弱光强。

2.2.3 样品池

样品池又叫吸收池、比色皿，主要用于盛放待测溶液和决定透光液厚度的器件。样品池主要分为石英样品池和玻璃样品池两种。石英池适用于可见光区及紫外光区，玻璃样品池只能用于可见光区。为减少光的反射损失，样品池的光学面必须完全垂直于光束方向。在高精度的分析测定中(紫外区尤其重要)，样品池要挑选配对，因为样品池材料的本身吸光特征以及样品池的光程长度的精度等对分析结果都有影响。从用途上看，有液体样品池、气体样品池、可拆装样品池、微量样品池和流动样品池。除了通用的样品池外，还有用于测量固体的漫反射积分球和用于测量浆状物质的衰减全反射(Attenuated Total Reflection，ATR)测量附件。样品池的光程可在 0.1～10cm 变化，其中以 1cm 光程的样品池最为常用。使用样品池时需注意：手必须执样品池两侧的毛面，而且盛放液体的高度不能超过总高度的四分之三。

2.2.4 检测器

检测器主要是利用光电效应将透过样品池的光信号变成可测的电信号，常用的有光电管、光电倍增管、光电二极管、光电摄像管等。对检测器的要求是：在测定的光谱范围内具有高的灵敏度；对辐射能量的响应时间短，线性关系好；对不同波长的辐射响应均相同，且可靠；噪声低，稳定性好等。硒光电池对光的范围为 300～800nm，其中又以 500～600nm 最为灵敏。这种光电池的特点是能产生可直接推动微安表或检流计的光电流，但由于容易出现疲劳效应而只能用于低档的光谱仪中。光电管在紫外-可见光谱仪上应用较为广泛。一弯成半圆柱形的金属片为阴极，阴极的内表面涂有光敏层，在圆柱形的中心置一金属丝为阳极，接收阴极发出的电子。两电极密封于玻璃或石英管内并抽成真空。阴极上光敏材料不同，光谱的灵敏区也不同。可分为蓝敏和红敏两种光电管，前者是在镍阴极表面上沉积锑和铯，可用于波长范围为 210～625nm；后者是在阴极表面上沉积了银和氧化铯，可用于波长范围为 625～1000nm。光电管在接收光照射时，阴极发射出电子，入射光越强，产生的光电流越大。光电管的工作电压通常为 90V，此时光电流正比于入射光强度，而与所施电压无关。光电管在未受光照射时，由于电极的热电子发射而产生暗电流，暗电流是光电管的重要技术指标之一。暗电流越小，光电管的质量越好。在仪器中，通常都设有一个补偿电路以消除暗电流。与光电池比较，它有灵敏度高、光敏范围宽、不易疲劳等优点。

光电倍增管是检测微弱光最常用的光电元件，它的灵敏度比一般的光电管要高 200 倍，因此可使用较窄的单色仪狭缝，从而对光谱的精细结构有较好的分辨能力。光电倍增管实际上是由一个阳极、一个表面涂有光敏材料的阴极，若干个倍增极和若干个电阻组成的电子管。当单色仪发出的光照射到外加负压的光电阴极时，阴极上的光敏材料便会发出一次光电子，一次光电子碰撞到第一倍增极上，就可以释放出比一次光电子增加许多倍的二次光电子。二次光电子再碰撞到第二倍增极上，又可以释放出比二次光电子数量增加了许多倍的三次光电子。如此继续，当到达最后一个倍增极时释放出的光电子可以增加至 10^6 倍以上。这些电子射向阳极时便可形成电流，使十分微弱的光信号转化为较为强大的电信号。实际测量的是最后一个倍增极与阳极之间的电流，它与入射光强度和光电倍增管的增益成正比。

2.2.5　性能指标

紫外-可见光谱仪的性能指标主要通过波长的准确性和重复性、吸光度的准确性和重复性、光谱带宽、杂散光、噪声、基线平直度和基线漂移等指标评价。

(1)吸光度。

吸光度的准确性是光谱仪最关键的性能指标，它是建立在吸光度的重复性、波长的重复性和准确性等指标之上的。影响紫外光谱吸光度准确度的因素很多，主要因素是杂散光、噪声、基线漂移、光谱带宽等。吸光度的准确性一般用标准滤色片或重铬酸钾的 0.005mol/L H_2SO_4 溶液来测量。目前，一些典型光谱仪的吸光度准确性可达 ±0.005A@1.0A。

吸光度的重复性是表征仪器稳定性的一个指标，影响吸光度重复性的主要因素有光源系统、检测系统、电子学系统和使用环境(电磁场干扰、温度干扰)等。吸光度的重复性往往与准确性同时测量，一般光谱仪的吸光度重复性可达 ±0.002A@1.0A。

(2)杂散光。

杂散光是紫外-可见光谱仪非常重要的一个关键技术指标，它是紫外-可见光谱分析误差的主要来源。在对高浓度样品进行测试时，杂散光的影响更加重要，其直接限制被测样品浓度的上限。其中，光栅单色仪的设计和器件缺陷是杂散光的主要来源。杂散光一般采用标准滤光片或10g/L 的 NaI 及 50g/L 的 $NaNO_2$ 水溶液来测试。一般光谱仪的杂散光都小于 0.05%@220nm & 340nm。

(3)噪声。

噪声是叠加在待测信号中的无用信号，即零信号上下波动的振幅宽度，它也是分析误差的主要来源之一，主要影响或限制的是被测试样品浓度的下限。噪声主要来源于光学系统、光源、检测器和电子学系统等。噪声通常在光谱带宽为 2nm 测试条件下，用 500nm 处 10min 连续测量的最大峰-峰吸光度值表示，一些高性能光谱仪的光谱噪声可达 ±0.002A@500nm。

(4) 基线平直度。

基线平直度是比噪声更严格的指标，是指每个波长上的光度噪声，这对采用全谱结合化学计量学建立的方法尤为重要，它决定了光谱仪各个波长下的分析测试浓度的下限。引起基线平直度变差的原因包括光学系统失调、参比光束与样品光束不平衡、仪器受震、光源位置改变等。在 200～800nm 波长范围内，光谱仪的基线平直度通常可达±0.001A。

(5) 基线漂移。

基线漂移是评价仪器稳定性的关键指标之一。主要影响基线漂移的因素包括仪器的光源系统、电子学系统和仪器周围的环境等。测试方法为：试样和参比样品池均为空气，光谱带宽为 2nm，连续扫描 1h，取这 1h 内吸光度最大值与最小值之差即为基线漂移。光谱仪的基线漂移通常可达 0.004A/h。

2.3 常用的紫外-可见光谱仪

紫外-可见光谱仪的类型很多，可归纳为三种类型：单光束光谱仪、双光束光谱仪和双波长光谱仪。

2.3.1 单光束光谱仪

单光束光谱仪是指经单色仪分光后的一束平行光，轮流通过参比溶液和样品溶液，以进行吸光度的测量。这种简易型光谱仪结构简单，操作方便，维修容易，适用于常规分析。其光路示意如图 2.2 所示，经单色仪分光后的一束平行光，轮流通过参比溶液和样品溶液，以进行吸光度的测定。国产 722 型、751 型、724 型、英国 SP500 型以及 BackmanDU-8 型等均属于此类光谱仪。

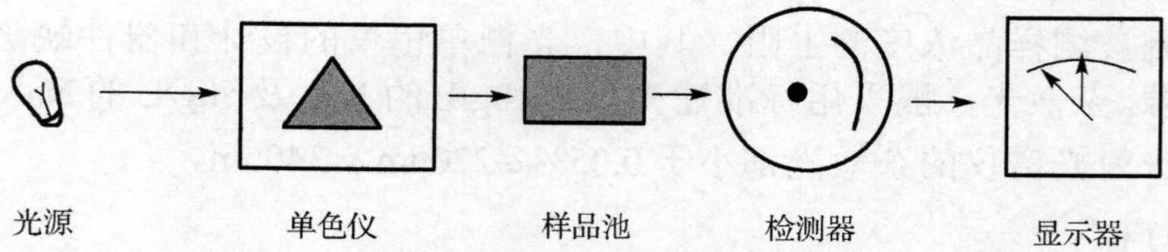

图 2.2 单光束光谱仪结构示意图

2.3.2 双光束光谱仪

双光束光谱仪是指经单色仪分光后经反射镜分解为强度相等的两束光，一束通过参比池，一束通过样品池。光谱仪能自动比较两束光的强度，此比值即为试样的透射比，经对数变换将它转换成吸光度并作为波长的函数记录下来。双光束光谱仪一般都能自动记录吸收光谱曲线。这类仪器有国产 710 型、730 型和 740 型、日立 220 系列、岛津-210、英国 UNICAMSP-700 等。

比例双光束光谱仪是由同一单色仪发出的光被分成两束，一束直接到达检测器，另一束通过样品后到达另一个监测器。这种仪器的优点是可以监测光源变化带来的误差，但是并不能消除参比造成的影响。

2.3.3　双波长光谱仪

双波长光谱仪是指由统一光源发出的光被分成两束，分别经过两个单色仪，得到两束不同波长 λ_1 和 λ_2 的单色光，利用切光器使两束光以一定的频率交替照射同一样品池，然后经过光电倍增管和电子控制系统，最后由显示器显示出两个波长处的吸光度差值，结构示意图如图 2.3 所示。对于多组分混合物、混浊试样(如生物组织液)分析，以及存在背景干扰或共存组分吸收干扰的情况下，利用双波长光谱法，往往能提高灵敏度和选择性。利用双波长光谱仪能获得导数光谱。通过光学系统转换，使双波长光谱仪能够很方便地转化为单波长工作方式。如果能在 λ_1 和 λ_2 处分别记录吸光度随时间变化的曲线，还能进行化学反应动力学研究。

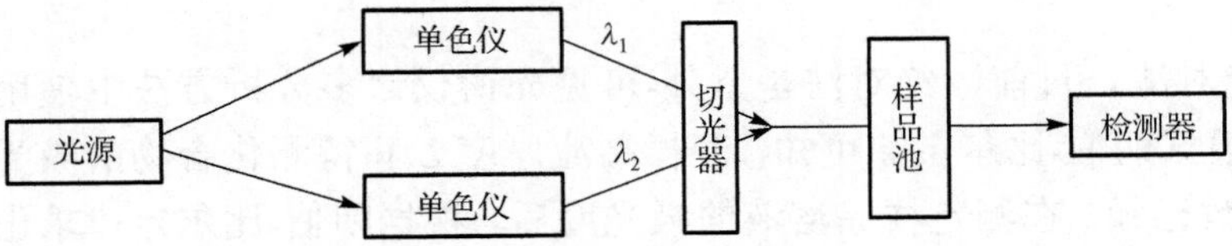

图 2.3　双波长光谱仪结构示意图

2.4　紫外-可见光谱的应用

2.4.1　定性分析

不同物质结构不同或者说其分子能级的能量(各种能级能量总和)或能量间隔各异，因此不同物质将选择性吸收不同波长或能量的外来辐射，这是紫外-可见光谱定性分析的基础。定性分析的具体做法为：让不同波长的光通过待测物质，经待测物质吸收后，测量其对不同波长光的吸收程度(吸光度 A)，以吸光度 A 为纵坐标，辐射波长为横坐标，得到该物质的吸收光谱或吸收曲线，根据吸收曲线的特性(峰强度、位置及数目)研究分子结构。紫外-可见光谱仪具有分析成本低、操作简便、快速、准确度高等众多优点而被广泛用于各个领域[10-32]。

(1) 药品分析中的应用。

我国和世界上许多国家的药典都明确规定，许多药品都要求用紫外-可见光谱仪进行质量控制。因此，紫外-可见光谱仪已是制药行业和药检行业必备的分析仪器。

(2) 环境中有害物质检测。

环境中许多对人有毒有害物质的检测，都用到紫外-可见光谱仪，有些自来水中，含有氨氮、亚硝酸盐、总酚、总苯胺、硝基酚类等物质，一般也是用紫外-可见光谱仪来检测。

(3) 水产品质量控制。

紫外-可见光谱仪是渔业中必不可少的分析工具，在海水、淡水鱼类、贝类、虾类、海蜇类等的质量控制中已得到非常广泛的应用。

2.4.2 定量分析

紫外-可见光谱定量分析的依据是朗伯-比尔定律以及吸光度的加和性。利用紫外-可见光谱进行定量分析的方法很多，对单组分进行定量测定时，可选用绝对法、标准对照法、吸收系数法、标准曲线法等。在进行多组分混合物的测定而不经预先分离时，可采用等吸收点作图法、y 参比法、解联立方程法、多波长作图法等。

(1) 绝对法。目前，绝对法是紫外-可见光谱仪诸多分析方法中使用最多的一种方法。根据朗伯-比尔定律可知，若样品池厚度 L 和待测化合物的吸光系数或摩尔吸光系数已知，在测定样品溶液的吸光度后，根据朗伯-比尔定律求出样品溶液浓度。待测物质的吸光系数或摩尔吸光系数可从有关手册或文献中查找，但文献数据仅仅是在某具体测定条件下的比例常数，当样品测量条件和文献测量条件不一致时就会产生误差。

(2) 标准对照法。该方法是指在同样条件下，分别测定浓度为 c_s 标准溶液和浓度为 c_x 的样品溶液的吸光度，分别为 A_s 和 A_x 。求出待测物质浓度的表达式为

$$c_x = \frac{A_x}{A_s} c_s \tag{2.5}$$

使用该方法时除了需要保证测量条件一致以外，标准溶液浓度要接近被测样品浓度，以避免因吸光度与浓度之间线性关系产生偏离带来的误差。这种方法要求仪器准确、精密度高，且测定条件要相同。

(3) 吸收系数法。吸收系数法多用于测定样品溶液的浓度。但是，根据朗伯-比尔定律，被测试样溶液的浓度与吸光度应呈线性关系，而在实际测试中，如果

试样的浓度较高时，会发现实际测量到的吸光度值偏离线性关系。这种偏离朗伯-比尔定律的原因，是由紫外-可见光谱仪的杂散光、噪声、基线平直度和光谱带宽，以及试样的前处理、试样的化学平衡等引起的。因此，一般情况下不采用这种方法。

(4) 标准曲线法。紫外-可见光谱仪最常用的定量分析方法是标准曲线法。首先用标准物质配制一定浓度的溶液，然后将该溶液配制成一系列的标准溶液。在一定波长下，测试每个标准溶液的吸光度，以吸光度值为纵坐标，标准溶液对应的浓度值为横坐标，绘制标准曲线。最后，将样品溶液按标准曲线绘制程序测得吸光度值，在标准曲线上查出样品溶液对应的浓度或含量。

(5) 最小二乘法。最小二乘法实际上也就是回归方程法。因为分光光度法中试样的吸光度 A 与试样的浓度 C 之间的关系可用一条直线来描述，即 $C=aA+b$（a、b 为常数）。

(6) 解联立方程法。解联立方程法只适用于两个以上、在紫外区吸收峰互不重叠组分的测定，不是常用的方法。

2.4.3 水质检测

随着我国经济的高速发展以及工业化、城镇化的深入推进，水污染状况不断加剧，使得国民的生产和生活用水安全受到威胁，水质在线监测技术是现代水质监测的一个重要发展趋势。传统的水质监测方法主要是基于一些定量化的水质标准，例如我国于 2007 年月开始执行的 GB5749-2006 标准[33]，还有国际卫生组织 WHO 于 2011 年发布的生活饮用水评价标准[34]等。这些标准从化学污染、微生物污染以及放射性污染等几个方面对水质指标进行了衡量和评价，形成了几项较为综合的反映指标，如物理指标、化学指标和生物指标等。传统的水质监测分析方法主要包括了化学分析方法、发射光谱法、色谱法和生物法等几大类方法。其中，化学法是众多方法中发展较为成熟的一类方法，具有适用范围广泛，测量准确性高等优点。但是，整个化学分析方法的过程中涉及到样品采集、样品预处理、注射试剂、反应分析和报告等较为繁琐的步骤，需要消耗一定的化学试剂，产生一定的废液并且消耗一定的化学反应时间等问题[7,28,31,35-39]。生物分析法主要用于监测综合毒性，它可以覆盖较为广泛的有毒物质。但在整个过程中会使得部分生物物质失活，从而造成一些消耗并可能带来二次污染。相比较于这些传统的水质在线监测方法，基于紫外-可见光谱的水质监测具有以下优势。

(1) 无需添加化学试剂，免去了二次污染的危险；

(2) 对水样处理简单，检测分析速度快，因此适于改造成快速在线的检测仪器；

(3) 仪器结构原理相对简单，安装、维护成本低等。采用这种方法进行水质监测，很好地避免了化学药品消耗、样品的保存等方面带来的成本消耗，同时可以很好地满足水质在线监测所要求的快速、准确、综合分析的性能，并且易于形成可靠的仪器，因此该方法受到了广泛的关注[35,40-43]。

国内外利用紫外-可见光谱法进行水质在线监测的研究已经进行数年。在早期的研究中，对于水中的芳香族水溶有机物的检测、水体中的总有机碳(TOC)含量的检测等使用了单波长、双波长和全波长扫描光谱的紫外-可见光谱的方法。

单波长检测方面，国内外经常使用的方法是利用 245nm 紫外光谱检测水质的有机参数[44]。如，Dobbs 等使用单波长 UN254 进行水中 TOC 的检测[45]，Mrkva 等则开展了使用单波长 UV254 检测水中化学需氧量(COD)的研究，均取得了良好的效果。此外，Brookman 等使用 280nm 波长进行水体中生物需氧量(BOD)含量的检测，证明了该波长位置上的紫外光谱对于快速估计一定范围内水体中的 BOD 含量是有效的，同时也证明了单波长紫外光谱易受到水中悬浮颗粒和有毒金属的影响[46]。相比较于单波长，双波长紫外光谱可以改善这种易受干扰影响的状况。Mastche 和 Stumworher 指出 260nm 或者 254nm 的紫外光谱吸收度与 COD 和 TOC 之间存在良好的相关关系。同时，当加上另一个吸收波长的时候，如 380nm，那种单波长受某种特定物质严重影响的情况将大大改善。Bourgeois 等使用 245nm 和 580nm 也做过类似研究。Tsoumanis 等讨论了紫外光谱吸收的实用性以及当使用少量波长进行污水质量控制时的局限性。此外，研究人员在实验中研究了紫外光谱测量配合反卷积方法对在线水质检测和特定水质参数估计的有效性，这些参数主要包括了 TOC、BOD、COD、总磷、总氮等，他们证明了这种快速并且广泛适用的方法具有很大的实用价值[47]。

虽然双波长检测方法具有快速性和适用性广的特点，它依然存在着采样和参比光谱等方面的问题。第二个波长的信息虽然很大程度上减少了水体中悬浮物对光谱读数的干扰，但是依然丢失掉了大量有用的光谱信息，除此之外，不是所有的有机物都会对某一个特定波长的紫外光谱有吸收作用，这也使得此方法在实施过程中遇到了问题。光谱的不同波段会反映出水质的不同信息，因此也有一些方法是采用某一个区间的波段进行研究的。如 200～207nm 的波段通常被认为是最佳的反映皮革厂污水污染的波段，而 240～247nm 则通常被用来检测生活污水的情况[26]。

第 3 章　荧 光 光 谱

荧光是一种冷发光现象。当待测物质受到外界某一波长的入射光照射后，待测物质的价电子吸收光能由较低能级跃迁到较高能级，进入激发态。当价电子跃迁过程经历的时间约为10^{-15}s 时，跃迁过程中两个能级间的能量差正好等于被吸收的光子能量。由于激发态的分子处于不稳定状态，它将会通过无辐射跃迁和辐射跃迁的方式返回到基态。辐射跃迁的过程中将会伴随光子的发射，即产生荧光或者磷光；无辐射跃迁的过程主要包括内转换、振动弛豫和系间窜越。一般情况下，根据荧光所处的波长范围可以把荧光分为 X 射线荧光、紫外射线荧光、可见荧光和红外荧光等。由于不同的发光物质内部结构不同且具有不同的发光性质，所以可以根据荧光光谱的性质实现对荧光物质的鉴别，根据特定波长下的荧光强度可以实现对荧光物质的定量分析[9]。

3.1　基 本 原 理

3.1.1　荧光产生的机理

荧光光谱是由于荧光物质被光照射激发后，能级间发生量子化跃迁，电子由激发单重态回到基态的过程中发射出荧光而形成的，即光吸收后的次级光发射，属于光致发光现象[1,4,9,48]。由于各种物质的分子结构不同，当某一波长的光照射到物质时，物质分子吸收的光子能量为

$$E_1 - E_0 = h\nu = \frac{hc}{\lambda} \tag{3.1}$$

其中，E_0 为物质的基态能级；E_1 为物质吸收光能之后的较高能级；h 为普朗克常量；ν 为入射光的频率；c 为真空中的光速。根据泡利不相容原理可知，分子中同一轨道里所占据的两个电子存在相反的自旋方向，即自旋配对。如果分子中所有电子都是自旋配对的，那么该分子即处于单重态，用符号 S 表示；当分子吸收能量后电子跃迁过程中不发生自旋方向的变化，这时分子将处于激发的单重态；当分子吸收能量后电子跃迁过程中发生自旋方向的变化，这时分子将会处于激发的三重态，用符号 T 表示。物质吸收激发光的能量之后，电子被激发从低能级跃迁到高能级，能级跃迁及产生荧光的示意图如图 3.1 所示。

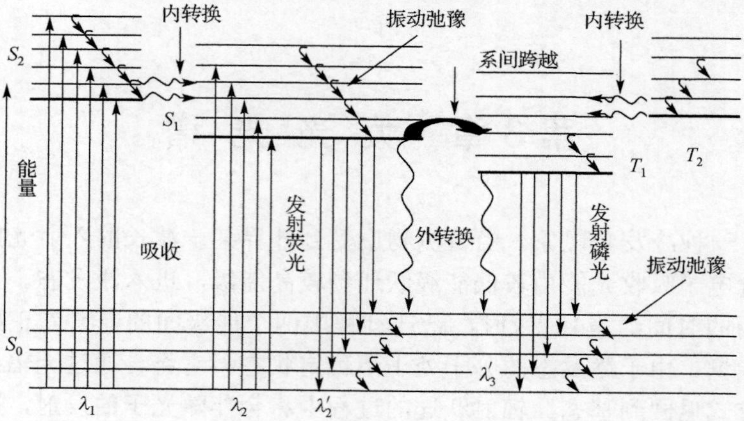

图 3.1　分子能级跃迁示意图

由图 3.1 可知，分子内部存在多个能级，通常用符号 S_0、S_1 和 S_2 分别表示分子的基态、第一电子激发重态和第二电子激发重态；T_1、T_2 分别表示第一、第二电子激发三重态；荧光和磷光均属于辐射跃迁；而振动弛豫(VR)、内转换(IC)和系间窜越(ISC)属于非辐射跃迁[4,49]。单重态分子中的电子都是自旋配对，因此 $S=0$；处于分子激发三重态的电子，将会发生辐射或非辐射跃迁返回到基态，在跃迁的过程中电子的自旋方向也会发生变化，导致分子中存在自旋不配对的电极，此时 $S=1$。$2S+1$ 代表电子处于激发多重态，其中，S 的值为 1 或 0，表示电子自旋量子数的代数和。

非辐射跃迁的衰变过程包括以下几个方面。

(1) 振动弛豫，电子将释放一定能量从同一电子态的高能级跃迁到最低能级，此过程在瞬间就可以发生。

(2) 内转换指相同多重态的两个电子态间的非辐射跃迁过程(如 $S_1 \to S_0$)。

(3) 系间窜越指处于不同多重态的两个电子态间发生的非辐射跃迁(如 $S_1 \to T_1$)。

如果分子受到激发光的照射之后被激发到 S_2 以上的某个激发单重态的不同能级上，则该分子将很快通过振动弛豫衰变到该电子态的最低能级，然后迅速衰变到 S_1 态的最低能级。而处于 $S_1(V_0)$ 能级的分子处于不稳定的状态，因此会向外界释放一定的能量，重新返回到电子基态。此过程有三种途径。

(1) 发生 $S_1 \to S_0$ 的辐射跃迁而发出荧光。

(2) 发生 $S_1 \to S_0$ 的内转化。

(3) 发生的 $S_1 \to T_1$ 系间窜越，处于 T_1 电子态最低能级的分子发生 $T_1 \to S_0$ 辐射跃迁而发出比荧光波长更长的磷光。

由于分子吸收激发光被激发至较高能级后，先经过无辐射跃迁(振动弛豫、内转换)损失掉一部分能量，到达第一电子激发态的最低振动能级，再由此发出荧光。因此荧光发射能量比激发光能量低，发射光谱波长比激发光波长长。与紫外-可见吸收光谱(电子光谱)、拉曼光谱与红外光谱（振动光谱)等相比，荧光光谱包含激发和发射两种跃迁过程，因此其包含着更为丰富的光谱信息。综上所述，可知荧光光谱法具有以下特点[1,49,50]。

(1)灵敏度高。

荧光光谱法检测的高灵敏度是使该方法迅速发展并得到广泛应用的重要原因之一。它的最低检出限能达到10^{-10} mg/mL甚至更低。

(2)选择性好。

荧光光谱包括激发光谱和发射光谱，对物质进行鉴定时，通过选择合适的激发波长和发射波长，可以对被测物质进行选择性的测定。

(3)所需样品量少。

荧光光谱法的高灵敏度，是应用该方法对微量样品进行测定的基础。其取样量甚至可以是10^{-10} mg/mL的浓度或者更低，特别适用于微量分析。

(4)信息量大。

应用荧光光谱法检测农药残留的物理参数有：荧光激发光谱、荧光发射光谱、荧光量子产率、荧光强度、荧光寿命等，这些参数可以为荧光检测的研究提供丰富有价值的信息。

荧光光谱法也有它的不足之处。由于很多物质本身不发荧光，不能直接对其进行荧光测定，而需要加入某种试剂才能对其进行荧光分析。因此，与其他方法相比，荧光光谱法的应用范围受到一定的限制，这是该方法最大的缺点，也是应该着力解决的问题。

3.1.2 激发光谱和发射光谱

荧光是一种光致发光现象，因此分子对光具有选择吸收性，不同波长的激发光有不同的激发效率。通过改变激发光波长，对某固定波长的荧光强度进行测量所获得的荧光强度与激发光波长的谱图称为荧光激发光谱(激发光波长为横坐标，荧光强度为纵坐标)；将激发光波长固定在最大激发波长处，然后扫描发射波长，测定不同发射波长处的荧光强度得到荧光发射光谱(简称荧光光谱)。荧光激发光谱反映了在某一固定的发射波长下所测量的荧光强度与激发波长的关系；荧光发射光谱反映了在某一固定的激发波长下所测量的荧光的波长与强度的分布关系。激发光谱和发射光谱均可以用来鉴别荧光物质，也可以作为荧光测定时确定激发波长和测定波长的依据。

图 3.2 为蒽的乙醇溶液的激发光谱和荧光光谱。从图中可见在蒽的激发光谱中 350nm 激发峰处有几个小峰，这是由吸收能量后由基态跃迁到第一电子激发态中各个不同振动能级引起的。在蒽的发射光谱中也有几个小峰，这是由蒽分子从激发态中各个不同振动能级跃迁到基态中不同振动能级发射出的荧光量子的能量不同引起的。荧光由第一电子激发单重态的最低振动能级跃迁到基态的各个振动能级而形成，即其形状与基态振动能级分布有关。激发光谱是由基态最低振动能级跃迁到第一电子激发单重态的各个振动能级而形成，即其形状与第一电子激发单重态的振动能级分布有关。

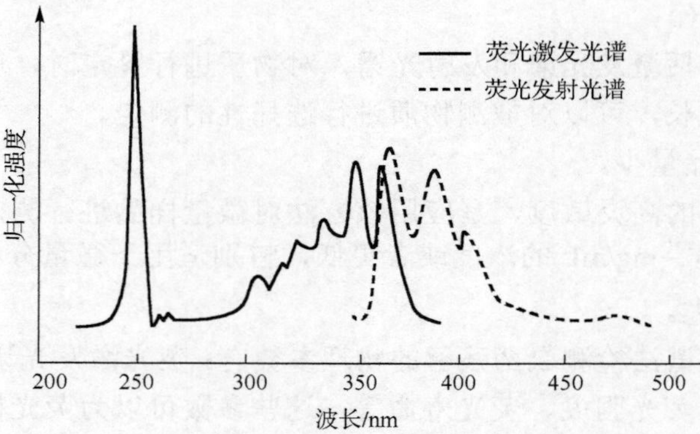

图 3.2　蒽的乙醇溶液的激发光谱和荧光光谱

3.1.3　荧光物质产生荧光的条件

在已知的物质中，不是每种物质受到激发后都可以产生荧光，而且能够发出荧光的物质中只有一小部分物质会发出强的荧光，这些物质的激发和发射光谱以及荧光强度与物质的分子结构都有着非常密切的关系，能够发出强荧光的物质一般具有以下特征。

(1) 具有大的共轭 π 键结构。

(2) 具有刚性的平面结构。

(3) 具有最低的单线电子激发态 S_1，为 π、π^* 型。

(4) 取代基团为给电子取代基。

从荧光的产生原理分析，荧光的产生除了与物质分子结构有关，还与荧光量子产率有关。荧光量子产率被定义为激发后的荧光物质发射的光子数与吸收的光子数的比值，表示为[51]

$$\Phi_f = k_f / (k_f + \sum K) \quad (3.2)$$

其中，Φ_f为荧光量子产率，k_f为荧光发射的速率常数，$\sum K$为分子内发生非辐射衰变过程的速率常数总和。

荧光量子产率与激发态能量释放各过程的速率常数有关，其反映了物质将吸收的光转化为荧光的能力。

3.1.4 影响荧光光谱及荧光强度的因素

物质能否产生荧光及能够产生荧光的强度与物质本身的分子结构有着密切的联系，除此之外，在实际测定的过程还会受到很多外界因素的干扰。溶剂、温度、pH值、有序介质、散射光等都会影响物质的荧光特性，了解这些因素带来的各种影响，充分利用有利因素的影响，避免不利因素对实验的干扰将是提高检测的灵敏度和选择性的有效手段[2,4,48,51-58]。

(1)溶剂的影响。即使是同一种物质，在不同的溶剂中所产生的荧光强度及光谱波峰所在的位置也有明显不同。产生这一现象的主要原因是：溶液中各种物质的分子之间都存在着相互作用力，荧光物质受到激发之后，部分分子将由基态跃迁到激发态，而分子的基态与激发态的电子分布是不同的，这就导致两者与溶剂分子之间的静电相互作用程度不同，从而对物质的荧光光谱产生不同的影响。

(2)温度的影响。物质发出的荧光强度也与实验的温度有关。一般随着实验温度的下降，物质发出的荧光强度会增大，荧光光谱的谱峰随之发生蓝移；随着实验温度的上升，物质产生的荧光量子产率将下降，荧光强度也随之减弱。产生这一现象的主要原因是：随着实验温度的下降，样品溶液中介质的黏度将增加，溶质分子与溶剂分子之间的碰撞减少，减少了无辐射跃迁，从而增加了荧光强度。

(3)pH值的影响。溶液的pH值主要是通过改变非辐射跃迁过程的性质和速率来影响荧光物质发出的荧光强度和光谱特性。

(4)有序介质的影响。有序介质如表面活性剂或环糊精溶液一般会增强物质产生的荧光强度，这一特点使有序介质在荧光分析中得到了广泛的应用。

(5)散射光的影响。在对溶液的荧光强度进行检测时，一般要考虑溶剂的散射光对实验的影响。散射光是指当一束平行光投射到样品溶液上时，由于光子与物质分子间的相互无规则碰撞，有一小部分光的传播方向发生改变而向不同的角度散射。

3.2 荧光衡量参量

常用的荧光光谱衡量参量主要包括荧光峰的个数N、最佳激发波长λ_{ex}、有效激发范围$\Delta\lambda_{ex}$、荧光发射波长范围$\Delta\lambda_{em}$、荧光峰值波长λ_{em}以及相对应峰位的相对荧光强度I_f、荧光寿命τ、荧光量子产率Φ_f、斯托克斯位移$\Delta\lambda_s$等。

3.2.1 荧光强度

荧光强度I_f主要用来描述物质发射荧光的强弱，根据朗伯-比尔定律，荧光强度可表示为

$$I_f = \Phi_f I_0 (1 - e^{\varepsilon bc}) \tag{3.3}$$

其中，I_f为荧光强度，Φ_f为荧光量子产率，I_0为入射光强度，ε为摩尔吸收系数，b为透射样品的光程，c为样品浓度。

由式(3.3)可知，物质的荧光强度与荧光量子产率和入射光强度成正比，还与摩尔吸收系数、光程和溶液的浓度有一定的关系，当溶液的浓度很小时（$\varepsilon bc < 0.05$），$e^{\varepsilon bc} \approx 1 - \varepsilon bc$，因此有

$$I_f = \Phi_f I_0 \varepsilon bc \tag{3.4}$$

当I_0和b一定时，在低浓度溶液中，荧光强度与溶液浓度呈现良好的线性关系；对于较高浓度的溶液，非线性因素无法忽略，荧光强度与溶液浓度不再呈良好线性关系，浓度进一步提高甚至会发生荧光猝灭现象。

3.2.2 荧光寿命

物质受到激发光的激发之后，分子吸收激发光能量跃迁到激发态，而处于激发态的分子是不稳定的，将通过多种形式向低能级跃迁，处于激发态的分子逐渐减少。荧光寿命τ是指激发光源切断后荧光强度降低至原强度的$1/e$时所需要的时间，可表示为$\tau = 1/(k_1 + \sum K)$，其中，k_1表示荧光发射速率常数，$\sum K$表示分子内发生各种非辐射跃迁过程的速率常数之和，包括振动弛豫、内转换和系间窜越。

处于激发态的分子平均寿命与电子跃迁概率之间有一定的关系，可以表示为$\tau = 10^{-5} / \varepsilon_{max}$，其中，$\varepsilon_{max}$是物质的吸收波长最大时对应的摩尔吸光系数。一般情况下，$\varepsilon_{max} \approx 10^{-3}$，所以荧光的寿命大约是$10^{-3}$s。

3.2.3 荧光量子产率

荧光量子产率反映的是荧光物质受到激发光照射之后发出荧光的能力，一般用该物质受激激发后发出的荧光光子数与所吸收的激发光的光子数的比值来表示。荧光量子产率用式(3.2)可以表示，Φ_f的大小取决于辐射过程与非辐射跃迁过程相互竞争的结果。

3.2.4 斯托克斯位移

在实验的过程中会发现，物质受激激发后所发出的荧光波长总是比激发光的波长要长一些，这一现象称为斯托克斯位移，常用$\Delta\lambda_s$表示。它是荧光物质最大激发光波长与最大发射荧光波长之差，习惯上用波数之差表示，即

$$\Delta\lambda_s = \lambda_{em} - \lambda_{ex} \tag{3.5}$$

其中，$\Delta\lambda_s$为斯托克斯位移，λ_{ex}为最大激发光波长，λ_{em}为最大发射光波长。

斯托克斯位移说明物质从吸收激发光的能量之后到发出荧光的过程中，本身的能量减少了。发生这一现象的主要原因是在发出荧光之前，一部分处于激发态的分子很快通过振动弛豫或者内转换的方式发生跃迁从而释放了一部分能量，导致发出的荧光比激发光的能量减少了。斯托克斯位移越大，荧光的测定受激发光的干扰越小。

3.3 荧光光谱仪的组成

荧光光谱仪又称荧光分光光度计，是一种定性、定量分析的仪器。通过荧光光谱仪的检测，可以获得物质的激发光谱、发射光谱、量子产率、荧光强度、荧光寿命、斯托克斯位移、荧光偏振与去偏振特性，以及荧光的猝灭方面的信息。它是由光源、单色仪、样品池、信号检测放大系统，以及信号读出、记录系统组成[49]。光源是用来激发样品的，由于激发光的强度会影响荧光物质的荧光强度，为了减小光源对实验的影响，理想的光源应该满足光强足够稳定、足够强而且与波长无关等要求，但是完全符合这些条件的光源实际上是不存在的。单色仪用来分离所需要的单色光。信号检测放大系统用来把荧光信号转化为电信号，目前普通的荧光光谱仪几乎都采用光电倍增管作为检测器。读出装置连接在放大装置上，用来显示发出的荧光信号。

荧光光谱仪的内部结构如下[59,60]。

(1) 光源：光源应具有强度大、适用波长范围宽两大特点，如高压汞灯、氙灯、氙-汞弧灯等。此外，紫外激光器、固体激光器、高功率连续可调染料激光器和二极管激光器等荧光光源将荧光光谱法的应用范围拓宽。常用的光源为高压汞蒸气灯或氙弧灯，后者能发射出强度较大的连续光谱，且在 300～400nm 范围内强度几乎相等，故较常用。

(2) 单色仪：置于光源和样品池之间的为激发单色仪或第一单色仪，用来筛选出特定的激发光谱。置于样品池和检测器之间的为发射单色仪或第二单色仪，常

采用光栅为单色仪，筛选出特定的发射光谱。

(3) 样品池：通常由石英池(液体样品用)或固体样品架(粉末或片状样品)组成。测量液体时，光源与检测器成直角；测量固体时，光源与检测器成锐角。

(4) 检测器：一般用光电管或光电倍增管作为检测器。可将光信号放大并转为电信号。

3.4 常用的荧光光谱仪

3.4.1 常用荧光光谱仪介绍

荧光光谱仪是在荧光分析法的基础上发展起来的[61]。目前，商品荧光光谱仪主要包括手持式、自动记录式和微机化式几种类型，就测量精度而言，前两种类型远不及后者。近十几年来，性能较好的仪器都已微机化，配有满足需要的工作站，如美国 PE 公司的 LS-5 型、日立 850 型以及国产 970CRT 型荧光光谱仪。

目前，测定荧光强度的荧光光谱仪已在我国批量生产，上海棱光生产的 F96 系列、F97 系列荧光光谱仪；天津港东生产的 F-380 型、F-320 型、F-280 型荧光光谱仪；天津拓普生产的 WFY-28 型荧光光谱仪；上海三科生产的 970CRT 型荧光光谱仪。其中天津港东生产的 F-380 型荧光光谱仪，不仅性能稳定，波长扫描速度以及灵敏度、信噪比等主要性能指标均已达到国外同类产品水准。上海棱光精心研制的高端荧光光谱仪可保证仪器在 1 分钟内完成三维全谱扫描。

3.4.2 常用荧光光谱分析技术

常用的荧光光谱技术如下[4,48,53,54,61-64]。

(1) 三维荧光光谱。三维荧光光谱分析法是目前技术较为成熟、应用最为广泛的一种分析方法。它以相对荧光强度、激发波长与发射波长为三维坐标，可表征相对荧光强度随激发与发射波长改变而变化的信息，提供了更加完整的荧光光谱信息，在环境监测、食品安全检测等领域已经得到了广泛的应用。其表现形式有两种：等角三维投影图和等高线图。

(2) 同步荧光光谱。同步荧光光谱分析法最早由 Loyd 提出，进行荧光数据扫描测量时，使激发波长与发射波长之间的间隔保持固定来测量荧光物质。按照单色仪扫描方式的不同，可分为恒波长、恒能量、可变角与恒基体同步荧光光谱。对于广泛使用的恒波长同步荧光光谱，其在扫描过程中，使激发波长与发射波长保持一定的波长间隔$\Delta\lambda$，只要选择合适的$\Delta\lambda$值，可避免瑞利散射的影响，降低拉曼散射的干扰，具有简化与窄化谱带，减少光谱重叠以及减少光散射干扰等特点。它同时扫描激发和发射两个单色仪波长，这也是其与常用的荧光测定方法的最大区别。同步荧光光谱法虽然扩大了分析测量的选择性，但相对削弱了提供的信息量。

(3)时间分辨荧光光谱。时间分辨荧光光谱分析法是一种瞬态光谱，其基于不同发光体发光衰减速度不同、荧光寿命不同的原理。依据荧光寿命因物质的不同而不同的特性，在固定波长条件下测量物质的荧光强度变化情况。时间分辨荧光光谱的测量通常通过固定激发波长与发射波长，然后记录荧光强度随时间的变化。该方法适用于荧光寿命各不相同的混合物体系的主成分分析。测量方法包括基于时域的脉冲法以及基于频域的相移法，其中脉冲法最为常用。脉冲法主要利用频闪技术或时间相关单光子计数技术实现荧光衰减曲线的记录，后者是较普遍使用的方法。

(4)偏振荧光光谱。偏振荧光光谱分析法基于荧光偏振理论，其将荧光分子看成振荡偶极子，由于基态与激发态电子分布存在差异，分子的激发与发射偶极矩通常不共线，其电矢量之间呈一定角度。因此，当激发光为偏振光时，实验测得的发射光通常是消偏振的。荧光偏振P与各向异性r分别定义为

$$P=\frac{I_{\parallel}-I_{\perp}}{I_{\parallel}+I_{\perp}} \tag{3.6}$$

$$r=\frac{I_{\parallel}-I_{\perp}}{I_{\parallel}+2I_{\perp}} \tag{3.7}$$

其中，$I_{\parallel}$为激发与发射偏振器相互平行时探测得到的垂直偏振光的光强；$I_{\perp}$为激发与发射偏振器相互垂直时探测得到的水平偏振光的光强。实际应用中，对于各向同性、均匀的稀溶液，通常满足$P\leqslant 0.5$，$r\leqslant 0.4$。

(5)低温荧光光谱。低温荧光光谱分析法能够产生准线性结构光谱，大大提高了光谱的选择性。这是因为当温度降低时，分子的振动能与转动能减小，非辐射过程减弱，内滤效应与荧光猝灭现象降低，荧光量子产率增加。同时，分子热运动减弱，多普勒展宽效应减少，谱带半峰宽度窄化。因此，荧光光谱的荧光强度得到显著增强且谱带变得尖锐，光谱选择性显著提高。但其缺点在于设备要求高，在很大程度上限制了其实际应用范围。

(6)导数荧光光谱。导数荧光光谱是以荧光强度对波长的一阶导数或更高阶导数代替荧光强度为纵坐标而得到的光谱。较常采用的是一阶与二阶导数荧光光谱，前者体现的是原光谱曲线的斜率变化趋势，而后者体现的是谱线的凹凸性。

(7)广义二维相关荧光光谱。广义二维相关荧光光谱是一种较为新颖的光谱分析方法，最早由 Noda 于 1986 首次提出，其将正弦波形的低频信号作用于样品使其红外光谱发生动态变化，通过对二维动态光谱进行互相关分析，即可得到二维相关光谱。

3.5 荧光光谱的应用

由于荧光光谱法灵敏度高、取样少、检测极限通常比吸收光谱法低 13 个数量级、线性范围大，因此在化学、药物分析、食品检验、地理、冶金、医学、环境科学和生命科学等研究领域有着广泛的应用。

3.5.1 生物医学领域的应用

蛋白质是人体内最重要的生物大分子，它是基因的表达产物[65-68]，是生命活动的执行者，是构成生命体的最小活性单位，可以说它几乎参与了生命体内的每一步反应和活动。蛋白质是由氨基酸通过肽键缩合而组成的，具有较稳定的构象和一定的生物功能。蛋白质的生物学功能依赖于相应的构象，即结构决定功能和性质。

蛋白质之所以能够发出很强的荧光，是由于蛋白质含有色氨酸(Trp)、酪氨酸(Tyr)和苯丙氨酸(Phe)，其中，色氨酸的荧光最强，酪氨酸次之，苯丙氨酸最小。蛋白质的荧光一般是在 280nm 或更长的激发波长下产生的。因此，认为蛋白质所具有的荧光主要来自色氨酸，而且含色氨酸的蛋白质荧光变化值可以直接反映出蛋白质中色氨酸残基本身和周围环境的变化。 Miller 用同步荧光技术分别测得色氨酸和酪氨酸的特征光谱。鄢远等用三维荧光光谱法测定了蛋白质溶液的构象，已证明它是一种有效的研究蛋白质分子构象的方法。

3.5.2 中药领域的应用

中药为天然有机化合物，在激发光的照射下，基态的物质分子吸收激发光后跃迁到激发态，激发态分子稳定性差，返回基态的过程中将一部分能量以光的形式放出，从而产生荧光，如牡丹皮断面在紫外灯照射下显棕红色荧光；荜澄茄的醚提取液在紫外灯照射下显鲜红色荧光，而混淆品澄茄子则显黄绿色荧光。将紫外光波长设置为 365nm 或 254～256nm，激发光波长不同，产生的荧光现象也不同，如金钱草甲醇冷浸提取液在 365nm 紫外灯照射下呈棕色荧光，而在 254nm 紫外灯照射下则无荧光。中药材品种丰富、成分复杂，在紫外灯及光照情况下，并不是所有的中药材都产生荧光，对于不产生荧光或者荧光较弱的中药，可以采用敏化的方法使其产生强荧光，目前常用的敏化方法包括有序介质敏化、荧光衍生物法[69-84]。

3.5.3 石化领域的应用

石油类化合物中的芳香族化合物以及含共轭双键的物质吸收较短波长(一般为215～260nm的紫外光)的光能后，芳香族化合物类物质发射出较长波长的特征光谱，荧光光谱法利用这一特性实现对物质进行定量或定性分析。实验时用四氯化碳或者正乙烷将水中的石油萃取出来,之后再用一定强度及能量的紫外光照射，通过测量石油类荧光物质发射出的荧光强度进而判断出样品中的石油含量。荧光光谱法具有灵敏度高、选择性好、检测过程简便等优点，而且该方法对外界环境的要求较低，检测周期快、实时性好，且不存在对测量元器件的清洗问题，是被广泛采取的一种检测方法。该方法较多地用在石油污染物的在线监测中，但是测量的范围有一定的限制，一般为0.002～20mg/L，因此并不能适用于所有石油类污染物的检测[10-13,85-99]。

第 4 章　红 外 光 谱

红外光谱是一种常用的物质定量分析和化合物结构鉴定方法。它是由有机物分子选择性地吸收红外光的某些频率的能量，利用红外光谱仪记录能量吸收与波长或波数(单位：cm^{-1}，其为波长的倒数)的对应关系所形成的吸收谱带。红外光谱可划分为近红外、中红外和远红外三个波段。在近红外区大部分的吸收峰是氢伸缩振动的泛频峰，这些峰可以用于研究如-OH、-NH、-CH等基团。中红外区即基本振动频率区最为有用，从中红外区所得的红外光谱可以得到大量的关于官能团及分子结构的信息。远红外光谱可以给出转动跃迁和晶格的振动类型及大分子的骨架振动信息。红外光谱技术的优势在于绝大多数有机物和部分无机物在红外波段均有吸收，能够对物质中多组分含量同时进行分析，具有无损伤、无污染、能够在线检测、图谱信息量大，以及适用于气体、液体、固体各种复杂混合物的检测等优点，因此具有广阔应用前景。

4.1　基 本 原 理

当用红外光作为激发光源照射样品时，样品吸收红外光的能量不能使物质分子中的电子能级发生跃迁，但是该能量会引起分子的振动和转动能级的跃迁，红外光谱主要是样品分子的振动和转动运动共同作用的表现，因此红外光谱也被称为振转光谱。

通常红外光谱分为三个区域：近红外区(0.75～2.5μm)、中红外区(2.5～25μm)和远红外区(25～300μm)。一般说来，近红外光谱是由分子的倍频、合频产生的；中红外光谱属于分子的基频振动光谱；远红外光谱则属于分子的转动光谱和某些基团的振动光谱。由于绝大多数有机物和无机物的基频吸收带都出现在中红外区，因此中红外区是研究和应用最多的区域，通常所说的红外光谱即指中红外光谱[8, 9]。

4.1.1　红外光谱产生的机理

(1)用经典力学进行解释。

样品分子吸收红外光后发生振动和转动能级跃迁需要满足的条件为：①红外辐射光子具有的能量等于分子振动能级能量差 ΔE；②分子振动时必须伴随偶极矩的变化，因为具有偶极矩变化的分子振动是红外活性的，否则为非红外活性振动。

根据经典力学的方法，对分子结构进行简化，主要针对简单的双原子分子进行讨论。在简单的双原子分子中，化学键的振动可以认为满足谐振子振动，原子可以认为是用弹簧连接的质量分别为 m_1 和 m_2 的小球。当分子吸收红外光能量后，两个原子在弹簧的连接轴线方向将会产生振动，根据胡克定律可以获得振动频率、原子质量和键力常数之间的关系，即

$$f = \frac{1}{2\pi}\sqrt{\frac{K}{M}} = c\frac{1}{2\pi c}\sqrt{\frac{K}{M}} = \nu c \tag{4.1}$$

$$M = \frac{m_1 m_2}{m_1 + m_2} \tag{4.2}$$

$$\nu = 10^4 / \lambda \tag{4.3}$$

其中，K 为化学键力常数(即弹簧的胡克常数)，单位为 N/cm；f 为频率，单位为 Hz；ν 为波数，单位为 cm^{-1}，λ 为波长，单位为 μm；c 为光速，值为 2.998×10^{10} cm/s；M 为折合质量，单位为 g。

由以上讨论可知，发生振动能级跃迁所需要的能量大小主要与两原子的折合质量、键力常数有关。由于分子结构不同，分子中基团与基团之间、基团中的化学键之间相互影响；不同结构的有机化合物中的折合质量和化学键的键力常数均不相同，从而导致吸收频率的不同。因此，不同的化学物有其特征的红外吸收光谱。

(2)用量子力学进行解释。

经典力学的方法对于一些较弱的吸收带无法进行解释，这是由于将微观粒子当作经典粒子进行处理时，未考虑到波动的影响。按照量子力学的观点，当物质分子吸收红外光谱发生跃迁时还要满足一定的选择定律，即振动能级是量子化的，求解体系能量的薛定谔方程可得

$$E_V = \left(V + \frac{1}{2}\right)hf \tag{4.4}$$

其中，h 为普朗克常量；f 为振动频率；V 为振动量子数(V=0，1，2，…)；E_V 为 V 能级的能量值。相邻两个能级之间的能量差为 $\Delta E_V = hf$。

简正振动是最简单、最基本的振动，即分子的质心保持不变，整体不转动，每个原子都在其平衡位置附近作简谐振动，其振动频率和相位都相同，只是振幅可能不同，即每个原子都在同一瞬间通过其平衡位置，而且同时达到其最大位移值。每一个简正振动都有一定的频率，称为基频，主要为中红外光谱区。分子中任何一个复杂振动都可以看成不同频率的简正振动的叠加。简正振动的选律为 $\Delta V = \pm1$，即跃迁必须在相邻振动能级之间发生。其中，由 V_0 能级至 V_1 能级的跃迁称为本征跃迁，其产生的吸收带称为基频峰。真实分子的振动为近似的简正振

动，不严格遵守$\Delta V=\pm1$的选律，可以产生$\Delta V=\pm2$或者$\Delta V=\pm3$的跃迁，称为倍频峰。由于分子非谐振性质，各倍频峰并非正好是基频峰的整数倍，而是略小一些。此外，基频峰之间相互作用，形成频率等于两个基频峰之和(或之差)的组合频峰，称为合频。倍频峰和合频峰统称为泛频峰。形成泛频峰的跃迁概率较小，故与基频峰相比，泛频峰通常为弱峰，主要针对近红外光谱区。

4.1.2　傅里叶变换红外光谱的工作原理

如果有一束波长为λ的单色光照射到迈克尔逊干涉仪中，该光将会分成两束，其中一束经过固镜后返回，另一束经过动镜后返回，返回的两束光的光程差为δ。如果固镜和动镜与分光束的距离相等，$\delta=0$；两束光叠加后不会产生干涉，光强等于两光束强度之和；此时移动动镜$1/4\lambda$，$\delta=1/2\lambda$，这时返回的两束光相位差为180°，叠加后产生干涉，但光强为零；移动动镜$1/2\lambda$时，$\delta=1\lambda$，两束光的相位差为360°，返回的两束光相位相同，因此光强等于两束光的光强之和。

4.1.3　红外光谱的吸收强度

红外光谱的谱带强度主要由以下两个因素决定：振动中偶极矩变化的程度，瞬间偶极矩变化越大，吸收峰越强；能级跃迁的概率越大，吸收峰也越强。一般来讲，基频跃迁的概率大，因此吸收峰强；倍频虽然偶极矩变化大，但是跃迁概率很低，因此峰强也较弱。影响偶极矩变化的因素有：原子的电负性、振动方式、分子的对称性、氢键的影响、振动耦合的影响。

4.1.4　红外光谱图的分区

按吸收峰的来源，可以将 2.5～25μm 的红外光谱图大体上分为特征频率区(2.5～7.7μm)以及指纹区(7.7～16.7μm)两个区域。

其中特征频率区中的吸收峰基本是由基团的伸缩振动产生，数目不是很多，但具有很强的特征性，因此在基团鉴定工作上很有价值，主要用于鉴定官能团。如羰基，在酮、酸、酯或酰胺等类化合物中，其伸缩振动总是在 5.9μm 左右出现一个强吸收峰，如谱图中 5.9μm 左右有一个强吸收峰，则大致可以断定分子中有羰基。

指纹区的情况不同，该区峰多而复杂，没有强的特征性，主要是由一些单键 C-O、C-N 和 C-X(卤素原子)等的伸缩振动及 C-H、O-H 等含氢基团的弯曲振动以及 C-C 骨架振动产生。当分子结构稍有不同时，该区的吸收就有细微的差异。

这种情况就像每个人都有不同的指纹一样，因而称为指纹区。指纹区对于区别结构类似的化合物很有帮助。

4.2 红外光谱分析的基本原理

4.2.1 定性分析原理

物质的分子结构对红外光谱的强度、频率和形状有直接的影响，不同物质的红外光谱与其结构特征有对应的关系。红外光谱的谱峰数目、位置、形状和强度随着物质的结构和所处状态的不同而发生改变。因此，通过物质的红外光谱可以对物质可能含有的官能团进行推测。

4.2.2 定量分析原理

红外光谱定量分析的依据是朗伯-比尔定律，即一束光通过样品时，某一波长的光被样品吸收的强度与样品的浓度成正比，同时与光通过样品的长度成正比，因此红外光谱的吸光度可以表示为

$$A(v) = -\lg T(v) = \varepsilon(v)bc \tag{4.5}$$

其中，$A(v)$ 为样品在波数 v 的吸光度；$T(v)$ 为样品吸收后在波数 v 的透光率；$\varepsilon(v)$ 为样品在波数 v 处的吸光系数；b 为样品的厚度(即光程长度)；c 为样品的浓度。

4.2.3 红外光谱的解析

红外光谱的解析主要是针对红外光谱的吸收峰位置、强度及峰形的分析。

(1) 峰的位置。

红外光谱峰在谱图中对应的横坐标，即波数或波长的坐标。每一类具有红外活性的基团的吸收峰总是出现在特定的区域，但是其位置又会因为具有化学结构的不同而有一定的差异。不同的基团振动吸收峰也可能出现在同一区域，特别是对于成分复杂的混合物，其红外吸收峰的确定要非常谨慎。

(2) 峰的强度。

吸收峰的强度与相应的跃迁概率有关。有些基团的振动具有很强的红外吸收，典型的如 C=O 的伸缩振动。如果某种分子中还有羰基，那么羰基的伸缩振动吸收峰常常是该分子整个红外光谱上最强的谱峰。C=C 的伸缩振动吸收区域接近于 C=O 而略低一些。另外，待测样品中相应基团的数量也会影响吸收峰的强度。

(3) 峰的形状。

红外光谱吸收峰的形状在光谱解析中也有其独特的优势。例如，同为 O-H 的伸缩振动，缔合羟基与游离羟基的峰位置相近，但峰形上却有很大差别。缔合羟基由于氢键的作用峰形宽而强，而游离羟基则为单个或多个尖锐的单峰，由此可以加以区别。

因此，在解析红外光谱时，需要同时考虑以上三个要素。某一样品的红外光谱与其已知的标准谱图进行对比时，只有当吸收峰的位置、强度(相对强度)和形状均符合时，才能确定二者是一致的。

4.3 常用的红外光谱仪

4.3.1 常用的中红外光谱仪

中红外光谱仪按照光学系统的不同可以分为色散型和干涉型，色散型光谱仪根据分光元件的不同，又可分为棱镜式和光栅式，干涉型红外光谱仪即傅里叶变换红外光谱仪。其中光栅式的优点是机械性能可靠，缺点是效率偏低，对偏振敏感。干涉型光谱仪的优点在于可以提供很高的光谱分辨率以及很高的光谱覆盖范围，同时其需要高精度的光学组件及机械组件作为支持。

(1) 色散型红外光谱仪。其是一种用棱镜或光栅进行分光的红外光谱仪。光源发出的光束被分成完全对称的两束光：参考光束与样品光束。它们经半圆形调制镜调制，交替地进入单色仪的狭缝，通过棱镜或光栅分光后由热电偶检测两束光的强度差。当样品光束的光路中没有样品吸收时，热电偶不输出信号。一旦放入测试样品，样品吸收红外光，两束光有强度差产生，热电偶便有约 10Hz 的信号输出，经过放大后输至电机，调节参考光路上的光楔，使两束光的强度重新达到平衡。试样对各种不同波数的光吸收不同，参考光路上的光楔也相应地按比例移动以进行补偿。记录笔与光楔同步，因而光楔部位的改变相当于某一波数光的样品透射率，它作为纵坐标直接被描绘在记录纸上。由于单色仪内棱镜或光栅的转动，单色光的波数连续地发生改变，并与记录纸的移动同步，这就是横坐标。这样在记录纸上描绘出样品的红外吸收光谱或透射光谱。

① 光源：红外光谱仪中所用的光源通常是一种惰性固体，用电加热使之发射高强度连续红外辐射。常用的有能斯特灯和硅碳棒两种。能斯特灯是由氧化锆、氧化钇和氧化钍烧结而成，是一直径为 1～3mm、长约 20～50mm 的中空棒或实心棒，两端绕有铂丝作为导线。在室温下，它是非导体，但加热至 800℃时就成为导体并具有负的电阻特性，因此，在工作之前，要由一辅助加热器进行预热。

这种光源的优点是发出的光强度高，使用寿命可达 6 个月至 1 年，但机械强度差，稍受压或受阻就会发生损坏，经常开关也会缩短使用寿命。硅碳棒一般为两端粗中间细的实心棒，中间为发光部分，其直径约 5mm，长约 50mm。碳硅棒在室温下是导体，并有正的电阻温度系数，工作前不需预热。和能斯特灯比较，它的优点是坚固，寿命长，发光面积大，缺点是工作时电极接触部分需用水冷却。

② 单色仪：与其他波长范围内工作的单色仪类似，红外单色仪也是由一个或几个色散原件(棱镜或光栅，目前已主要使用光栅)、可变的入射和出射狭缝，以及用于聚焦和反射光束的反射镜组成。在红外仪器中一般不使用透镜，以免产生色差。另外，应根据不同的工作波长区域选用不同的透光材料来制作棱镜。

③ 检测器：常用的红外检测器有真空热电偶、热释电检测器和碲镉汞检测器。真空热电偶是色散型红外光谱仪中最常见的一种检测器。它利用不同导体构成回路时的温差电现象，将温差转变为电位差。它以一片涂黑的金箔作为红外辐射的接收面。在金箔的一面焊有两种不同的金属、合金或半导体作为热接点，而在冷接点端(通常为室温)连有金属导线。此热电偶封于真空度约为 7×10^{-7} Pa 的腔内。

(2) 傅里叶变换红外(Fourier Transform Infrared，FTIR)光谱仪，简称为傅里叶红外光谱仪。它不同于色散型红外光谱仪的原理，光源发出的光被分束器(类似半透半反镜)分为两束，一束经透射到达动镜，另一束经反射到达固镜。两束光分别经固镜和动镜反射再回到分束器，动镜以一恒定速度做直线运动，因而两束光形成光程差，产生干涉。干涉光在分束器会合后通过样品池，通过样品后含有样品信息的干涉光到达检测器，所得到的干涉图函数包含了光源的全部频率和强度信息，然后通过傅里叶变换对信号进行处理，可计算出原来光源的强度按频率的分布。该仪器可以对样品进行定性和定量分析，广泛应用于医药化工、地矿、石油、煤炭、环保、海关、宝石鉴定、刑侦鉴定等领域。

① 光源：傅里叶变换红外光谱仪为测定不同范围的光谱而设置有多个光源。通常用的是钨丝灯或碘钨灯(近红外)、硅碳棒(中红外)、高压汞灯及氧化钍灯(远红外)。

② 分束器：分束器是迈克尔逊干涉仪的关键元件。其作用是将入射光束分成反射和透射两部分，然后再使之复合，如果动镜使两束光造成一定的光程差，则复合光束即可造成相长或相消干涉。

对分束器的要求是：应在波数 ν 处使入射光束透射和反射各半，此时被调制的光束振幅最大。根据使用波段范围不同，在不同介质材料上加相应的表面涂层，即构成分束器。

③ 探测器：傅里叶变换红外光谱仪所用的探测器与色散型红外光谱仪所用的探测器无本质的区别。

④ 数据处理系统：傅里叶变换红外光谱仪数据处理系统的核心是计算机，功能是控制仪器的操作、收集数据和处理数据。

4.3.2　常用的近红外光谱仪[100-102]

(1)滤光片型近红外光谱仪。

滤光片型近红外光谱仪采用近红外窄带滤光片作为仪器的分光系统，近红外窄带滤光片是一种依据光学薄膜干涉原理制作的精密光学器件。当光源的光透过近红外窄带滤光片后，会得到一定带宽范围的单色光，单色光经过被检测样品后由探测器捕捉。滤光片型近红外光谱仪最主要的优点是成本低廉、设计结构简单、光通量比较大和信号采集模块反应快。同时滤光片型光谱仪受近红外窄带滤光片的影响较大，滤光片的制作精密程度会影响分光，对单色光的带宽产生较大影响。单色光带宽过大会加大光谱仪的测量误差，导致仪器准确性低。滤光片也是一种敏感的精密元器件，对温度变化十分敏感，恒温恒湿环境对滤光片型光谱仪正常工作十分必要。

(2)声光可调滤光器型近红外光谱仪。

声光可调滤光器型近红外光谱仪最重要的元件是声光可调滤光器，它是基于各向异性介质的声光相互作用原理研发而成的分光器件，由双折射晶体制作而成。声光可调滤光器的光谱扫描是通过调节超声波信号来实现的，当输入一个固定频率超声波信号，只有光谱带很窄的光可以进行衍射，从而筛选出特定波长的单色光，通过不断改变超声波的频率可以实现衍射光的快速准确扫描。声光可调滤光器型近红外光谱仪最大的优点是没有移动的机械部件，不存在结构运动所导致的误差，所以声光可调滤光器型近红外光谱仪的准确性、精度和可靠性都非常好，整机的结构稳定、质量轻、体积小、抗干扰能力强，便于现场检测。

(3)傅里叶变换型近红外光谱仪。

随着傅里叶变换信号处理领域的深入应用，傅里叶变换红外光谱仪成为各种红外光谱仪里的主要产品。通过对光源、分束光学元件、检测器和软件的调换，可以得到傅里叶变换型近红外光谱仪。

(4)固定光路多通道检测型近红外光谱仪。

固定光路多通道检测型近红外光谱仪主要由光源、样品、固定光栅和多通道检测器四部分组成。其原理是光源发出的光照射在测试的样品上，经过测试样品后，再射向固定光栅，最后经过全息光栅的色散后由多通道检测器检测。固定光路多通道检测型近红外光谱仪结构非常紧凑、无运动部件，光路稳定性非常好，但是检测器对温度十分敏感，故温度的跳变会产生较大的检测误差。

(5)光栅型近红外光谱仪。

光栅型近红外光谱仪是最常见的一种近红外光谱仪，主要组成部件有光源、全息光栅、滤光片、狭缝和检测器。其原理是光源发出的光照射在全息光栅上，全息光栅通过转动对光谱按照不同波长进行分光后再照射在样品上，最后由检测器进行捕捉单色光谱并交由 PC 端进行数据处理。光栅型近红外光谱仪有全谱扫描、分辨率高、维护简单、价格便宜等优点，主要的缺点是抗振动性较差，扫描速度较以上几种光谱仪慢。

4.3.3 红外光谱仪的性能指标

(1)分辨率。红外光谱分辨率是指分辨两条相邻吸收谱线的能力，它是由仪器干涉仪动镜的移动距离决定的。根据干涉仪的工作原理可知，分辨率近似等于最大光程差的倒数。因此动镜移动的有效距离越长，分辨率越高，分辨率的数值就越小。用于一般分析时，通常选用 $4cm^{-1}$ 即可。

(2)波数范围。红外光谱分为近、中、远红外范围，用户可以根据测量需求对波数范围进行选择。

(3)信噪比。信噪比是指信号与噪声的比值，也是红外光谱仪的重要指标。在信号检测的过程中，除了样品的红外光谱信号外，还存在其他因素引起的检测噪声，如杂散光、光强度变化、环境干扰等。噪声信号会叠加到吸收光谱信号中，从而会对正常的光谱信号产生干扰。当样品的浓度很低，其红外吸收强度与噪声水平接近时，很难对信号和噪声进行分辨。通常情况下认为，样品的吸收峰信号强度为噪声信号强度的 3 倍以上才能分辨。

(4)波数的稳定性。利用红外光谱对物质进行分析时，需要获得物质真实的红外光谱，如果红外光谱测定的波数不准确，那么对后续的定性、定量分析均会产生较大的影响。因此需要定期对红外光谱的波数进行校正。

4.4 红外光谱的应用

4.4.1 定性分析

(1)在医药中的应用[101,103-116]。

中药学是我国传统医学，数千年来中药在防病治病方面有很大的作用。但目前我国中药技术发展相对滞后，利用现代科学的理论对其化学组成、构效关系、药理作用等进行解释还存在很大困难，影响了我国中药材进入国际市场的步伐和产业化进程，因此必须利用现代仪器分析手段对其进行深入的研究。中药的种类繁多且成分复杂，不同的中药与蛋白质分子的结合能力也各不相同，对中药的作用时间和作用强度有很大的影响。因此需要开展中药与人体血清及血清蛋白结合作用的研究，该研究可以为合理用药、新药开发与设计提供科学的指导和依据。近红外光谱分析法具有较快的分析速度和效率。通过扫描一次光谱和相应的模型校正，可同时对样品的多个组分进行鉴定。样品测量一般不需要预处理，测量过程中不消耗样品，分析成本较低、利于环保。

(2)在其他领域的应用[116-121]。

近红外光谱分析技术的应用，始于农业相关行业，并在农产品品质方面具有良好分析优势，目前诸多国家已经将近红外分析技术，用于农产品标准分析中。除此之外，近红外技术还被用于蔬菜、烟草、家畜饲料、蜂蜜、植物油、奶制品、肉类产品、棉花等其他重要农产品的检测分析。近红外光谱技术已经能够应用在实时农作物生长相关信息及病害监控等重要环节。近红外技术在生物发酵、造纸等领域的应用也日渐广泛。与此同时，煤炭行业也成为一个具有良好发展潜力的应用领域，目前已有部分学者利用该技术进行煤炭品质的分析检测。

4.4.2　定量分析

红外光谱定量分析的主要目的是为确定待测物质中特定成分的含量。具体操作主要分为定标建模和未知样品预测两个步骤。红外光谱属于间接式分析方法，通过对物质近红外光谱数据与标准方法测得的物质实际指标建立特定函数关系，即定标模型，从而实现对未知样品的成分含量预测。采用近红外光谱建立定量分析模型，离不开多元校正算法。目前常用的多元校正算法大体可分为线性校正算法和非线性校正算法。

第5章　拉 曼 光 谱

当单色光入射被测样品上后，可能发生的三种情况为：反射、折射和散射。光的散射是指光线通过不均匀介质时一部分偏离原来传播方向的现象。当光波射入介质时，在光波电场的作用下，分子或原子获得能量产生诱导极化，并以一定的频率做强迫振动，形成振动的偶极子。这些振动的偶极子就成为二次波源，向各个方向发射电磁波。在纯净的均匀介质中，这些次波相互干涉，使光线只能在折射方向上传播，而在其他方向上则相互抵消，所以没有散射光出现。但当均匀介质中掺入进行布朗运动的微粒后，或者体系由于热运动而产生局部的密度涨落或浓度涨落时，就会破坏次波的相干性，而在其他方向上出现散射光。光的散射有很多种，从光频率是否改变的角度可以分为两种：弹性散射和非弹性散射。所谓弹性散射是指光的波长(频率)不会发生改变，例如，米氏散射、瑞利散射等。而非弹性散射指散射前后光的波长发生了改变，例如，拉曼散射、布里渊散射、康普顿散射等。绝大部分的光子与被测样品分子的作用方式是弹性碰撞，即瑞利散射；而极小一部分的光子与被测样品分子的作用方式是非弹性碰撞，光子与待测样品分子之间发生能量交换，使得这部分散射光频率改变，即波长发生偏移，称为拉曼散射[122,123]。

5.1　基 本 原 理

当光照射到某些物质上时，散射光中除了与入射光频率相同的谱线外，还有一小部分强度极弱、频率发生变化的谱线，这一现象称为拉曼效应，也称为拉曼光谱。Semka 于 1923 年通过理论预言了这种效应[122,123]。1928 年，Raman 与 Krishman 在用汞灯的单色光来照射 CCl_4 液体时发现，在散射光中除了有与入射光频率相同的谱线外，还观测到了频率低于入射光频率的新谱线，即拉曼光谱[123]。在几个月后，Landberg 和 Manderstam 等也独立地报道了晶体中这种效应的存在。

频率为 ν_0 的激光照射到样品上时，大部分光子会与样品的分子发生弹性碰撞并以相同的频率散射开来，但是光子的频率并没有改变，这种散射称为瑞利散射；在发生瑞利散射的同时，大约 10^{-10}～10^{-6} 的光子与样品的分子发生非弹性碰撞，光子不仅改变了传播方向，也改变了频率，这种散射称为拉曼散射，获得的光谱称为拉曼光谱。拉曼散射有两种类型[124-128]。

(1)散射光的频率经过能量交换后大于入射光子频率的散射光称为反斯托克斯散射(Anti-Stokes Scattering)线。

(2)散射光的频率经过能量交换后小于入射光子频率的散射光称为斯托克斯散射(Stokes Scattering)线。

最简单的拉曼光谱如图 5.1 所示，在光谱图中有三种谱线，中间的是瑞利散射，频率为ν_0，其频率与入射光子频率相同，强度最强；其次是斯托克斯散射，其在瑞利散射的低频一侧，与瑞利散射的频率差为$\Delta\nu$；在瑞利散射的高频一侧，出现反斯托克斯散射，与瑞利散射的频率差也为$\Delta\nu$，和斯托克斯散射对称地分布在瑞利散射的两侧。

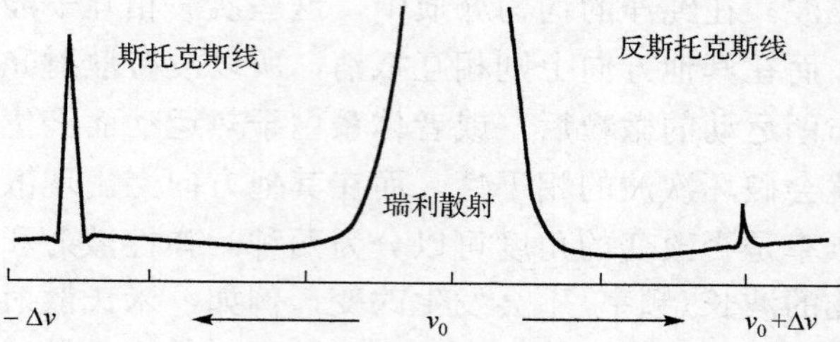

图 5.1　拉曼散射光谱

同一种物质分子，随着激光波长的改变，拉曼谱线的频率也改变，但拉曼频移始终保持不变，因此拉曼频移与激光激发波长无关，仅与物质分子的振动和转动能级有关。将拉曼散射强度相对拉曼频移的函数图称为拉曼光谱图。

5.2　拉曼光谱解析

5.2.1　拉曼光谱特点

拉曼光谱具有频率及强度、偏振等标志着散射物质的特点，使得其成为研究物质结构分析测试的主要手段。但拉曼光强较弱(约为入射光强的 10^{-6})，并要求无尘埃、无荧光，以及 20 世纪 30 年代红外光谱技术的进步和商品化，使得拉曼光谱的应用一落千丈。直到 20 世纪 60 年代激光技术的发展使拉曼技术得以复兴，由于激光束的高亮度、方向性和偏振性等优点，成为拉曼光谱的理想光源。

拉曼光谱也属于分子光谱，与红外光谱相比，拉曼光谱是基团极化率随简正振动之间的关系，因此拉曼光谱中只含有少量的倍频和合频，且拉曼光谱的谱带数目、频率位移、谱带强度和形状都与分子的振动转动相关联。在一定的条件下，拉曼光谱的强度会与物质浓度呈线性关系，由此可以实现对物质成分、结构和浓度的检测。与其他光谱技术相比，拉曼光谱有其独特的优势[128,129]。

(1)拉曼光谱的频移不受光源频率的限制，光源频率可根据样品的不同特点而有所选择。当入射光频率发生改变时，拉曼散射光频移是不变的；斯托克斯和反斯托克斯频率的绝对值相等，因此单色光源可根据实际需要进行选择。拉曼光谱的谱峰丰富且尖锐，谱带重叠少，更适合定量研究、数据库搜索以及运用差异分析进行定性研究。

(2)检测范围广，拉曼光谱一次同时覆盖 50～4000cm^{-1} 的区间，其分析范围几乎覆盖了所有的有机、无机化合物，高分子及其混合物。其应用范围不再局限于物理学和化学领域的理论研究，而以很快的速度从各个学科分支拓展到材料、化工、生物医学、环保、考古、地质以至商贸和刑事司法等应用技术领域，能对生物大分子、天然与合成材料(如碳纳米管、光子晶体等)、矿石、活体动植物组织、水污染样品、化学反应催化剂等实现检测。若让红外光谱覆盖相同的区间则必须改变光栅、光束分离器、滤波器和检测器。

(3)无损、快速、无污染，测量方式比较灵活。拉曼光谱是一种纯粹的光学检测方法，其分析过程无需制样、不破坏样品、不产生污染；分析过程快速，重现性好。其对试样的外形(厚度和形状)和物态(固态、液态或气态)没有特定的要求，只要求能用激光照射到试样上。一般样品可装于毛细管内直接测定，玻璃即为理想的窗口材料，危险及热敏样品可在密封的容器内测试。

(4)激光透过容器或者薄膜照射待测样品产生拉曼光谱信号，实现非侵入式测量；而且激光束焦斑直径通常只有 0.2～2mm，只需少量试样就能实现常规拉曼光谱的测量；通过显微镜物镜可使激光束的焦斑直径达到 20μm 或者更小，实现更小面积样品的分析。

(5)适用于水溶液体系的测量。由于水分子的不对称性，在拉曼光谱上没有伸缩振动频率带，且其他的变形、剪切等振动频率谱带很弱，因而水的拉曼光谱很弱。对醇类溶液，拉曼光谱也有同样的优点。

(6)可用于低浓度样品检测。拉曼光谱技术灵敏度高，检测限低，一般可达 mg/L，特别是在水质分析中，很多需要检测的成分浓度都非常低。但是某些物质即使只是处于痕量的范围，对水质的影响也是巨大的，如杀虫剂、多环芳烃类物质、氰化物等，正需要像拉曼光谱这样高灵敏度的检测手段。近几年的研究表明，运用电荷耦合器件(Charge Coupled Device，CCD)技术，结合其本身的高灵敏度特性，采用共振表面增强拉曼光谱，可获得超高灵敏度的检测限，可达 μg/L。

(7)所需样品量少，拉曼光谱测量只需要几毫克、几毫升甚至更少就可以给出样品浓度信息，如果使用显微拉曼技术则样品的量甚至达到微克量级。且拉曼散射强度通常与散射物质的浓度呈线性的关系，这为样品的定量分析提供了理论依据。

(8)拉曼活性的谱带是基团极化率随简谐振动改变的关系，而红外活性的谱带是基团偶极矩随简谐振动改变的关系，拉曼光谱中包含的倍频及合频比红外光谱中少。所以拉曼光谱往往仅出现基频谱带，谱带清楚，分析起来更简单。

(9)C=C、S=S、N=N 等红外吸收较弱官能团给出强的拉曼信号，对易产生偏振的一切重要元素(过渡金属、超铀元素等)的组合键均可出现较强拉曼谱带。

(10)可以实时、实地检测。光谱仪可以采用 CCD 作为光谱探测器，实现高速的全波段光谱扫描特性，可将光谱扫描时间缩短至几秒甚至更短。结合计算机分析和管理方法，完全可能实现实时分析和在线监测功能。

5.2.2 拉曼散射的经典解释

散射现象发生在物质的大小远远小于入射光波长的条件下。散射强度(瑞利散射和拉曼散射)与入射光频率的四次方成正比。但是瑞利散射光的频率与入射光频率相同，而拉曼散射光的频率则发生了变化。这种现象的原因可以从经典理论和量子理论两个方面进行解释。

从经典理论出发，可以将拉曼光谱看成入射光电磁波使原子或分子电极化以后产生的，因为原子和分子都是可以被极化的，因而产生瑞利散射；又因为极化率与分子内部的运动(如转动、振动)有关，所以产生拉曼散射。

以简单的双原子分子为例，当一束单色光射入物质时，物质内部原子或分子在入射光电磁场的作用下将变成一个电偶极子，产生感应电偶极矩。单位体积的电偶极矩(即极化强度 P)与入射光的电场强度 E 之间的关系可表示为

$$P = \alpha E \tag{5.1}$$

其中，α 为极化率。

假设双原子[128]分子的极化率为 α，当其分子中的原子在平衡位置周围振动时，分子中的电子壳层会发生形变，因此其极化率也会改变，这样 α 可表示为原子间距 γ 的函数，即

$$\alpha = \alpha(\gamma) \tag{5.2}$$

把它在平衡位置($\gamma = \gamma_0$)附近展成级数：

$$\alpha = \alpha(\gamma_0) + \left(\frac{d\alpha}{d\gamma}\right)_{\gamma=\gamma_0} (\gamma - \gamma_0) + \frac{1}{2}\left(\frac{d^2\alpha}{d^2\gamma}\right)_{\gamma=\gamma_0} (\gamma - \gamma_0)^2 + \cdots \tag{5.3}$$

一级近似可以认为分子做频率为 $v_{振}$ 的简谐运动，则有

$$\gamma=\gamma_0+x_0\cos 2\pi v_{振}t \tag{5.4}$$

其中，x_0为简谐振动的振幅。所以可得到

$$\alpha(\gamma)=\alpha(\gamma_0)+\left(\frac{d\alpha}{d\gamma}\right)_{\gamma=\gamma_0}x_0\cos 2\pi v_{振}t+\frac{1}{2}\left(\frac{d^2\alpha}{d^2\gamma}\right)_{\gamma=\gamma_0}x_0^2\cos^2 2\pi v_{振}t+\cdots \tag{5.5}$$

假设入射于散射物质分子上光的交变电场为

$$E=E_0\cos 2\pi vt \tag{5.6}$$

其中，E_0为交变电场的振幅，v为交变电场的频率。

则感生的电偶极矩为

$$\begin{aligned}P&=\alpha E=\alpha E_0\cos 2\pi vt\\&\cdots\\&=\left\{\alpha(\gamma_0)+\frac{1}{4}\left(\frac{d^2\alpha}{d^2\gamma}\right)_{\gamma=\gamma_0}x_0^2\right\}E_0\cos 2\pi vt+\frac{1}{2}\left(\frac{d\alpha}{d\gamma}\right)_{\gamma=\gamma_0}x_0E_0\cos 2\pi(v+v_{振})t\\&\quad+\frac{1}{2}\left(\frac{d\alpha}{d\gamma}\right)_{\gamma=\gamma_0}x_0E_0\cos 2\pi(v-v_{振})t+\frac{1}{8}\left(\frac{d^2\alpha}{d^2\gamma}\right)_{\gamma=\gamma_0}x_0^2E_0\cos 2\pi(v+2v_{振})t\\&\quad+\frac{1}{8}\left(\frac{d^2\alpha}{d^2\gamma}\right)_{\gamma=\gamma_0}x_0^2E_0\cos 2\pi(v-2v_{振})t+\cdots\end{aligned} \tag{5.7}$$

从式(5.7)可以看到，第一项表示频率为v的瑞利散射，也就是拉曼光谱的激发线；第二项为频率为$v+v_{振}$的拉曼散射线，也就是拉曼光谱中的反斯托克斯线；第三项为频率$v-v_{振}$的拉曼散射线，也就是拉曼光谱中的斯托克斯线；第四、五项分别为频率为$v+2v_{振}$和$v-2v_{振}$的拉曼散射线。从这里可以看出拉曼散射线是入射光场与分子振动相互作用的结果。振动引起的拉曼散射线频率的通式可以表示为

$$v\pm nv_{振},\quad n=1,2,3,\cdots \tag{5.8}$$

从上式中可以得到，频率为$v+v_{振}$和$v-v_{振}$的拉曼散射线的强度与$\alpha=\left(\frac{d\alpha}{d\gamma}\right)_{\gamma=\gamma_0}$的平方和$x_0$的平方成正比。上述的经典理论成功解释了分子振动的拉曼散射，但是存在不足之处。从式(5.7)第二、三项看，斯托克斯和反斯托克斯线的强度应该相等，但是实验上证明这个结果并不正确。实验结果是反斯托克斯线比斯托克斯线弱几个数量级，这个疑团只能用量子力学的方法来对拉曼散射进行描述。

5.2.3　拉曼散射的量子理论解释

从量子理论出发，拉曼散射涉及的只是一种中间虚态，并不涉及能级之间的跃迁。如图 5.2 所示，描述了拉曼散射的能级变化情况。其中，E_0 为基态，E_1 为振动激发态；$E_0 + hv_0$、$E_1 + hv_0$ 为激发虚态。用频率 v_0 的激光照射被测样品，光子与样品分子相互作用，分子被激发获得能量后，从基态跃迁到激发虚态。激发虚态上的分子会立即跃迁到下能级而发光，即为散射光。

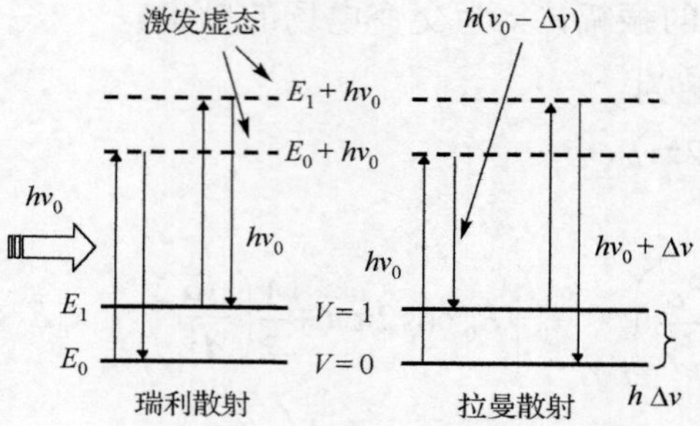

图 5.2　拉曼效应的能级图

当处在基态 E_0 分子吸收一个光子后跃迁到激发虚态 $E_0 + hv_0$，随后又返回到原来所处的基态而重新发射频率为 v_0 的光子，即散射光的能量与入射光能量相同，则这种类型的散射为瑞利散射；另一种散射过程，散射光的能量与入射光能量不同，这种散射分为两种情况，分子跃迁到激发虚态后不回到原来所处基态，而落到另一较高能级的 E_1 振动激发态并发射光子，新光子能量 hv 显然小于入射光子能量 hv_0，两光子能量差 $\Delta E = h\Delta v = h(v_0 - v')$，$\Delta v$ 为拉曼拉曼频移，即散射光相对于激发光的波数偏移，则这种类型的散射为斯托克斯散射；反之，若分子返回至较低的能级，发射光子的频率将大于入射光子频率，两光子能量差仍是 $\Delta E = h\Delta v = h(v_0 - v')$，则这种类型的散射称为反斯托克斯散射。

由于振动能级间距较大，由玻耳兹曼分布可知：在常温下，分子大多数处于基态，因此斯托克斯散射远强于反斯托克斯散射，所以在研究拉曼光谱时通常是以斯托克斯散射为主。

5.3　拉曼光谱技术

传统拉曼光谱技术存在一个主要弱点，即依据拉曼散射效应所测得的信号强度都比较弱。散射强度弱就造成了相对较低的检测灵敏度，从而使低浓度，尤其是痕量分析较为困难。新型的拉曼光谱技术，即增强拉曼光谱技术能够有效克服这个弱点。增强方式包括两种：共振增强和表面增强。它们能使拉曼散射强度增强几个数量级。在分析化学领域中，共振增强和表面增强拉曼光谱技术早已引起了人们的关注。

5.3.1 共振拉曼光谱

共振拉曼效应(Resonance Raman Effect，RRS)是利用波长与分子的电子跃迁波长相等或接近的激光来激发散射，拉曼有效散射截面异常增大使拉曼散射强度增高，一般为正常强度的 10^4～10^6 倍。灵敏度的提高使得共振拉曼效应比常规拉曼光谱能提供更为丰富的特征光谱信息，出现常规拉曼效应中所观察不到的、强度可与基频相比拟的泛频及组合频振动，基于共振拉曼效应的方法称为共振拉曼光谱法。

从理论上预测共振增强现象是基于 Kramers-Heisenberg-Dirac 色散方程。共振增强的大小正比于共振电子跃迁矩，反比于其宽度，通常可用 Herzberg-Teller 公式解析电子波函数对核位移的依赖关系，以说明哪些振动会得到加强。

共振拉曼光谱法有以下特点。

(1) 灵敏度高，增强的拉曼信号能检测低浓度及微量样品。

(2) 不同的拉曼谱带的激发轮廓可给出有关分子振动和电子运动相互作用的新信息。

(3) 在共振拉曼偏振测量中，有时可以得到在常规拉曼效应中不能得到的关于分子对称性的情况。

(4) 利用标记官能团的共振拉曼效应，可以研究大分子聚集体的部分结构。共振拉曼光谱法已成为研究有机和无机分子、离子、生物大分子甚至活体组成的有力工具。

共振拉曼光谱法的实验要求包括以下几方面。

(1) 共振拉曼光谱法要求激发光源频率可调，以使激发频率 ν 接近或重合于各种分子最低允许的电子跃迁频率 ν，因此，可调谐染料激光器是获得共振拉曼光谱的必要条件。

(2) 由于吸收过程对拉曼散射的影响，因此，在实验时要尽可能地将激光聚焦到靠近出口的样品表面上，甚至仅掠过样品表面以减小吸收。

(3) 对强激光的吸收而引起的热透镜效应和样品分解，可通过脉冲激发光源、样品旋转技术及激光扫描表面来避免。

(4) 荧光背景的干扰可采用时间分辨技术来消除，以多道分析器或二极管阵列作为检测手段，以纳秒到皮秒的脉冲激光作为光源的拉曼分光计来记录时间分辨共振拉曼光谱。

5.3.2 表面增强拉曼光谱

1974 年 Fleischmann 等首次发现粗糙的 Ag 电极表面的吡啶拉曼信号被增强的现象，1977 年 Duyne 和 Creighton 小组通过重复实验后认为电极表面经过粗糙处理后，存在某种新的表面效应能够增大分子的拉曼散射截面，进而实现拉曼信号的增强。他们将这种表面增强效应称为表面增强拉曼散射现象，现已发展成一种新的光谱分析技术-表面增强拉曼光谱法(Surface-Enhanced Raman Spectroscopy，SERS)。

我国于 20 世纪 80 年代初也开始了 SERS 的研究。对于 SERS 机理一直都没有确切的定论，普遍的共识是 SERS 的贡献主要来源于两个方面：物理电磁增强理论，即金属粒子的表面等离子体共振；化学电荷增强理论，即金属和吸附分子之间的电荷转移。

(1)物理电磁场增强理论。

物理电磁增强通常有三种理论，分别为表面镜像场理论、天线共振子理论和局域表面等离子体共振。

表面镜像场理论(Image Field Effect，IFE)：镜像场模型是最早被提出的物理增强机理。该理论假定金属表面如同一面理想的“镜子”，吸附在金属表面的分子被看成一个偶极子，分子的诱导偶极或者振动偶极在金属内部感应出“镜像”，在另一侧镜面(金属中)感生出同样的共振偶极子。偶极子发射拉曼散射光时，它的镜像偶极子也同时发射，它们之间相互加强，使得吸附分子附近的金属表面局部电场加强，引起高达 5～6 个数量级的拉曼散射截面的增加，从而产生 SERS 效应。该模型预示了金属表面分子中垂直于金属表面的偶极组分的振动模具有强拉曼散射效应，而平行于金属表面的偶极组分的振动模没有拉曼散射效应。但是实际上，分子通常是个多极体，并不是简单的偶极子，当分子趋近金属表面达到一临界距离时，分子的多级性是不能被忽略的。因此该理论仅能解释部分的表面增强拉曼现象。

天线共振子增强理论(Antenna Resonance，AR)：粗糙金属表面的突出物或各种微粒可以被看成位于电磁场中的天线振子，它们既可以吸收电磁波，也可以发射电磁波，在一定条件下会产生很强的局域电磁场，吸附在粒子表面的分子拉曼散射光也会受到增强，产生 SERS 效应，这种理论被称为天线共振子增强理论。此理论下的 SERS 效应与纳米粒子的曲率半径成反比，曲率半径越小，局部电磁场越大，其对增强效应贡献的大小与表面结构密切相关。有理论指出当纳米粒子的尺度接近入射光波长的 1/4 时，会形成共振，此时的增强效应达到最大；但是此理论依旧无法解释不同吸附分子间 SERS 增强有差异的现象。

现在通常认为 SERS 起源于金属表面的局域电磁场的增强，也就是局域表面等离子体共振(Localized Surface Plasmon Resonance，LSPR)。当激光照射到具有一定粗糙度的金属表面时，激光与金属之间会发生电磁反应，金属颗粒表面会产生一个放大的局域电磁场，当分子恰好在这个放大的局域电磁场中时，分子的散射截面将被放大，从而得到分子的表面增强拉曼光谱。电磁场增强的性质与金属纳米结构的性质(形状、大小、金属的介电性能)有关，等离子体共振的频率和强度也受与金属接触物质的介电常数影响。简单来讲，拉曼光谱的强度与电磁场强度的关系为 $I \propto |E|^4$，I 为分子的拉曼强度，E 为局域电磁场强度，从此公式中可以看出局域电磁强度微小的增加，便能引起拉曼强度巨大的增强。此外局域表面等离子体共振所产生的局域电磁场强度 E 与分子离开金属表面距离 D 的 5 次方成反比，即 $E \propto \left|\frac{1}{D}\right|^5$，从公式可以看出如果分子离金属表面的距离微小的增加，便能导致局域电磁场强度 E 的剧烈降低，进而分子的拉曼强度 I 随之迅速降低，SERS 效应剧烈减弱。因此按照电磁场增强机制，要获得最大的拉曼增强效果需满足以下三个条件：待测分子离增强基底表面的距离要尽可能近；金属纳米粒子的粒径要小于激光的波长；激光的频率要尽可能和金属的局域表面等离子体共振的频率接近。

在原理上，任何物理吸附在表面上的分子都能产生表面增强拉曼效应，然而物理增强机理不能够解释为什么不同物质分子在金属衬底上会有 SERS 效应差异，也不能够解释即使是同分异构体在同一金属衬底上 SERS 的差异，表明物理电磁增强理论存在着局限性。

(2)化学增强机理。

因为物理增强机理的局限性，人们提出了化学增强机理来解释物理增强机理所不能解释的现象。尽管提出的化学增强模型在很多细节上有所不同，但一致认为表面增强拉曼效应来源于分子与金属表面间的相互作用，使得分子极化率增大，也即增大了拉曼散射截面所致。此化学增强理论主要考虑分子在 SERS 衬底上的吸附取向特性及分子与 SERS 衬底之间的电荷转移作用。化学增强机理包括两种模型：吸附原子模型和电荷转移模型，后者为大家所广为接受。

电荷转移模型(Charge Transfer，CT)是被广泛接受的一种模型。该理论认为金属表面的原子或原子簇与吸附分子之间产生某种特殊的化学作用，形成一些特殊的表面化合物，从而产生新的激发态和新的吸收峰。在合适的激光激发下，可以发生两种电子跃迁的电荷转移。吸附分子的最高占有轨道和最低空轨道对称分布于金属的费米能级两侧。金属中的自由电子可以从吸附分子的最高占有轨道上的电荷跃迁到金属的表面，或者从金属的费米能级共振跃迁到吸附分子的最低空轨道上。当入射光子的能量与电子在金属基底和吸附分子间的能量差相等时，将会产生共振现象，从而使吸附分子的有效极化率极大地增加，达到 SERS 增强的效果。

电荷转移模型预示了产生表面增强拉曼效应的必要条件是吸附分子与金属表面发生化学反应形成化学键。因此该模型可以解释，当分子与金属表面间距逐步拉大时，SERS 效应随着化学键的削弱或者消失而迅速减小，即表面增强拉曼效应表现为短程性；在同一激光激发下，吸附在同一 SERS 活性基底上的不同分子具有不同的 SERS 光谱；分子在金属表面吸附取向不同而 SERS 效应不同；不是所有能够吸附到基底上的分子的拉曼信号都能得到增强，通常 SERS 基底上的活性位点很少，只有在活性位点上的分子才能得到增强。总之，化学增强模型强调分子与金属基底间的吸附是化学吸附。同一物质的 SERS 谱图与常规拉曼谱图时常会有明显的差别，从 SERS 谱图上观察到拉曼峰会有位移、峰强度和峰形的改变甚至是新峰的出现，这些都可以用化学增强机理来解释。在 SERS 增强的贡献作用中，相比于物理电磁场增强，化学增强只能增强 1～2 个数量级。大量研究表明，单独的物理增强机理或者化学增强机理都不能很好地解释 SERS 效应，在绝大多数 SERS 体系中，物理电磁场增强和化学增强是共存的，只是它们对增强的贡献程度随体系不同而占有不同的比例。

SERS 技术有效弥补了拉曼散射灵敏度低的弱点，分析功能强于普通拉曼光谱技术，利用增强效应对抗体、蛋白质、DNA 等生物大分子进行标记检测，是拉曼光谱技术的发展所趋，但受到一些因素的制约，SERS 需要试样附着在粗糙金属表面，这就丧失了拉曼光谱无损无接触的优点；不同材料在基衬上的吸附性能具有差异，而基衬又难以重现和保持稳定，这使定量分析遇到困难；只有当待测分子中含有芳环、杂环、氮原子硝基、氨基、羰酸基或硫和磷原子之一时，才能进行 SERS 检测，这使检测对象有一定的限制。尽管有这些限制，SERS 技术在生物研究上仍得到了普遍的应用。

在对 SERS 效应进行大量研究分析后，得到了一些规律。

(1) 许多分子都能产生 SERS 效应，但只有在少数几种基体上，如 Ag、Cu、Au、Li、Na 和 K 等的表面产生增强效果，其中 Ag 基体的 SERS 效应最为明显，可使拉曼散射截面增大 5～6 个数量，SERS 研究大多是在 Ag 基上进行的，其中 Ag 溶胶和 Ag 电极使用最多，也有在化学沉积银膜、真空镀银膜和硝酸蚀刻银膜上进行的。在一些半导体基体上，如 *n*-CdS 电极、*a*-Fe_2O_3 溶胶和 TO_2 电极上也可观察到 SERS 现象。用 Au 或 Cu 作基体的 SERS 研究则较少，其只有在红光下才能显示出 SERS 效应。

(2) SERS 效应与基体的粗糙度有关，金属表面的粗糙化是产生 SERS 的必要条件，不同范围的表面粗糙化相应于不同的 SERS 增强机理。

(3) SERS 效应表现有长程性和短程性，前者分子离开表面几纳米至 10nm 仍有增强效应，而后者离开表面 0.1nm 增强效应即减弱。

(4) 研究了一些化合物的 SERS 的激发谱，发现 SERS 的强度并不与激发光频率 4 次方正比。大多数分子的 SERS 强度在黄到红激发光区有一个极大值，而且不同分子或同一分子的不同 SERS 谱峰极大时的激发光波长各不相同。

(5) SERS 峰的退偏度与常规拉曼谱峰不同，不同类型的常规拉曼谱峰的退偏度有很大差别，但所有的 SERS 谱峰的退偏度很相近。

(6) 分子的振动类型不同，则增强因子也不相同，增强极大和激发频率关系曲线也不相同。

(7) 在 SERS 中，有时仅为红外活性的振动类型也会出现在 SERS 光谱中。

(8) 在分子的吸收带频率内进行激发时，可获得更大的 SERS 信号，其增强因子可达 10^4～10^6。

5.3.3 SERS 联用技术

(1) 色谱与 SERS 联用。

经过一百多年的快速发展，色谱作为一种最常用的分离技术和方法，已经成为生命科学、医药科学、材料科学、环境科学等领域必不可少的工具和手段。色谱技术主要是利用样品中不同组分在固定相和流动相间中的亲和力(分配比、吸附、离子交换等)差别，通过流动相对固定相的相对移动，使样品中组分在两相间进行多次平衡分配，从而达到各组分分离的目的。常见的色谱分析方法主要包括气相色谱、液相色谱、薄层色谱、毛细管电泳等。这些色谱方法都只是一种分离技术，为实现样品分析的目的，色谱通常与各种高灵敏度的检测方法(电化学、化学发光、激光诱导荧光、火焰电离、电导、电子捕获、质谱等)联用，这些检测方法大多用来进行定量分析，而样品中各组分的定性分析则通过色谱过程中的保留时间来确定。可用于直接定性分析的分子光谱方法，尤其是拉曼光谱技术却较少应用于色谱联用技术领域。究其原因主要是拉曼光谱信号较弱，而且通过色谱方法分离出来的组分浓度又较低，通过拉曼光谱难以快速获取足够强度的信号进行定性定量分析。

为得到足够强度的拉曼光谱信号，人们提出了多种拉曼光谱增强技术用来增加检测物的拉曼散射截面，其中最为重要和常用的一种是表面增强拉曼光谱。将色谱技术与表面增强拉曼光谱技术联用，可以实现分离和检测的高效耦合，从而推动分析技术的进步。

① 高效液相色谱与 SERS 联用。

高效液相色谱是现在应用最多的色谱技术，其为利用液体作为流动相的色谱技术，在装置上选用高压色谱泵、高效固定相和高灵敏度检测器，可以实现样品的快速、高效、自动化分析。由于高效液相色谱采用高压泵提供流动相动力来源，为耐受高压，整个管路多采用不锈钢制成，无法直接用于拉曼检测；而且高效液相色谱对体积大小特别敏感，因此需要选取合适的耦合技术来实现色谱柱出口端的样品检测。耦合技术主要为三类：第一类为后接一个透明的 SERS 检测视窗，视窗内置 SERS 活性基底，可以实时在线检测各组分的成分和浓度，这种耦合技术主要技术难点在于必须保证各组分在 SERS 活性基底上的快速吸附和脱附，而且每个光谱采样时间必须足够短，从而提供色谱所必需的时间分辨信息；第二类为采用三通混流装置，将 SERS 活性溶胶与样品预混，在管路中经过一定时间的混合、吸附、平衡，然后在特定位置通过视窗进行 SERS 检测，此种方法保证了组分在 SERS 活性材料上的充分吸附，但是采样时间也必须很短才行；第三类技术利用自动化技术，分段收集色谱出口端的样品，然后再进行常规方式的 SERS 检测，这种方法可以采用长时间的 SERS 采集，从而增加样品的检测极限，但是这种技术不能用于实时检测。由于前两种技术的采样时间必须很短，相应技术的应用范围受到了很大限制，在 SERS 基底制备技术没有很大进步之前，这两种技术主要用于流动注射分析系统中。

② 薄层色谱与 SERS 联用。

薄层色谱(Thin Layer Chromatography，TLC)作为一种微量、快速而简单的分离技术，在现场快速分析中体现出巨大的优势。如果结合便携式拉曼光谱仪以及表面增强拉曼光谱技术，则可以实现对多种混合物样品的快速便携式检测。薄层色谱特有的平面构型和空间位置定性机理，使其特别适合与表面增强拉曼光谱技术进行联用。在所有的色谱与表面增强拉曼光谱联用技术中，TLC-SERS 的报道最多。按照原理不同，主要可以分为两类：薄层色谱分离后对薄层色谱板进行 SERS 活性化和薄层色谱分离前对薄层色谱板进行 SERS 活性化。

③ 毛细管电泳与 SERS 联用。

毛细管电泳(Capillary Electrophoresis，CE)是一种以毛细管为分离通道，以直流高压电场形成的电渗流为驱动力的液相分离技术，毛细管电泳所用石英毛细管内径极小，因而分析所需的流动相也较少，可以对极微量的样品进行分析，毛细管电泳在推动分析化学从微升水平进入纳升水平中起了关键作用。CE-SERS 联用一般需要专门的毛细管柱，装置将液流通过表面增强拉曼光谱基底，然后进行 SERS 检测。另一种 CE-SERS 联用方法是采取在缓冲液(流动相)内添加银溶胶的方式，维生素 B2 检测限为微摩尔级别，而罗丹明检测限为纳摩尔级别。

(2) 电化学(Electrochemistry, EC)与 SERS 联用。

电化学表面增强拉曼散射(EC-SERS)系统一般包括纳米结构电极和电解液两个部分，在两部分之间形成的双电层是 EC-SERS 中最重要和复杂的界面区域。EC-SERS 可以粗略地分为两大领域：分析识别和机理研究。分析识别主要看 EC-SERS 能否以高灵敏度和高选择性检测到目标物种；而机理研究的内容，主要包括 SERS 的增强机制和表面选择规则，以及评价不同增强机制对增强因子的贡献，同时用于解释吸附的原理和电化学反应机制。

(3) 原子力显微镜(Atomic Force Microscope, AFM)与 SERS 联用。

SERS 使用的光源一般为可见光或近红外激光器，其空间分辨率受限于相应的光学分辨率，一般只能达到微米级水平，而具有高空间分辨率的光谱是在分子水平上了解催化、表面和界面的异质化学、膜蛋白质在活细胞的动力学等过程机制的关键。建立在原子力显微镜纳米级分辨率基础上的 AFM-SERS 联用技术可以提供高分辨率的点对点结构-光谱耦合信息，有希望实现在单分子水平上的分子结构和动力学研究。

5.4 拉曼光谱仪

与红外光谱仪相比，拉曼光谱仪的发展较为缓慢。早期拉曼光谱仪以汞弧灯作为激发光源，拉曼信号十分微弱。1960 年后，激光的出现为拉曼光谱仪提供了最理想的光源，使得传统色散型激光拉曼光谱仪得到很大的发展。但是这类仪器使用的激发光源在可见光区，在对荧光很强的物质测量时，拉曼信号会淹没在很强的荧光中。傅里叶变换近红外激光拉曼光谱仪(FT-Raman)的出现消除了荧光对拉曼测量的干扰，以其突出的优点如无荧光干扰、扫描速度快、分辨率高等，越来越受到人们的重视。目前，有不少厂家已经生产出专用的 FT-Raman 光谱仪，将特殊的光学显微镜与拉曼光谱仪组合而成的共焦激光拉曼光谱仪是近年推出的另一类型的拉曼光谱仪，它具有三维分辨能力，可以对地质矿物、生物样品做“光学切片”。

5.4.1 拉曼光谱仪结构

色散型拉曼光谱仪主要由激发光源、外光路系统(样品池)、单色仪、光学过滤器及检测系统五大部分组成。样品经来自激光源的激发发生散射，这些散射光由反射镜等光学元件收集，经狭缝照射到光栅上，被光栅色散，连续地转动光栅使不同波长的色散光依次通过出口狭缝，进入光电倍增管检测器，经放大和记录系统获得拉曼光谱。

FT-Raman 光谱仪的干涉仪和 FTIR 光谱仪是相同的，检测器是氮冷却的锗检测器，通常在仪器中使用截断滤光片以限制比光源波长大的辐射到达检测器上。初期的 FT-Raman 光谱仪是在 FTIR 光谱仪加一个 FT-Raman 附件，共用一个迈克尔逊干涉仪。目前已生产出专用的 FT-Raman 光谱仪。

拉曼光谱仪的基本部件如下。

(1) 激发光源。

拉曼光谱仪的激发光源使用激光器，传统色散型激光拉曼光谱仪通常使用的激光器有 Kr 离子激光器、Ar 离子激光器、Ar^+/Kr^+激光器、He-Ne 激光器和红宝石脉冲激光器等。作为激光拉曼光谱仪的光源需要符合几项要求：单线输出功率一般为 20～1000mW；功率的稳定性好；寿命长，达到 1000h 以上。

目前 FT-Raman 光谱仪采用的激光器大都属于固体激光器，其工作方式可以是连续的，也可以是脉冲的，这类激光器的特点是输出功率高，可以制作得很小，很坚固，但缺点是输出激光的单色性和频率的稳定性都不如气体激光器。

(2) 外光路系统。

外光路系统是在激发光源发出激光到单色仪之间的所有设备，它包括聚焦透镜、多次反射镜、试样台、退偏器等。退偏器是其中相当重要的一个装置，激光束照射在试样台上有两种情况：90° 方式和同轴方式。90° 方式可以进行极准确的偏振测定，能够改进拉曼和瑞利两种散射的比值，使得低频振动测量变得容易；180° 的同轴方式可以获得最大的激发效率，适用于浑浊和微量样品的测定。拉曼光谱仪的外光路系统设计，十分多样，许多改进装置需要测试工作人员自行提出和设计。

(3) 单色仪。

在色散型激光拉曼光谱仪中要求单色仪的杂散光最小且色散最佳，为了有效降低瑞利散射及杂散光，通常使用双光栅或者三光栅组合的单色仪，目前大多使用平面全息光栅降低光通量。单色仪要求具有高分辨率、高通光率和低杂散光等特点。

(4) 光学过滤器。

在 FT-Raman 光谱仪中，在散射光被检测器捕获前，必须要用光学过滤器把其中的瑞利散射滤除，至少要降低数个数量级，才能将拉曼散射光凸显出来。此光学过滤器的性能决定着光谱仪检测波数的范围和信噪比的优劣。

(5) 检测系统。

常用的检测器为 Ge、InGaAs 或 Si 检测器，对于不同波长的光响应曲线有所不同。

5.4.2 拉曼光谱仪应用

拉曼光谱仪通过检测样品的拉曼散射光来对样品进行定性、定量分析，现已广泛地应用于爆炸物检测、毒品分析、食品安全、宝石鉴定、农药检测等领域。

随着激光和光电检测技术的发展以及现场实时分析需求的变化，拉曼光谱仪逐渐从实验室走向现场分析，向小型化、便携式以及智能化方向发展。目前，国内外各大公司都推出了便携式拉曼光谱仪产品。例如，美国海洋光学公司(Ocean Optics)的一款便携式拉曼光谱仪 ACCUMAN(PR-500)可提供更大的拉曼光谱范围(最高可达 3900cm^{-1})和更优的光谱分辨率(最优可达 4cm^{-1})，能够轻松地应对复杂样品；必达泰克(B&WTEK)公司推出的 NanoRamMini 便携式光谱仪光谱分辨率为 9cm^{-1}，触控显示、携带方便，无论在实验室、车间、仓库、码头或者户外都能够轻松完成原辅料的鉴别和验证；赛默飞世尔科技(Thermo Fisher Scientific)公司的 TruScan RM 手持式拉曼光谱分析仪体积更小、质量更轻，具有小巧、轻便的优点。此外，许多国内公司也生产出价格优惠、性能优良的便携式拉曼光谱仪，例如，北京卓立汉光仪器有限公司生产的 FinderInsight 小型拉曼光谱仪，采用了科研级的深度制冷 CCD 检测器配合大通光孔径的分光系统，具有高品质的测试性能。

目前，国内外各大公司生产的便携式拉曼光谱仪普遍使用 785nm 的单波长激光作为激光光源，外加基线校正算法进行荧光抑制。然而，在应用过程中，荧光并未能完全去除，荧光去除不彻底将带来两个后果，首先是那些弱小的拉曼信号仍然会被荧光淹没，给拉曼定性分析和分子鉴别带来困难；其次是残余荧光的存在会影响拉曼信号强度的精确测定，因而会阻碍拉曼定量分析的进一步发展。

5.5 拉曼光谱的应用

拉曼光谱的诸多优势使其成为过程在线分析的关键性技术。随着光电子学、光纤、化学计量学的发展，拉曼光谱技术已开始从实验室分析走向工业生产现场的实时在线分析。目前，拉曼光谱分析技术已成功应用于高分子材料、石油化工、生物医药、地质考古、环境保护、食品检测以及工业生产监测和控制等诸多领域[129-150]。

(1)材料科学。

随着科学技术的发展，高性能的新型材料受到人们的青睐。在材料科学中，拉曼光谱既可以用于分析晶体材料、超导体、半导体、陶瓷等固体材料，也可用于新型材料如金刚石薄膜、微晶硅的研究。在纳米材料研究中，拉曼光谱可以帮助考察纳米粒子本身因尺寸减小而对拉曼散射产生的影响，以及纳米粒子的引入对玻璃相结构的影响。特别是对于研究低维纳米材料，拉曼光谱已成为首选方法之一。在超晶格材料的研究中，可通过测定超晶格中应变层的拉曼位移计算应变层的应力，根据拉曼谱带峰的对称性，得知晶格的完整性。除此之外还可以实现对半导体芯片上微小复杂结构的应力及污染或缺陷的鉴定。

(2)石油化工。

各种烃类化合物是石油化工产品的主要成分，C-H键为主要官能团，红外光谱与拉曼光谱都能对其进行分析。由于产生机理不一样，与红外光谱相比，拉曼光谱对石油产品中的双键、三键等对称结构官能团的鉴定具有本质上的优势。Williams等采用FT-Raman光谱仪测量汽油和柴油的拉曼光谱，并对汽油辛烷值和柴油十六烷值进行快速分析，取得了良好的效果。Chung等将激光拉曼光谱技术应用于航空燃油碳气组成、芳香烃含量的定量分析，通过饱和烃和芳香烃的特征峰高度比来测定混合燃油的芳香烃含量。Scharder等利用FT-Raman光谱仪测定矿物油产品中的多环芳烃，避免了可见激光拉曼光谱的荧光背景问题，获得了良好的拉曼信号与分析结果。Cooper等利用拉曼和光纤拉曼光谱仪研究了成品汽油的辛烷值和二甲苯异构体含量，证实拉曼光谱取代了常规气相色谱分析的可能性。

(3)生物医药。

在生物学领域，核酸、蛋白质、脂类和碳水化合物是生物物质的重要组成成分，它们决定了生物分子的生长、繁殖和分化等，因此研究这些生物大分子的构象、组成能够揭示生物的生理机能。拉曼光谱适合测量水溶液样品、样品无需制备以及适合生物分子测量的优点，使得其在生物分子研究领域具有很大的应用潜力。目前拉曼光谱已经用于氨基酸、碳水化合物、维生素、类胡萝卜素、复杂的DNA、核酸、蛋白质、酶、激素、RNA、染色质、皮肤、肝、胃、视网膜等生物组织的研究，几乎涵盖了整个分子生物学领域。

由于拉曼光谱具有非破坏性和无损的特点，近年来其在医学方面的应用也得到迅速的发展。与其他诊断技术相比，拉曼光谱技术在许多方面有着明显的优势。如拉曼光谱技术可识别多种生物物质、样品准备简单，可在近乎自然生理状态下进行检测，以及可用于活体检测，为医疗过程中的实时诊断提供可能。目前，拉曼光谱技术在疾病诊断中取得了重大进展。比如在癌症早期的诊断方面，杨文沛等利用激光拉曼光谱技术对肝癌细胞株与正常肝细胞株的单细胞拉曼光谱进行了研究。结果发现正常细胞与癌变细胞的拉曼光谱在峰强度、频率等方面存在明显差异，癌细胞的拉曼信号强度要比正常细胞弱很多，且蛋白质、核酸、脂类等物质分子在结构或含量上都发生了不同改变。这些研究证明了激光拉曼光谱能够实现正常细胞和癌细胞的判断。Freis 利用拉曼光谱实现了不同类型白血病的区分。此外，拉曼光谱对鼻咽癌、胃癌、肺癌、食管癌、结肠癌、乳腺癌、前列腺癌、糖尿病、结石病、动脉硬化和白内障的研究也有报道。

(4)地质考古。

在地质上，拉曼光谱可以对矿石成分和结构进行分析。在宝石鉴定上，宝石伪造者在有缺陷的宝石中填入特别的、折射率相当的树脂或玻璃，使得在正常检测(在显微镜)下无法看出瑕疵，然而拉曼光谱能在数秒内根据光谱和影像清楚地显示出瑕疵处及其填充物。在考古上，拉曼光谱可以对古代工艺品进行无损鉴定和分析，也可以对工艺品原始材料的拉曼光谱分析，依其拉曼峰找出吻合的材料来对其进行修复，重现原来的色彩和样貌。对于古玉、青铜器、古壁画、古陶器等文物，拉曼光谱分析有别于传统手段，能提供更科学和可靠的依据，使其在这一领域的应用越来越广泛。

(5)环境保护。

随着拉曼光谱新技术的发展以及计算机分析方法在拉曼光谱中的应用，拉曼光谱对水质和大气进行准确、高效的定性定量分析成为可能，并有望弥补传统检测方法的缺陷。在大气检测方面，通过利用拉曼激光雷达技术可探测大气二氧化碳浓度的分布，并且能够达到较高的测量精度和较好的稳定性。

(6)食品检测。

随着人们生活水平的提高，人们对食品安全问题的关注度也在提升。食品的成分主要是维生素、糖分、油脂和蛋白质。通过拉曼谱图不仅可以分析被测物质的分子结构，还可以原位定量检测食品成分含量的大小，避免了传统检测法(如高效液相、液相色谱法)在样品制备过程中化学药品对样品检测的干扰，从而确保了检测结果的准确性。应用拉曼光谱也可以检测植物的油分组成、含油量等，除此之外，还可利用拉曼光谱检测水果、蔬菜、粮食中的杀菌剂、杀虫剂等，成为检测食品质量，保证食品安全的有力手段。由此可见，拉曼光谱技术在食品领域有广泛的应用。

(7)工业生产监测和控制。

在工业生产中，产品质量的控制是一个重要环节，同时生产过程往往强调连续性，拉曼光谱的无损、不接触式的探测和快速的分析方法尤其符合工业生产的实际需要，因此在商品检测、生产流程监控中起到了重要作用。如金刚石镀膜生产中，拉曼光谱可以快速分析金刚石的纯度、均匀性结晶化程度及内部应力，因此主要的金刚石镀膜生产厂或实验室都利用快速拉曼分析的反馈迅速调整制造过程，使得金刚石薄膜的质量得到大幅度改善。另外在半导体芯片生长、聚合物生产、类钻石碳的质量检测、计算机硬盘表面镀膜质量的检测等领域拉曼光谱也有涉及。

第6章 化学计量学基础

1971年，Wold提出“化学计量学”(Chemometrics)一词，1974年，成立了国际化学计量学学会(International Chemometrics Society)[5,8,30,112]。化学计量学是利用数学、统计学、计算机科学以及其他相关学科的理论和方法，通过改善化学分析实验的过程，从化学分析实验所获得的实验数据中最大限度地获取特定的化学分析特征。因此，化学计量学是一门化学分析的基础理论和方法论。化学计量学作为一门独特而新兴的学科分支，已向各个化学分析测试领域的分支学科渗透，其在环境化学、食品化学、农业化学、医药化学、化学工程学科等应用广泛。

随着科技水平的不断提升，越来越多的现代化学分析仪器投入使用，得到大量的化学实验数据已经不再是一件困难的事，真正的问题是面对如此庞大的实验数据如何进行分析处理，进而从中提取到有用的化学信息。由此可见，化学计量学已然逐渐深入化学数据处理和各个化学分析学科的新应用研究领域。现在很多化学计量学的分析手段和思路，如主成分分析、人工神经网络、偏最小二乘、线性判别、遗传算法、支持向量机、小波变换等已经成功利用计算机进行了验证，逐步成为化学家在分析化学领域研究的得力助手。化学计量学的长足进步，也为仪器分析智能化的研究发展提供了创新性的思路，为新型高维联用仪器的构建提供了新思路和新途径。同时，微型计算机科学水平的进步，为分析化学信息库的组建与信息搜索以及化学人工智能研究的快速发展提供了必要的科技和理论支持。通过利用计算机网络技术可将一种以上的化学分析仪器相连接，由此将数值化运算方法(现阶段化学计量学发展的主要方向)与基于经验的逻辑推理手段进行了恰如其分的综合，有望突破化合物结构智能化分析的学科瓶颈。除此之外，也可以帮助分析化学领域的科学家完成对混合物波谱信息的定性定量分析研究难题。

由此可见，在分析化学研究的各个方面，化学计量学的发展前景广阔。

6.1 误差及数理统计基础

测得的量值简称测得值，代表测量结果的量值；参考量值，一般由量的真值或约定量值来表示；误差是测得值减去参考量值。对于测量而言，人们往往把一个量在被观测时，其本身所具有的真实大小认为是被测量的真值。实际上，它是一个理想的概念，只有“当某量被完善地确定并能排除所有测量上的缺陷时，通过测量所得到的量值”才是量的真值。从测量的角度来说，难以做到这一点。因此，一般说来真值不可能确切获得。

所谓误差就是测得值与被测量的真值之间的差，可表示为

$$误差=测得值-真值 \tag{6.1}$$

测量误差可用绝对误差表示，也可用相对误差表示。

(1) 绝对误差。

某量值的测得值和真值之差为绝对误差，通常简称为误差，即

$$绝对误差=测得值-真值 \tag{6.2}$$

由式(6.2)可知，绝对误差可能是正值也可能是负值。

(2) 相对误差。

绝对误差与被测量的真值之比称为相对误差。因测得值与真值接近，故也可近似用绝对误差与测得值之比作为相对误差，即

$$相对误差=\frac{绝对误差}{真值}\approx\frac{绝对误差}{测量值} \tag{6.3}$$

由于绝对误差可能为正值或负值，因此相对误差也可能为正值或负值。相对误差无量纲，通常用百分数(%)来表示。

对于相同的被测量，绝对误差可以评定其测量精度的高低，但对于不同的被测量以及不同的物理量，绝对误差就难以评定其测量精度的高低，而采用相对误差来评定较为确切。

6.1.1　误差来源

在测量过程中，误差产生的原因可归纳为以下几个方面。

(1) 测量装置误差。

① 标准量具误差。

以固定形式复现标准量值的器具，如标准量块、标准线纹尺、标准电池、标准电阻、标准砝码等，但它们本身体现的量值，不可避免地都含有误差。

② 仪器误差。

凡用来直接或间接将被测量和已知量进行比较的器具设备，称为仪器或仪表，如阿贝比较仪、天平等比较仪器，压力表、温度计等指示仪表，它们本身都具有误差。

③ 附件误差。

仪器的附件及附属工具，如测长仪的标准环规、千分尺的调整量棒等的误差，也会引起测量误差。

(2) 环境误差。

由各种环境因素与规定的标准状态不一致而引起的测量装置和被测量本身的变化所造成的误差，如温度、湿度、气压(引起空气各部分的扰动)、振动(外界条件及测量人员引起的振动)、照明(引起视差)、重力加速度、电磁场等所引起的误差。通常仪器仪表在规定的正常工作条件下所具有的误差称为基本误差，而超出此条件所增加的误差称为附加误差。

(3) 方法误差。

由测量方法不完善而引起的误差，如采用近似的测量方法而造成的误差。例如，用钢尺测量大轴的圆周长 s，再通过计算求出大轴的直径 $d = s/\pi$，因近似数 π 取值的不同，将会引起误差。

(4) 人员误差。

由测量者受分辨能力的限制，因工作疲劳引起的视觉器官的生理变化，固有习惯引起的读数误差，以及精神上的因素一时疏忽等所引起的误差。

总之，在计算测量结果的精度时，对上述误差来源必须进行全面的分析，力求不遗漏、不重复，特别要注意对误差影响较大的那些因素。

6.1.2 误差分类

按照误差的特点与性质，误差可分为系统误差、随机误差和粗大误差。

(1) 系统误差。

在同一条件下，多次测量同一量值时，绝对值和符号保持不变，或在条件改变时，按一定规律变化的误差称为系统误差。例如，标准量值的不准确、仪器刻度的不准确从而引起的误差。系统误差又可按下列方法分类。

① 对误差掌握的程度。

已定系统误差，指误差绝对值和符号已经确定的系统误差。

未定系统误差，指误差绝对值和符号未能确定的系统误差，通常可估计出误差范围。

② 误差出现规律。

不变系统误差，指误差绝对值和符号固定的系统误差。

变化系统误差，指误差绝对值和符号变化的系统误差。按其变化规律，又可分为线性系统误差、周期性系统误差和复杂规律系统误差等。

(2) 随机误差。

在同一测量条件下，多次测量同一量值时，绝对值和符号以不可预定方式变化的误差称为随机误差。例如，仪器仪表中传动部件的间隙和摩擦、连接件的弹性变形等引起的示值不稳定。

(3)粗大误差。

超出规定条件下预期的误差称为粗大误差，或称“寄生误差”。此误差值较大，明显歪曲测量结果，如测量时对错了标志、读错或记错数、使用有缺陷的仪器以及在测量时因操作不细心而引起的过失性误差等。

上面虽将误差分为三类，但必须注意各类误差之间在一定条件下可以相互转换。某项具体误差，在此条件下为系统误差，而在另一条件下可为随机误差，反之亦然。如按一定基本尺寸制造的量块，存在着制造误差，对某一块量块的制造误差是确定数值，可认为是系统误差，但对一批量块而言，制造误差是变化的，又成为随机误差。在使用某一量块时，没有检定出该量块的尺寸偏差，而按基本尺寸使用，则制造误差属随机误差；若检定出量块的尺寸偏差，按实际尺寸使用，则制造误差属系统误差。掌握误差转换的特点，可将系统误差转化为随机误差，用数据统计处理方法减小误差的影响；或将随机误差转化为系统误差，用修正方法减小其影响。

总之，系统误差和随机误差之间并不存在绝对的界限。随着对误差性质认识的深化和测试技术的发展，有可能把过去作为随机误差的某些误差分离出来作为系统误差处理，或把某些系统误差当作随机误差来处理。

6.2　光谱预处理方法

光谱图可以反映出样品的化学组成和浓度值，可是光谱数据中除了有能反映自身的特征信息外，还包含与待测样品性质无关的信息带来的干扰，比如样品的背景、噪声、杂散光以及仪器的响应等，同时也会受到物理性质对光谱数据产生的影响，导致光谱的基线漂移和不重复性。

常见的干扰包括：激光器散射光的发射噪声、CCD 探测器的散粒噪声、暗电流噪声、样品或容器的荧光和磷光背景、周围环境的黑体辐射、环境中射线导致的尖峰等。当激光照射某些样品物质时会产生荧光背景，甚至在某些荧光物质的干扰下，样品的光谱信号会被荧光背景所覆盖。这些背景噪声不仅影响光谱有用信息的获得，同时影响校正模型的建立以及对待测样品的预测效果。因此，应用化学计量学方法建立稳定且预测能力强的模型时，使用适当的预处理方法消除与光谱数据无关的信息、噪声以及干扰已经变得非常必要和关键。

常用的光谱预处理方法有中心化、标准化、归一化、平滑、导数、标准正态变量变换、多元散射校正、傅里叶变换、小波变换、正交信号校正等。下面简要介绍几种常用的光谱数据预处理技术。

6.2.1 中心化

光谱中心化(Mean Centering)是用样品光谱减去校正集的平均光谱。经过变换的校正集光谱阵 X(样品数 n×波长点数 m)的列平均值为零。在使用多元校正方法建立光谱分析模型时，这种方法将光谱的变动而非光谱的绝对量与待测性质或组成的变动进行关联。因此，在建立光谱定量或定性模型前，往往采用中心化来增加样品光谱之间的差异，从而提高模型的稳健性和预测能力。在使用这种方法对光谱数据进行变换处理的同时，往往对性质或组成数据也进行同样的处理。在建立定量和定性模型时，中心化是最常用的数据预处理方法之一。

首先计算校正集样品的平均光谱：

$$\overline{x_k} = \frac{\sum_{i=1}^{n} x_{i,k}}{n} \tag{6.4}$$

其中，n 为校正集样品数，$k=1,2,\cdots,m$，m 为波长点数。

对未知样品光谱 X（$1\times m$），通过下式得到均值中心化处理后的光谱：

$$x_{\text{centered}} = x - \overline{x} \tag{6.5}$$

图 6.1 是 41 组葡萄糖溶液样本的原始拉曼光谱图，图 6.2 是 41 组葡萄糖溶液样本经中心化处理后的拉曼光谱图。

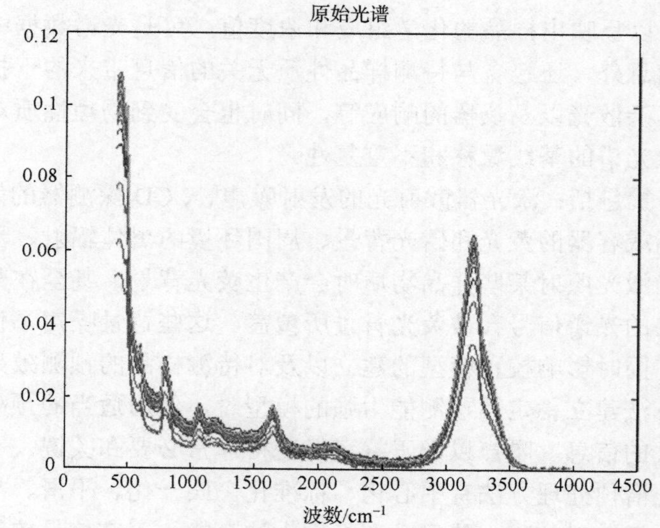

图 6.1 原始拉曼光谱图(见彩图)

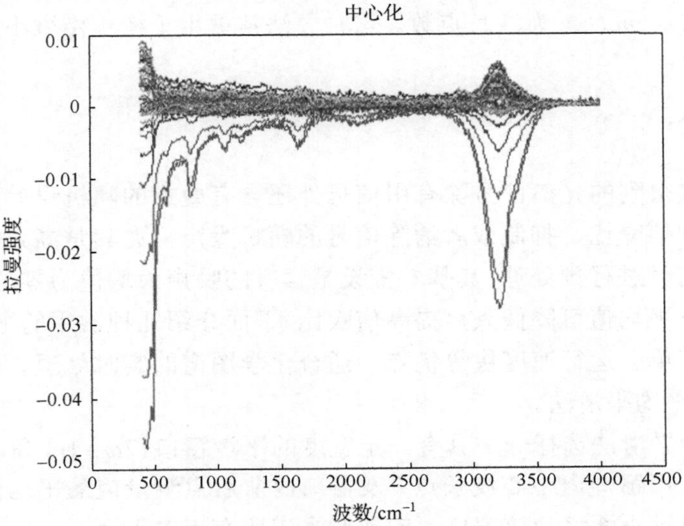

图 6.2　中心化后的拉曼光谱图(见彩图)

6.2.2　标准化

标准化又称均值方差化，光谱标准化变换是将中心化处理后的光谱再除以校正集光谱矩阵的标准偏差光谱。

首先计算校正集样品的平均光谱，然后计算校正集样品的标准偏差光谱 x_k：

$$x_k = \sqrt{\frac{\sum_{i=1}^{n}\left(x_{i,k} - \overline{x_k}\right)^2}{n-1}} \tag{6.6}$$

其中，n 为校正集样品数，$k = 1,2,\cdots,m$，m 为波长点数。

对未知光谱 $X(1\times m)$ 首先进行中心化，再除以标准偏差光谱 x_k，就得到标准化处理后的光谱：

$$x_{\text{autoscaled}} = \frac{x - \overline{x}}{x_k} \tag{6.7}$$

经过标准化处理后的光谱，其列均值为 0，方差为 1。由于该方法给光谱中所有波长变量以相同的权重，所以该方法适用于对低浓度成分建立模型。

归一化的算法较多，在光谱分析中，最常用的是矢量归一化方法。对一光谱 $X(1\times m)$，其矢量归一化算法为

$$x_{\text{normaled}} = \frac{x - \overline{x}}{\sum_{k=1}^{m} x_k^{\;2}} \tag{6.8}$$

其中，$k=1,2,\cdots,m$，m 为波长点数。这种方法常被用于校正由微小光程差异引起的光谱变换。

6.2.3 平滑

由光谱仪得到的光谱信号除有用信息外还含有叠加的随机误差，即噪声。为了提高光谱的信噪比、抑制或者消除信号的随机噪声，尤其是高频噪声，常用平滑的方法对信号进行预处理。其基本假设是含有的噪声为均值为零的随机白噪声，经多次测量取平均值可降低噪声提高信噪比。下面介绍几种常用的平滑去噪方法，它们因算法简单、运行速度快等优点，适合化学图谱的实时处理。

(1) 移动平均平滑法。

移动平均平滑法选择一个具有一定宽度的平滑窗口 $(2\omega+1)$，每个窗口内有奇数个波长点，用窗口内中心波长点 k 及窗口内前后点测量值的平均值代替波长点的测量值，通过不断移动该窗口，实现对光谱所有点的平滑。

$$x_{k,\ \text{smooth}}=\overline{x_k}=\frac{1}{2\omega+1}\sum_{i=-\omega}^{+\omega}x_{k+i} \tag{6.9}$$

在移动式平均平滑法中，平滑窗口的宽度是一个非常重要的参数，若窗口宽度太小，平滑去噪效果不佳；若窗口宽度太大，会平滑掉一些有用信息，造成光谱失真。因此，要想在实验中选取适合的平滑点数，必须通过大量的试验和反复比对。

(2) Savitzky-Golay 卷积平滑法。

由 Savitzky 和 Golay 提出的 Savitzky-Golay 卷积平滑法(S-G 平滑)又称多项式平滑，其波长 k 处经平滑后的平均值为

$$x_{k,\ \text{smooth}}=\overline{x_k}=\frac{1}{H}\sum_{i=-\omega}^{+\omega}x_{k+i}h_i \tag{6.10}$$

其中，h_i 为平滑系数，H 为归一化因子，$H=\sum_{i=-\omega}^{+\omega}h_i$，每一测量值乘以平滑系数 h_i 的目的是尽量减小平滑对有用信息的影响。h_i 可基于最小二乘原理，用多项式拟合求得。

S-G 平滑与移动平均平滑法的基本思想是类似的，只是该方法没有使用简单的平滑而是通过多项式来对移动窗口内的数据进行多项式最小二乘拟合，对信号进行处理时相当于一个低通滤波器，其实质是一种加权平均法，更强调中心点的作用。它是目前应用较为广泛且有效的平滑和求导去噪方法，移动窗口宽度的影响要明显低于移动平均平滑法。

S-G 平滑的求解方法是基于最小二乘拟合原理，将窗口内 $N = 2\omega + 1$ 个等距离的点，拟合成为 k 阶多项式。最小二乘拟合方法在数学上是对数值的近似和优化，它的原理是当把光谱数据的每个点的横坐标代入到给定的曲线方程中，所得到的值与这个点的纵坐标之差的平方和最小，此时这条设定曲线的拟合度才是最高的。S-G 平滑算法的基本原理也就是求取平滑窗口内的拟合多项式的零阶系数的计算过程。

(3) 中值平滑法。

它是基于平均和最小二乘原理设计的加权求和的平滑方法，有一定的平滑效果，但容易使信号产生畸变，且此类方法不能排除那些偏离正常值的异常数据。中值平滑法也采用移动窗口，但平滑结果不是窗口中数据的加权和，而是数据排序后的中间值。中值平滑实际上是一种基于噪声和信号频率差异的平滑方法，采用窗口中值作为平滑结果，可以自然地排除太大或太小的异常数据，使异常数据在平滑过程中被完全滤除，正常信号的值则不会受到影响，而平滑窗口数据加权的方法是在信号和噪声之间折中，平滑值仍受噪声影响。因此，中值平滑能够在有效滤除高频噪声的同时，保留信号边界以及消除尖峰形结构的有色噪声，对信号具有较好的保真能力。

6.2.4 求导

光谱的求导是光谱分析中常用的预处理方法，可以有效消除基线漂移或背景因素的干扰，可以提供比原始谱图更高的分辨率以及更加明朗的光谱轮廓的变化情况。可以对光谱图求取一阶导数、二阶导数乃至高阶导数，常用的是一阶导数和二阶导数。根据光谱的具体情况，对光谱进行求导运算的目的主要有两个：一是降低重叠谱带的干扰，二是消除荧光背景等造成的基线漂移的干扰。

对光谱求导一般有两种方法：直接差分法和 Savitzky-Golay 卷积求导法。

(1) 直接差分法。

直接差分法是一种最简单的离散光谱求导方法，对于离散光谱 x_k，分别计算波长 k 处、差分宽度为 g 的一阶导数和二阶导数光谱，即

$$x_{k,1\text{st}} = \frac{x_{k+g} - x_{k-g}}{g} \tag{6.11}$$

$$x_{k,2\text{nd}} = \frac{x_{k+g} - 2x_k + x_{k-g}}{g^2} \tag{6.12}$$

对于分辨率高、波长采样点多的光谱，直接差分法求取的导数光谱与实际差距不大，但对于稀疏波长采样点的光谱，该方法求得的导数则有较大误差且容易

放大信号噪声。这时可以采用 Savitzky-Golay 卷积求导法来进行计算。

(2) Savitzky-Golay 卷积求导法。

导数运算是一种差分运算，会放大光谱中的噪声，增加光谱的复杂度。在求导前可对光谱进行平滑，一般采用 Savitzky-Golay 卷积平滑的方法。使用求导运算可以在模式识别方法中增加接收不合格的样本量，还可以深度挖掘样本光谱信息空间。首先定义某奇数点的窗口，并将窗口内的数据点拟合成一个给定阶数的多项式；再求该多项式的导数，并计算该窗口中心点的导数值，通过最小二乘法可计算得到与平滑系数相近似的导数系数。

6.2.5 标准正态变量变换

标准正态变量变换(Standard Normal Variation，SNV)主要用于消除光谱信号中表面散射、固体颗粒大小以及光程变化引起的斜率变化造成的影响，其主要是通过假设光谱中各波数点对应的强度值满足一定的分布来对光谱进行校正。SNV 与标准化算法的计算公式相同，区别在于标准化是对一组光谱即基于光谱阵的列进行处理，而 SNV 是对一条光谱即基于光谱阵的行进行处理。SNV 被单独应用于每条光谱，从原光谱中减去该光谱的平均值，再除以该光谱数据的标准偏差，即光谱数据标准正态化：

$$x_{ij,\mathrm{SNV}} = \frac{x_{ij} - \overline{x_i}}{\sqrt{\dfrac{\sum_{j=1}^{m}\left(x_{ij} - \overline{x_i}\right)^2}{m-1}}} \tag{6.13}$$

其中，$\overline{x_i}$ 是第 i 个样品光谱的平均值，m 是光谱的波长点数，$j=1,2,\cdots m$。由于 SNV 是对每条光谱单独进行校正，因此一般认为在样品组分变化较大时，其校正能力较强。

6.2.6 多元散射校正

多元散射校正(Multiplicative Scatter Correction，MSC)与 SNV 的目的相似，都是基于一组样品的光谱阵进行计算的，主要是消除颗粒分布不均匀及颗粒大小产生的散射影响。

不同的是，MSC 算法是基于一组样品的光谱阵进行运算，而 SNV 每次只对一条光谱进行处理。MSC 的思想即用一条“理想”光谱，通常是用校正集的平均光谱 $\bar{x}$，来校正一组样品的所有光谱，散射光波长的取决因素不同于基于化学方法的吸收光。MSC 认为单独光谱都应与“理想”光谱呈线性关系，因此每个样品在任意波数点下的光谱强度值，与平均光谱中相应位置的强度值之间具有一定的线性相关性。

用最小二乘法拟合每条光谱和平均光谱：

$$x_i = a_i + b_i \overline{x_i} + e_i \tag{6.14}$$

其中，x_i 为第 i 个样品的独立光谱，$\overline{x_i}$ 为该组光谱的平均光谱，e_i 为残差光谱，理想地代表了光谱 i 的化学信息。

校正后的光谱 $x_{i,\mathrm{MSC}}$ 则用拟合常数 a_i（斜率）和 b_i（截距）来计算：

$$x_{i,\mathrm{MSC}} = \frac{x_i - a_i}{b_i} \tag{6.15}$$

样品的反射作用和均匀性分别由截距和斜率的大小来反映。MSC 校正假设与波长有关的散射对光谱和成分所做的贡献是不一样的，故当光谱与浓度的线性相关性较大或组分化学性质相似时，适合用 MSC 来校正，但当样品组分性质变化范围较宽时，MSC 的校正效果可能不太理想。SNV 和 MSC 是线性的，两种方法的处理结果会有所相似。在 MSC 算法的基础上，还有一些改进后的算法，例如，扩展 MSC 方法（Extend MSC，EMSC）、逆信号校正方法（Inverse MSC，IMSC）、分段多元散射校正方法（Piecewise MSC，PMSC）等。

6.2.7　正交信号校正

正交信号校正（Orthogonal Signal Correction，OSC）由 Wold 等在 1998 年提出，其目的在于利用数学上的正交方法，去除原始光谱矩阵 X 中包含的与待测浓度矩阵 C 不相关的变异信息，以提高模型的预测能力。其滤除的光谱矩阵中的噪声信息与浓度矩阵在数学上是正交的，因而能确保被滤除的信息与待测品质无关。OSC 算法原理基于偏最小二乘非线性迭代算法，其流程如下。

(1) 将原始光谱矩阵 X 和待测矩阵 C 进行平均中心化和数据归一化处理。

(2) 计算 X 的第一主成分，得到得分向量 t 。

(3) 正交化矩阵 C，计算 $t_{\mathrm{new}} = (1 - C(C^{\mathrm{T}}C)^{-1}C^{\mathrm{T}})t$ 。

(4) 计算权重向量 ω，使 ω 满足 $X\omega = t_{\mathrm{new}}$ 。

(5) 从 X 和 ω 计算新的得分向量 $t = X\omega$ 。

(6) 检查收敛性，判断 $\dfrac{\|t - t_{\mathrm{old}}\|}{\|t\|} < 10^{-6}$ 是否收敛，如果不收敛返回到步骤(3)，如果收敛则继续计算步骤(7)。

(7) 计算载荷向量 P，$P^{\mathrm{T}} = \dfrac{t^{\mathrm{T}}X}{(tt_{\mathrm{new}})}$ 。

(8)从 X 中减去校正的部分，得到残差 $E = X - tP^{T}$，E 中仅含有与浓度相关的数据。

(9)将 E 作为新的 X，重复算法步骤，计算新的与 X 正交的主成分，直到合适为止。通常只需要两个或三个正交主成分即可达到良好的效果。

(10)对于未知样品的预测，同样需要经过正交信号校正，应用校正模型中的 ω 和 P，计算预测集得分矢量：

$$t_l = X_{\text{new}}\omega_l,\ E_l = X_{\text{new}} - t_l P \tag{6.16}$$

(11)将 E_l 作为新的预测集，继续计算下一个 OSC 组分直到满意为止。最终得到的残差 E 即校正的 X 数据集，代入校正模型即可对未知样品进行预测。

6.2.8 基线校正方法

荧光背景、样品及周围环境的黑体辐射等影响，导致光谱的基线产生，其表现为缓慢变化的曲线，直接对后续的数据分析产生影响。因此需要在后续处理之前将光谱中的基线去除。目前常用的基线去除方法主要有以下几种。

(1)分段线性拟合法(Segments Linear Fitting，SLF)，其主要思想是通过将光谱进行分段，然后对每段进行最小二乘拟合，拟合后直线上一个标准差的点去除后重新线性最小二乘拟合，直到逼近局部基线为止。这种方法要求段的长度应该适中，不能太大也不能太小。

(2)局部极值中值法(Median of Local Extrema，MLE)，此方法通过计算滑动窗口内部局部极值的中值进行基线估计。

(3)鲁棒基线估计法(Robust Baseline Estimation，RBE)，主要是根据鲁棒局部加权回归法，其中鲁棒权重对于残差是对称的。

(4)多项式拟合法(Polyfit Method，PM)，主要采用低阶的多项式对光谱进行拟合，将拟合后的曲线与原始光谱进行比较，取估计基线函数直到基线函数收敛为止。

(5)夹窗法(Clipping Window，CW)，该方法主要通过循环求取基线。

(6)基于小波变换法的基线估计方法(Baseline Estimation Based on Continuous Wavelet Transform，BEBCWT)，该方法通过小波变换法识别出各个谱峰，然后对谱峰的端点进行估计，得到光谱中被谱峰覆盖的区域，并将谱峰的端点用直线连接，作为基线。

6.2.9 傅里叶变换

傅里叶变换(Fourier Transform，FT)是一种十分重要的信号处理技术，能够实现频域函数与时域函数之间的转换，使用迈克尔逊干涉原理的光谱仪通过傅里叶变换将干涉图转换成光谱图。

对光谱进行傅里叶变换处理是把光谱分解成不同频率正弦波的叠加和，通过这种变换实现光谱的平滑去噪、数据压缩和信息的提取。

对于等波长间隔的 m 个离散光谱数据点 $x_0, x_1, \cdots, x_m$，其离散傅里叶变换为

$$x_{k,\mathrm{FT}} = \frac{1}{m}\sum_{j=0}^{m-1} x_j \exp\left(\frac{-2i\pi kj}{m}\right) \tag{6.17}$$

其中，$k = 0,1,2,\cdots,m-1$，$j = 0,1,2,\cdots,m-1$，$i = \sqrt{-1}$，傅里叶反变换公式为

$$x_j = \sum_{k=0}^{m-1} x_k \exp\left(\frac{-2i\pi j}{m}\right) \tag{6.18}$$

仪器噪声相对于信号而言，其振幅较小，频率高，故舍弃较高频率的信号可消除大部分的光谱噪声，使信号更加平滑。利用低频率的信号，通过傅里叶变换对原始信号进行重构，达到去除噪声的目的。基于傅里叶变换还可以对原始光谱进行导数和卷积等运算，以提高其分辨率。

6.2.10　小波变换

傅里叶变换将信号分解成一系列不同频率的正弦信号的叠加，由于正弦波在时间上没有限制，虽能很好地刻画信号的频率特性，但在时域上无法分辨，不能做局部分析。

小波变换(Wavelet Transform，WT)的基本思想类似于傅里叶变换，是在窗口傅里叶变换基础上发展起来的一种新的数学方法，它克服了傅里叶变换在时域内没有任何分辨的缺陷，继承了窗口傅里叶变换的局部化思想，同时又弥补了窗口形状及大小与频率无关的不足，是将信号分解成一系列由小波母函数经平移和伸缩得到的小波函数的叠加。小波分析在时域和频域同时具有良好的局部化性质，可以聚焦到对象的细节部分。

小波变换在低频段用低的时间分辨率和高的频率分辨率，而在高频段则用高的时间分辨率和低的频率分辨率，从而能够聚焦到信号的任意细节，具有多分辨分析的特点，是对信号进行局部频谱分析的理想工具。因此，小波变换有“数学显微镜”之称，在分析化学的信号处理中有着较为广泛的应用。

小波变换实质是将信号 $x(t)$ 投影到小波 $\psi_{a,t}(t)$ 上，即通过 $x(t)$ 和 $\psi_{a,t}(t)$ 内积得到便于处理的小波系数，按照需要进行处理再反变换得到信号。

小波为满足一定条件的函数 $\psi(t)$，通过伸缩和平移产生的一个函数族：

$$\psi_{a,t}(t)=\left|\frac{1}{\sqrt{a}}\right|\psi\left(\frac{t-\tau}{a}\right),\quad a,\tau\in R,\ a>0 \tag{6.19}$$

其中，a 为伸缩因子，是进行缩放的缩放参数，反映特定基函数的宽度(或尺度)；τ 为平移因子，是进行平移的平移参数，指定沿 x 轴平移的位置。

$\psi(t)$ 称为小波基或小波母函数，由小波的定义可知其两个特点：一是“小”，即在时域都有紧支集或近似紧支集，$\psi(t)$ 迅速趋向于零或迅速衰减为零；二是正负交替的“波动性”，即直流分量为零，即 $\int_{-\infty}^{+\infty}\psi(t)=0$。

将任意 $L^2(R)$ 空间中函数 $f(t)$ 在小波基下展开，称这种展开为函数 $f(t)$ 的连续小波变换(Continuous Wavelet Transform，CWT)，其表达式为

$$\mathrm{CWT}_f(a,t)=\left\langle f(t),\psi_{a,t}(t)\right\rangle=\frac{1}{\sqrt{a}}\int_R f(t)\,\psi\left(\frac{t-\tau}{a}\right)\mathrm{d}t \tag{6.20}$$

可以看出小波变换也是一种积分变换，$\mathrm{CWT}_f(a,t)$ 为小波变换系数。小波变换不同于傅里叶变换的地方是它有尺度和平移两个参数，函数经小波变换，就将时间函数投影到二维的时间-尺度平面上，更利于提取信号函数的某些本质特征。

小波变换完成后得到的系数是在不同的缩放因子下由信号的不同部分产生的，缩放因子与信号频率之间的关系可理解为：缩放因子小，小波较窄，度量的是信号细节，频率 ω 较高；相反，缩放因子大，小波较宽，度量的是信号的粗糙程度，频率 ω 较低。从而实现“对低频分量采用大时窗，对高频分量采用小时窗”的分析方法，对信号的滤波处理、奇异性分析和模极大值重构领域有着独特的作用。

在实际应用中，为了方便使用计算机进行分析和处理，信号 $f(t)$ 要离散化为离散时间序列。离散化不是针对时间变量 t 的，而是针对尺度参数 a 和平移参数 t 进行的，使之转化为离散小波变换(Discrete Wavelet Transform，DWT)。

在尺度 a 和时间 t 下，小波基函数 $\psi_{a,t}(t)$ 有很大的相关性，所以一维信号 $f(t)$ 小波变换为二维的 $\mathrm{CWT}_f(a,t)$ 后信息有冗余，其冗余性体现在不同点的 $\mathrm{CWT}_f(a,t)$ 满足重建核方程。理想情况下，离散后的小波基 $\psi_{m,n}(t)$ 满足正交完备性，此时系数没有冗余度，大大压缩了数据且减少了计算量，使小波变换的快速算法和硬件操作的实现成为可能。

为了减少小波变换系数冗余度，将小波基函数 $\psi_{a,t}(t)=\frac{1}{\sqrt{a}}\psi\left(\frac{t-\tau}{a}\right)$ 的 a 和 τ 限定在一些离散点上进行取值。

(1) 尺度的离散化：目前通行的办法是对尺度进行幂级数离散化，即令 a 取

$a=a_0{}^m$，取 $a_0>0$，$m\in Z$，此时对应的小波函数是 $\psi_{m,n}(t)=a_0^{\frac{-j}{2}}\psi\left[a_0{}^{-j}(t-\tau)\right]$，$j=0,1,2\cdots$。

(2)位移的离散化：通常对 τ 进行均匀离散取值，以覆盖整个时间轴，为防止信息的丢失，要求采样间隔 t 满足 Nyquist 采样定理：采样率大于等于该尺度下频率通带的二倍。每当 m 增加 1，尺度 a 增加一倍，对应的频率减小一半，采样频率可降低一半且不导致信息丢失。在尺度 j 下，由于 $\psi(a_0{}^{-j}t)$ 的宽度是 $\psi(t)$ 的 $a_0{}^{-j}$ 倍，因此采样间隔可以扩大 $a_0{}^{-j}$ 倍，同时不会引起信息的丢失。这样 $\psi_{a,t}(t)$ 就变为

$$\psi_{a_0{}^{-j},\ k\tau_0}(t)=a_0^{\frac{-j}{2}}\psi\left[a_0{}^{-j}(t-ka_0{}^{j}\tau_0)\right]=a_0^{\frac{-j}{2}}\psi\left[a_0{}^{-j}t-k\tau_0\right] \tag{6.21}$$

离散小波变换定义为

$$\mathrm{CWT}_f(a_0{}^j,k\tau_0)=\int f(t)\,\psi^*_{a_0^j,k\tau_0}(t)\mathrm{d}t \tag{6.22}$$

与傅里叶变换所用的基本函数相比，小波变换中用到的小波函数不具有唯一性，相同问题用不同的小波函数进行分析结果可能相差甚远，所以需要通过比较来选择最佳的小波函数。

小波分析的多分辨率又称多尺度，将此前所有的正交小波基的构造统一起来，使小波理论的研究产生突破性进展。把平方可积的函数空间 $f(t)\in L^2(R)$ 看成某一逐级逼近的极限情况，每级逼近都是用某一低通平滑函数 $\Phi(t)$ 对 $f(t)$ 做平滑的结果，在逐级逼近时平滑函数 $\Phi(t)$ 也做逐级伸缩，这就是“多分辨率”，即用不同分辨率来逐级逼近待分析函数 $f(t)$。

把空间做逐级二分解产生一组逐级包含的子空间：

$$V_1=V_0\oplus W_0,V_2=V_1\oplus W_1,\cdots,V_{j+1}=V_j\oplus W_j$$

j 是从 $-\infty$ 到 $+\infty$ 的整数，j 越小空间越大，各带通空间 W_j 的品质因数是相同的，且各级的低通滤波器和高通滤波器是一样的。

在二分的情况下，Mallat 从函数的多分辨空间分解出发，在小波变换与多分辨率分析之间建立联系。Daubechies 较清楚地把由函数空间分解引出的多分辨率分析概念和由离散序列入手的金字塔式压缩编码两种方法的异同进行了很好的总结，并初步与滤波器组概念联系起来。

若把尺度理解为照相机的镜头，当尺度由大到小变化就相当于将镜头由远及近地接近目标。在大尺度空间中，对应远镜头下观察目标，只能看到目标大致的概况。在小尺度空间中，对应近镜头下观察目标，可观测到目标的细微部分。

因此，随着尺度由大到小的变化，可以由粗至精地观察目标，这就是多分辨率的思想。

综上所述，得到多分辨率的概念，即空间 $L^2(R)$ 中的多分辨率分析是指 $L^2(R)$ 中满足下列条件的一个空间序列 $\left\{V_j\right\}_{j\in Z}$ 。

(1) 单调性：对任意 $j\in Z$ ，有 $V_j \subset V_{j-1}$。

(2) 逼近性：$\bigcap_{j\in Z} V=\{0\}_j$ ，$\bigcup_{j=-\infty}^{+\infty} V_j = L^2(R)$。

(3) 伸缩性：$f(t)\in V_j \Leftrightarrow f(2t)\in V_{j-1}$，伸缩性体现了尺度的变换、逼近正交小波函数的变化和空间的变化具有一致性。

(4) 平移不变性：对任意的 $k\in Z$ ，有 $\Phi_j(2^{-j}t)\in V_j \to \Phi_j(2^{-j}t-k)\in V_j$。

(5) Resize 基存在性：存在 $\Phi(t)\in V_0$ ，使得 $\{\Phi_j(2^{-j}t-k)\}_{k\in Z}$ 构成 V_j 的 Resize 基，且存在常数 A 与 B ，满足 $0<A\leqslant B<\infty$，使得对任意的 $f(t)\in V_0$，总存在序列 $\left\{C_k\right\}_{k\in Z}\in l^2$ 使得

$$f(t)=\sum_{k=-\infty}^{+\infty} C_k \psi(t-k) \tag{6.23}$$

且

$$A\|f\|_2^2 \leqslant \sum^{+\infty} \left|C_k\right|^2 \leqslant B\|f\|_2^2 \tag{6.24}$$

则称 $\psi(t)$ 为尺度函数，并称 $\psi(t)$ 生成 $L^2(R)$ 的一个多分辨分析 $\{V_j\}_{j\in Z}$。$\psi_{a,t}(t)$ 一般不具有解析表达式，为实现有限离散小波变换，数值计算常用 Mallat 提出的多分辨信号分解(Multi Resolution Signal Decomposition，MRSD)。

多分辨分析理论为人们讨论信号的局部信息提供了一个相当直观的框架，这一点在非平稳信号中尤其重要。非平稳信号的频率随时间而变化，这种变化可分为慢变和快变两部分：慢变对应于非平稳信号的低频部分，代表信号的主要轮廓；快变对应于信号的高频信息，表示的是信号的细节。为了将信号的慢变和快变两部分分开处理，Mallat 在用于图像分解的金字塔算法(Pyramidal Algorithm)的启发下系统地提出了一种计算离散栅格上小波变换的信号的塔式多分辨分解与重构的综合算法，称为 Mallat 算法，它可以避免 a 值越大对 $\psi(t)$ 的采样就越密的缺点。

(1) 分解算法。

对于 $f(t)\in L^2(R)$，其频谱为 $F(\omega)$。在实际应用中，信号的频谱总是有限的，即只要选择足够大的 m 使 $f(t)\in V_{m+1}$，$f(t)$ 就可用 V_{m+1} 中的标准正交基来展开，即

$$f(t)=\sum_k c_{m+1,n}\Phi_{m+1,n}(t) \tag{6.25}$$

其中，$c_{m+1,n}=\left\langle f,\Phi_{m+1,n}\right\rangle$。如果 $f(t)\in V_{m+1}$，则式(6.25)是准确的，否则式(6.25)的右边是 $f(t)$ 在 V_{m+1} 中的投影 $PV_{m+1}f$。

由于 $V_{j+1}=V_j\oplus W_j$，$V_j\perp W_j$，因此 $f(t)$ 也可用 V_j 和 W_j 中的基共同展开：

$$f(t)=\sum_k c_{mk}\Phi_{mk}(t)+\sum_k d_{mk}\psi_{mk}(t) \tag{6.26}$$

右边的第一部分是 $f(t)$ 的低频分量，即 $f(t)$ 的轮廓部分；第二部分是 $f(t)$ 的高频分量，即 $f(t)$ 的细节部分。其系数为

$$\begin{aligned}c_{mk}&=\left\langle f,\Phi_{mk}\right\rangle\\&=\left\langle\sum_n c_{m+1,n}\Phi_{m+1,n},\Phi_{mk}\right\rangle\\&=\sum_l c_{m+1,n}\left\langle\Phi_{m+1,n},\sum_l h_{l-2k}\Phi_{m+1,l}\right\rangle\\&=\sum_n c_{m+1,n}\overline{h_{n-2k}}\end{aligned} \tag{6.27}$$

同理可得

$$d_{mk}=\left\langle f,\psi_{mk}\right\rangle=\sum_n c_{m+1,n}\overline{g_{n-2k}} \tag{6.28}$$

由式(6.27)和式(6.28)可知，当已知 V_{m+1} 的系数 $c_{m+1,n}$，便可计算出小子空间 V_m 和 W_m 中的系数 c_{mk} 和 d_{mk}，这就是分解算法，如图 6.3 所示。

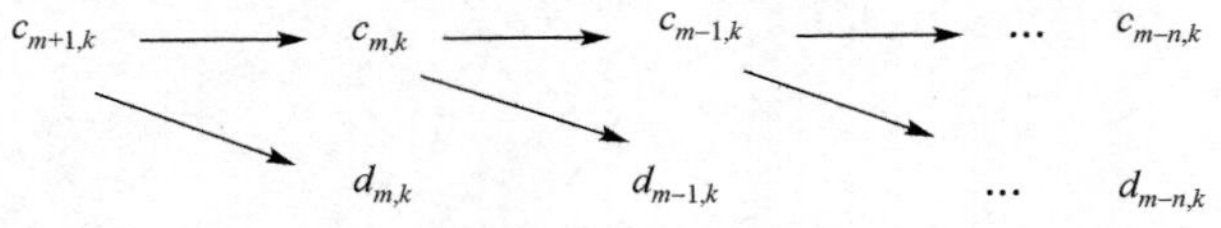

图 6.3　Mallat 分解算法示意图

(2) 重构算法。

重构算法是分解算法的逆运算，由式(6.26)代入得

$$\begin{aligned}f(t)&=\sum_k c_{mk}\left(\sum_l h_{l-2k}\Phi_{m+1,l}\right)+\sum_k d_{mk}\left(\sum_l g_{l-2k}\Phi_{m+1,l}\right)\\&=\sum_l\left[\sum_k c_{mk}h_{l-2k}+\sum_k d_{mk}g_{l-2k}\right]\Phi_{m+1,l}\end{aligned} \tag{6.29}$$

将 $l\to k$，$k\to n$，于是得

$$c_{m+1,k}=\sum_n c_{mn}h_{k-2n}+\sum_n d_{mn}g_{k-2n} \tag{6.30}$$

显然，重构是由小子空间 V_m 和 W_m 中的系数 c_{mk} 和 d_{mk} 来计算大子空间 V_{m+1} 中的系数 $c_{m+1,k}$，如图 6.4 所示。

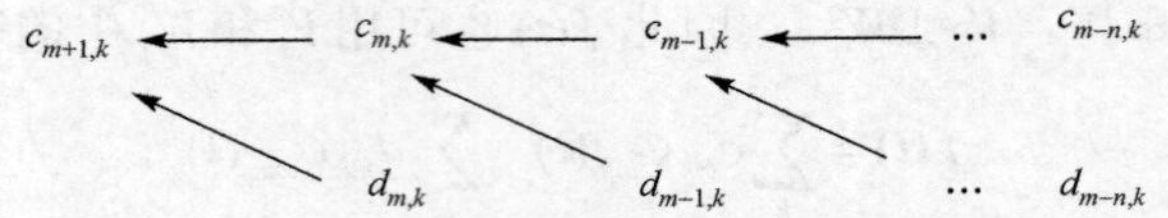

图 6.4　Mallat 重构算法示意图

常用小波变换的小波基有 Haar 小波、Daubechies 小波、Mexican Hat 小波、Morlet 小波、Meyer 小波、Symlet 小波、Coiflet 小波、Biorthogonal 小波等。

利用小波变换进行预处理的方法一般分为两种：一类是频率截断法，即将小波变换后得到的高频尺度(如高频随机噪声)或低频尺度(如基线漂移)的小波系数去除，然后重构得到平滑或扣除基线后的结果。该方法又可称为强制去噪法，即把分解结构中各尺度或某几个尺度的高频系数全部变为零再重构信号，和低通滤波比较相似。这种方法比较简单，重构后的信号也比较平滑，但容易丢失信号中有用的高频分量。另一种是阈值去噪法，小波变换能将信号的能量集中到少数小波系数上，而噪声在任何正交小波基上的变换仍然是白噪声。相对来说，信号的小波系数值必然大于那些能量分散而幅值较小的噪声的小波系数值。选择一个合适的阈值，对小波系数进行阈值处理后再重构，达到去噪声且保留有用信号的目的，该方法能得到原始信号的近似最优估计，并且具有广泛的适应性。

第 7 章　主成分分析

7.1　概　　述

主成分分析(Principal Component Analysis，PCA)又称为主分量分析、因子分析(Factor Analysis)，主成分分析法作为一种多元统计技术，是一种常用的统计学方法和简化数据集的技术[5,8,9,22,30,59,112]。数学上，通过正交变换将一组可能存在相关性的变量转换为一组线性不相关的变量，转换后的这组变量称为主成分，常用来对信号进行特征提取和对数据进行降维。这个变换把数据变换到一个新的坐标系统中,使得任何数据投影的第一大方差在第一个坐标(或称为第一主成分)上，第二大方差在第二个坐标(或称为第二主成分)上，依次类推。当一个变量的方差为零时，它是一个常数，不含任何信息。主成分分析经常用来减少数据集的维数，同时保持数据集对方差贡献最大的特征，通过保留低阶主成分忽略高阶主成分来实现，因为低阶主成分往往能够保留数据最重要的方面。但是，这也并非一定的，还要视具体应用而确定。

主成分分析法能够对得到的系统数据进行冗余分析(降噪)和特征提取，将高维空间中的多变量问题转化到低维空间中，形成新的少数的变量(综合变量)，利用这些新变量代替原来变量进行后续处理，其将高维空间的问题转化到低维空间中去处理，并不是随意转化，需满足新得到的变量是原变量的一个线性组合，这种做法既能降低多变量数据系统的维度，又可对系统变量的统计数字特征进行简化。主成分分析的处理过程可以看成由两部分组成的，一部分是特征提取、数据压缩的应用基础，另一部分是数据及图像重构的基础。

概括起来说，主成分分析主要有以下几个作用。

(1)主成分分析能降低所研究数据空间的维数。即用研究 m 维的 F 空间代替 p 维的 X 空间($m<p$)，而低维的 F 空间代替高维的 X 空间所损失的信息很少。即当只有一个主成分 F_1(即 m=1)时，这个 F_1 仍是使用全部变量 X (p 个)得到的。要计算 F_1 的均值也需使用全部 X 的均值。在所选的前 m 个主成分中，如果某个 X_i 的系数全部近似于零的话，就可以把这个 X_i 删除，这也是一种删除多余变量的方法。

(2) 有时可通过因子负荷 a_{ij} 的结论，弄清变量间的某些关系。

(3) 作为多维数据的一种图形表示方法。当维数大于 3 时便不能画出几何图形，但多元统计研究的问题大都是多于 3 个变量的，所以想要把研究的问题用图形表示出来是不可实现的。然而，经过主成分分析后，可以选取前两个主成分或者其中某两个主成分，根据主成分的得分，画出 n 个样本在二维平面上的分布情况，通过图形可以直观地看出样本在各主分量中的地位，进而对样本进行分类处理，还可以由图形发现远离大多数样本点的离群点。

(4) 由主成分分析法构造回归模型。即把各主成分作为新自变量代替原来旧的自变量来进行回归分析。

(5) 用主成分分析筛选回归变量。回归变量的选择有着十分重要的实际意义，为了使模型本身易于进行结构分析、控制和预测，便于从原始变量所构成的子集合中选择最佳变量，构成最佳变量集合，用主成分分析筛选变量，可以用较少的计算量来进行选择，获得选择最佳变量子集合的效果。

7.2 基 本 原 理

主成分分析在化学计量学中的地位举足轻重，它是一种古老的多元统计分析技术。从几何的观点来看，主成分分析是对原坐标轴进行坐标旋转，得到相互正交的坐标轴，使得该坐标轴的方向为所有样本点分散最开的方向。为便于分析展示，以二维空间为例来讨论主成分分析的几何意义。

在二维平面中，设有 n 个样本，对每个样本观测两个变量 x_1 和 x_2，这 n 个样本点的散点图似带状，如图 7.1 所示。由图可见，这 n 个样本点沿着 x_1 轴方向和 x_2 轴方向都具有较大的离散性，由数学理论知，变量的方差能够度量离散的程度。显然，仅用 x_1 或 x_2 中任何一个分量代替原数据进行分析，会丢失原始数据所包含的大部分信息。

现在将图 7.1 的坐标系逆时针旋转 θ 角度，变成新的坐标系，如图 7.2 所示，根据坐标旋转变换公式得

$$\begin{cases} f_1 = x_1\cos\theta + x_2\sin\theta \\ f_2 = -x_1\sin\theta + x_2\cos\theta \end{cases} \tag{7.1}$$

其中，f_1、f_2 为得到的新变量，它们为原观测变量 x_1 和 x_2 的线性组合，将式 (7.1) 用矩阵形式表示为

$$\begin{bmatrix} f_1 \\ f_2 \end{bmatrix} = \begin{pmatrix} \cos\theta & \sin\theta \\ -\sin\theta & \cos\theta \end{pmatrix} \begin{bmatrix} x_1 \\ x_2 \end{bmatrix} = Ux \tag{7.2}$$

其中，$U=\begin{pmatrix}\cos\theta & \sin\theta \\ -\sin\theta & \cos\theta\end{pmatrix}$，$U$ 称为旋转矩阵或变换矩阵，是一个正交阵，显然 $U^{\mathrm{T}}=U^{-1}$，有 $U^{\mathrm{T}}U=I$。

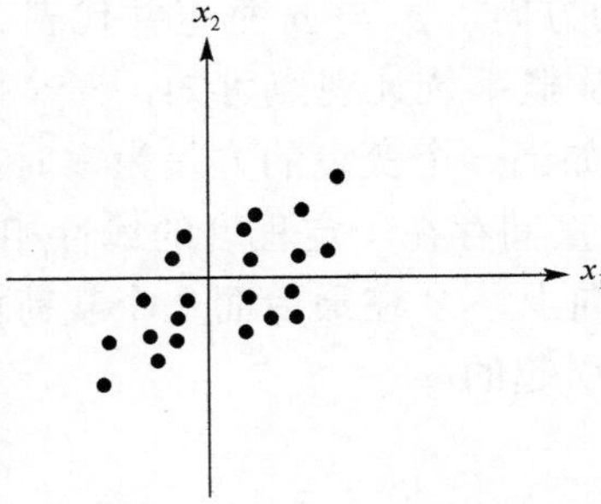

图 7.1 样本散点图

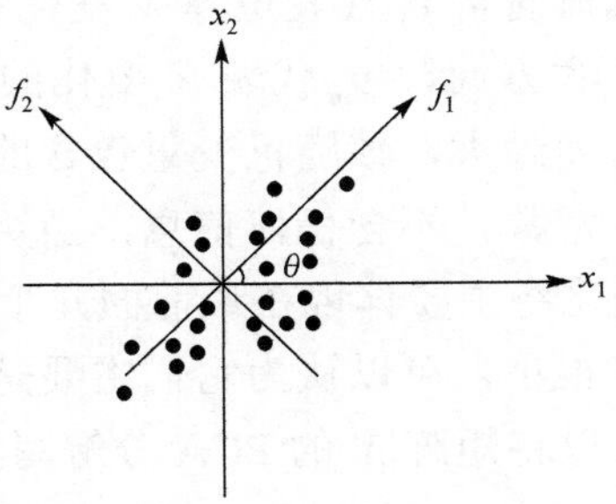

图 7.2 主成分分析几何意义图

由图 7.2 可得，n个样本点沿着 f_1轴方向的离散程度最大，即 f_1的方差最大，原始数据的大部分信息都集中到 f_1轴上，而 f_2 轴的方差相对很小。在研究某些问题时，仅用n个样本点的 f_1变量代替这n个样本点来分析，就能够较全面地反映出原始数据所包含的信息。除此之外，f_1和 f_2 具有互不相关的性质，这样做避免了由变量间信息重叠所带来的虚假性。由上面的旋转公式可得，f_1和 f_2 为综合变量，其为原始变量 x_1和 x_2 的线性组合。仅用 f_1来分析问题，简化了系统结构，抓住了问题的主要矛盾。

在多维平面上，主成分分析把数据变换到一个新的坐标系统中，使得任何数据投影的最大方差在第一个坐标(称为第一主成分 P_1)上，第二大方差在第二个坐标(第二主成分 P_2)上。依此类推，经转换得到的新变量相互正交、互不相关，消除了众多共存信息中相互重叠的部分，即消除变量之间可能存在的多重共线性。

主成分分析将光谱阵 $X(n\times m)$ 分解为 m 个向量的外积之和，即

$$X=t_1p_1^{\mathrm{T}}+t_2p_2^{\mathrm{T}}+t_3p_3^{\mathrm{T}}+\cdots+t_np_n^{\mathrm{T}} \tag{7.3}$$

其中，t 称为得分向量(Score Vector)，p 称为载荷向量(Loading Vector)，或称为主成分或主因子(Principal Component，PC)，也可写成如下矩阵形式：

$$X=TP^{\mathrm{T}} \tag{7.4}$$

其中，$T=[t_1,t_2,\cdots,t_n]$称为得分矩阵，$P=[p_1,p_2,\cdots,p_m]$称为载荷矩阵，各个得分向量之间是正交的，即对任何 i 和 j，当$i\neq j$时，$t_i^{\mathrm{T}}t_j=0$。各个载荷向量之间也是正交的，且每个载荷的向量长度都为 1，即 $p_i^{\mathrm{T}}p_j=0$时，$i\neq j$；$p_i^{\mathrm{T}}p_j=1$时，$i=j$。

由以上向量性质，不难得出 $t_i=Xp_i$。这说明了主成分分析的数学意义，即每

个得分向量实际上是矩阵 X 在其对应载荷向量 p 方向上的投影。向量 t 的长度反映了矩阵 X 在 p 方向上的覆盖程度，反映了样本与样本之间的相互关系。它的长度越大，X 在 p_i 方向上的覆盖程度或变化范围越大。

载荷向量 p_1 代表矩阵 X 变化(方差)最大的方向，p_2 与 p_1 垂直并代表 X 变化的第二大方向，p_m 代表 X 变化的最小方向。从概率统计观点可知，一个随机变量的方差越大，该随机变量包含的信息越多；如当一个变量的方差为零时，该变量为一常数，不含任何信息，当矩阵 X 中的变量间存在一定程度的线性相关时，X 的变化将主要体现在最前面几个载荷向量方向上，X 在最后面几个载荷向量上的投影很小，可以认为它们主要是由测量噪声引起的。

可以将矩阵 X 的 PCA 分解写为

$$X = t_1 p_1^{\mathrm{T}} + t_2 p_2^{\mathrm{T}} + t_3 p_3^{\mathrm{T}} + \cdots + t_f p_f^{\mathrm{T}} + E \tag{7.5}$$

其中，E 为误差矩阵，代表 X 在 p_{f+1} 到 p_m 载荷方面上的变化。由于误差矩阵 E 主要是由测量噪声引起的，将 E 忽略不会引起数据中大宗数据的明显缺失，还能够起到消除噪声的效果。在实际应用中，主因子数即主成分数 f 有时比 m 小很多，从而起到数据压缩与特征变量提取的目的。

其实，对 X 进行主成分分析实际上等效于对 X 的协方差矩阵 $X^{\mathrm{T}}X$ 进行特征向量分析，矩阵 X 的载荷向量实际上是矩阵 $X^{\mathrm{T}}X$ 的特征向量。如果将 $X^{\mathrm{T}}X$ 的特征值排序 $\lambda_1 \geqslant \lambda_2 \geqslant \cdots \geqslant \lambda_m$，则这些特征值所对应的特征向量 $p_1, p_2, \cdots, p_m$ 即为矩阵 X 的载荷向量。

对光谱矩阵 X 进行主成分分析可解释为：将载荷向量 p 理解成从混合物体系光谱中提取出来的“纯组分”归一化光谱，对应的向量 t 理解成“纯组分”在不同样本中的权重即浓度。将这些“纯组分”乘以相应的权重再相加，就能重建样本的原始光谱，这与光谱分析中的朗伯-比尔定律以及加和性原理得到了统一。

对于主成分分析模型 $X = TP^{\mathrm{T}} + E$，得分矩阵 T 可作为特征变量用于定量分析，如作为多元线性回归的输入变量，即主成分回归(PCR)，还可作为人工神经网络(ANN)或支持回归(SVR)的输入变量等，得分矩阵 T 也常用于定性分析，如作为计算样本之间马氏距离的特征向量以判断界外样本。实际上，可直接将主成分得分向量用二维或三维作图，通过计算机屏幕图形显示来实现不同样本的分类。另外，光谱残差矩阵 E 也可用于定性分析，如光谱残差界外样本的识别等。

因为得到的数据一般包含两种成分：噪声和冗余，所以结合协方差矩阵中元素代表的意义，其优化的原则应遵循以下两点。

(1) 因为协方差矩阵的非对角元素刻画的是变量间的相关性，即变量间的冗余性，所以应使得协方差矩阵的非对角元素越小越好。

(2)因为协方差矩阵的对角线上的元素代表的是变量的方差，即代表信号，使得信号最大化也就是降低噪声，所以应使得协方差矩阵的对角线上的元素尽可能大。依据这两个优化准则，应将目标矩阵转化为对角阵。

7.3　主成分分析的相关计算

7.3.1　主成分分析的数学模型

从上述主成分分析的基本原理中可以分析出，主成分分析旨在利用降维的思想，将分散在一组变量上的信息集中到某几个综合变量(线性组合)上，且得到的综合变量互不相关。从几何的观点来看，主成分分析是对原坐标轴进行坐标旋转，得到相互正交的坐标轴，使得该坐标轴的方向为所有数据点分散最开的方向，依据得到特征值的大小排列这些新的坐标轴。

用数学语言对主成分分析进行描述：设在数据集 X 中有 n 个样本，每个样本观测 p 个变量，则有

$$X=\begin{bmatrix} x_{11} & x_{12} & \dots & x_{1p} \\ x_{21} & x_{22} & \dots & x_{2p} \\ \vdots & \vdots & & \vdots \\ x_{n1} & x_{n2} & \dots & x_{np} \end{bmatrix} \tag{7.6}$$

其中

$$x_i=\left\{x_{1i},x_{2i},\cdots,x_{ni}\right\}^{\mathrm{T}},\quad i=1,2,\cdots,p \tag{7.7}$$

主成分分析就是将原来的 p 个观测变量 $x_1,x_2,\cdots,x_p$ 进行综合，形成 p 个新变量，即

$$\begin{cases} F_1=w_{11}x_1+w_{21}x_2+\cdots+w_{p1}x_p \\ F_2=w_{12}x_1+w_{22}x_2+\cdots+w_{p2}x_p \\ \qquad\cdots \\ F_p=w_{1p}x_1+w_{2p}x_2+\cdots+w_{pp}x_p \end{cases} \tag{7.8}$$

简写为

$$F_i=w_{1i}x_1+w_{2i}x_2+\cdots+w_{pi}x_p,\quad i=1,2,\cdots,p \tag{7.9}$$

在此，x_i 是 n 维向量，得到的 F_i 也是 n 维向量。

上述模型的系数 w_{ij} 要满足以下三个条件。

(1) F_i 与 F_j ($i \neq j$ 且 $i, j=1,2,\cdots,p$) 不相关，相互独立。

(2) F_1 的方差是一切线性组合中方差最大的，且 F_1 的方差大于 F_2 的方差大于 F_3 的方差。以此类推。

(3) $w_{k1}^2 + w_{k2}^2 + \cdots + w_{kp}^2 = 1$， $k = 1,2,\cdots,p$ 。

当满足以上三条时，由变换所得的新随机变量彼此之间互不相关，且方差逐次递减。

综上所述，得到 $p \times p$ 阶的变换矩阵 W ：

$$W = \begin{bmatrix} w_{11} & w_{12} & \cdots & w_{1p} \\ w_{21} & w_{22} & \cdots & w_{2p} \\ \vdots & \vdots & & \vdots \\ w_{p1} & w_{p2} & \cdots & w_{pp} \end{bmatrix} \tag{7.10}$$

使得

$$F = \left[F_1, F_2, \cdots, F_p\right] = W^{\mathrm{T}} X \tag{7.11}$$

在得到的新坐标系下满足各维之间数据的相关性最小，也就是说这种变换是一个去相关性的过程，即得到的新变量间是互不相关的。

7.3.2　主成分分析的推导

由上述的数学模型分析知，主成分分析所要解决的问题是：根据原始数据以及模型要满足的三个条件，求取出主成分系数进而得出主成分模型。

X 的均值矩阵和协方差矩阵分别记为

$$\mu = E(X) \tag{7.12}$$

$$V = D(X) \tag{7.13}$$

对于式(7.10)的变换矩阵 W ，设

$$W = [w_1, w_2, \cdots, w_p] \tag{7.14}$$

其中， $w_i = [w_{1i}, w_{2i}, \cdots, w_{pi}]^{\mathrm{T}}$， $i = 1,2,\cdots,p$ 。

式(7.8)可表示为

$$F_i = w_{1i} x_1 + w_{2i} x_2 + \cdots + w_{pi} x_p = w_i^{\mathrm{T}} X, \quad i = 1,2,\cdots,p \tag{7.15}$$

所以式(7.11)可表示为

$$F = [F_1, F_2, \cdots, F_p] = W^{\mathrm{T}} X = [w_1^{\mathrm{T}} X, w_2^{\mathrm{T}} X, \cdots, w_p^{\mathrm{T}} X] \tag{7.16}$$

经过线性变换，寻求一组互不相关的新变量 $F_1, F_2, \cdots, F_p$， 使得这组新变量能

充分反映原变量 $x_1, x_2, \cdots, x_p$ 的信息，来替代原变量，则

$$D(F_i) = D(w_i^{\mathrm{T}} X) = w_i^{\mathrm{T}} D(X) w_i = w_i^{\mathrm{T}} V w_i \tag{7.17}$$

$$\operatorname{cov}(F_i, F_j) = \operatorname{cov}(w_i^{\mathrm{T}} X, w_j^{\mathrm{T}} X) = w_i^{\mathrm{T}} \operatorname{cov}(X, X) w_j = w_i^{\mathrm{T}} V w_j, \quad i, j = 1, 2, \cdots, p \tag{7.18}$$

此时主要任务变为：在新变量 $F_1, F_2, \cdots, F_p$ 互不相关的条件下寻找 w_i，使得方差 $D(F_i) = w_i^{\mathrm{T}} V w_i, i = 1, 2, \cdots, p$ 达到最大。其中 w_i 为单位向量，且 $w_i^{\mathrm{T}} w_i$=1。

由分析可得，第一主成分就是 $F_1 = w_1^{\mathrm{T}} X$，使得 $D(F_1) = w_1^{\mathrm{T}} V w_1$ 达到最大值。同理第二主成分就是 $F_2 = w_2^{\mathrm{T}} X$，且 $\operatorname{cov}(F_2, F_1) = \operatorname{cov}(w_2^{\mathrm{T}} X, w_1^{\mathrm{T}} X) = w_2^{\mathrm{T}} V w_1 = 0$，使得 $D(F_2) = w_2^{\mathrm{T}} V w_2$ 达到次最大值。一般情况下，第 k 个主成分为 $F_k = w_k^{\mathrm{T}} X$，且 $\operatorname{cov}(F_k, F_1) = \operatorname{cov}(w_k^{\mathrm{T}} X, w_1^{\mathrm{T}} X) = w_k^{\mathrm{T}} V w_1 = 0 (l < k)$，使得 $D(F_k) = w_k^{\mathrm{T}} V w_k$ 达到第 k 个最大值，再依次求取各个主成分数。

构造目标函数为

$$\varphi_1(w_1, \lambda) = w_1^{\mathrm{T}} V w_1 - \lambda(w_1^{\mathrm{T}} w_1 - 1) \tag{7.19}$$

对式(7.19)的 w_1 微分，得

$$\frac{\partial \varphi_1}{\partial w_1} = 2V w_1 - 2\lambda w_1 = 0 \tag{7.20}$$

则有

$$V w_1 = \lambda w_1 \tag{7.21}$$

在式(7.21)的两边分别乘以 w_1^{T}，可得

$$w_1^{\mathrm{T}} V w_1 = \lambda \tag{7.22}$$

式(7.22)是 X 的协方差矩阵 V 的特征方程，因为 V 是正定矩阵，所以其特征值大于等于 0，设 V 的特征根为 $\lambda_i \ (0 \leqslant i \leqslant p)$ ，且 $\lambda_1 \geqslant \lambda_2 \geqslant \cdots \geqslant \lambda_p \geqslant 0$。由式(7.22)可知 F_1 的方差为 λ，即 F_1 的最大方差为 λ，其相应的单位化特征向量为 w_1。

对于第二主成分，因 $\operatorname{cov}(F_2, F_1) = 0$，由分析可得

$$w_2^{\mathrm{T}} w_1 = w_1^{\mathrm{T}} w_2 \tag{7.23}$$

构造目标函数为

$$\varphi_2(w_2, \lambda, \rho) = w_2^{\mathrm{T}} V w_2 - \lambda(w_2^{\mathrm{T}} w_2 - 1) - 2\rho w_1^{\mathrm{T}} w_2 \tag{7.24}$$

在式(7.24)中对 w_2 微分，可得

$$\frac{\partial \varphi_2}{\partial w_2} = 2V w_2 - 2\lambda w_2 - 2\rho w_1 = 0 \tag{7.25}$$

用 w_1^{T} 左乘式(7.25)，得

$$w_1^{\mathrm{T}} V w_2 - \lambda w_1^{\mathrm{T}} w_2 - \rho w_1^{\mathrm{T}} w_1 = 0 \tag{7.26}$$

又因为 $w_1^{\mathrm{T}} V w_2 = \mathrm{cov}(F_2, F_1) = 0$，$w_1^{\mathrm{T}} w_2 = 0$ 且 $w_1^{\mathrm{T}} w_1 = 1$，则 $\rho = 0$，把它代入式(7.25)有

$$V w_2 = \lambda w_2 \tag{7.27}$$

再在式(7.27)两边乘以 w_2^{T}，可得

$$w_2^{\mathrm{T}} V w_2 = \lambda \tag{7.28}$$

由式(7.28)可知，协方差矩阵 V 的第二大特征值 λ_2 为 F_2 的最大方差，其对应的单位特征向量为 w_2。

以此类推，对于一般情况下第 k 个主成分，在 $w_k^{\mathrm{T}} w_k = 1$，$w_i^{\mathrm{T}} w_k = 0\ (i < k)$ 条件下，使得 $D(F_k) = w_k^{\mathrm{T}} V w_k$ 达到最大值，构造目标函数为

$$\varphi_k(w_k, \lambda, \rho_i) = w_k^{\mathrm{T}} V w_k - \lambda(w_k^{\mathrm{T}} w_k - 1) - 2\sum_{i=1}^{k-1} \rho_i w_i^{\mathrm{T}} w_k \tag{7.29}$$

式(7.29)两边对 w_k 求微分，可得

$$\frac{\partial \varphi_k}{\partial w_k} = 2V w_k - 2\lambda w_k - 2\sum_{i=1}^{k-1} \rho_i w_i = 0 \tag{7.30}$$

用 w_i^{T} 左乘式(7.30)，得

$$w_i^{\mathrm{T}} V w_k - \lambda w_i^{\mathrm{T}} w_k - \sum_{i=1}^{k-1} \rho_i w_i^{\mathrm{T}} w_i = 0 \tag{7.31}$$

又因为 $w_i^{\mathrm{T}} V w_k = 0$，$w_i^{\mathrm{T}} w_k = 0$ 且 $w_i^{\mathrm{T}} w_i = 1$，则 $\rho = 0$，把它代入式(7.30)可得

$$V w_k = \lambda w_k \tag{7.32}$$

用 w_k^{T} 左乘式(7.32)，可得

$$w_k^{\mathrm{T}} V w_k = \lambda \tag{7.33}$$

由式(7.32)知，协方差矩阵 V 的第 k 大的特征值为 λ_k，λ_k 为 F_k 的最大方差，其对应的单位化特征向量为 w_k。

综上所述，经过线性变换得到的主成分为

$$\begin{cases} F_1 = w_1^{\mathrm{T}} X \\ F_2 = w_2^{\mathrm{T}} X \\ \quad \cdots \\ F_p = w_p^{\mathrm{T}} X \end{cases} \tag{7.34}$$

它们的方差分别为 V 的特征值。

7.3.3　主成分贡献率

贡献率就是指某成分的方差占全部方差的比重，实际也就是某个特征值占全部特征值和的比重。主成分的贡献率和累计贡献率度量了变换后的 F 从原始数据 X 中提取了多少信息。

主成分分析把 p 个原始变量的总方差分解成 p 个互不相关的互为独立变量的方差和，主成分 F_1 的特征值为 λ_1，λ_1 也为 F_1 的方差，表示样本点在主成分方向上的离散程度。

(1) 贡献率：第 i 个主成分对应的特征值在协方差矩阵的全部特征值之和中所占的比重，这个比值越大，说明第 i 个主成分综合原指标信息的能力越强。第 i 个主成分对应的特征值为 λ_i。计算公式为

$$\alpha_i = \frac{\lambda_i}{\sum_{i=1}^{p} \lambda_i} \tag{7.35}$$

(2) 累计贡献率：前 k 个主成分的特征值之和在全部特征值总和中所占的比重，这个比值越大，说明前 k 个主成分越能全面代表原始数据具有的信息。计算公式为

$$M_k = \frac{\sum_{i=1}^{k} \lambda_i}{\sum_{i=1}^{p} \lambda_i} \tag{7.36}$$

在实际问题中，一般由各个主成分累计贡献率的大小选取主成分。选取前 $d(d < p)$ 个主成分，使其累计方差贡献率满足一定的要求(通常 80%以上)，用选取的前 d 个主成分代替原来的 p 个变量进行分析。选取主成分中选择任意两个可以构成判别平面，一般取方差较大的构成判别平面。主成分中方差较小被认为包含了噪声，在分析过程中为避免把噪声引入到模型中，使用主成分分析可以实现数据降维的目的，也可看成一种特征提取。

7.3.4　主成分提取率及载荷的计算

主成分的贡献率和累计贡献率度量了 $F_1, F_2, \cdots, F_m$ 分别从原始变量 $X_1, X_2, \cdots, X_p$ 中提取了多少信息，应使用一定的指标来度量。在讨论 F_1 分别与 $X_1, X_2, \cdots, X_p$ 的关系时，可用相关系数来衡量，其值有正有负，多运用相关系数的平方来表示：

$$\mathrm{Var}(X_i) = \mathrm{Var}(a_{i1}F_1 + a_{i2}F_2 + \cdots + a_{ip}F_p) \tag{7.37}$$

则有

$$a_{i1}^2\lambda_1 + a_{i2}^2\lambda_2 + \cdots + a_{ik}^2\lambda_k + \cdots + a_{ip}^2\lambda_p = \sigma_{ii}^2 \tag{7.38}$$

$a_{ij}^2\lambda_j$ 是 F_j 能说明的第 i 个原始变量的方差，$\dfrac{a_{ij}^2\lambda_j}{\sigma_{ii}^2}$ 是 F_j 提取的第 i 个原始变量信息的比重。如果提取 k 个主成分，则第 i 个原始变量的信息被提取率为

$$\Omega_i = \sum_{j=1}^{k}\frac{a_{ij}^2\lambda_j}{\sigma_{ii}^2} = \sum_{j=1}^{k}\rho_{ij}^2 \tag{7.39}$$

因子载荷 ρ_{ij} 的统计意义是第 i 个变量与第 j 个公共因子的相关系数，在统计学上称为权，在心理学里称为载荷，表示第 i 个变量在第 j 个公共因子上的负荷，反映了第 i 个变量在第 j 个公共因子上的相对重要性。

第 i 个主成分 F_i 特征值的平方根与第 j 个原始指标 X_j 系数 a_{ij} 的乘积即为主成分的载荷：

$$\rho_{ij} = \sqrt{a_{ij}\lambda_i} \tag{7.40}$$

由因子载荷所构成的矩阵称为因子载荷阵。实际上，因子载荷 ρ_{ij} 是第 i 个主成分 F_i 与第 j 个原始指标 X_j 之间的相关系数，表示 X_j 依赖 F_i 的比重，反映了主成分 F_i 与原始指标 X_j 之间联系的密切程度和作用方向。

7.4 主成分分析的步骤

主成分分析的步骤主要包括数据标准化、求相关系数矩阵及相关系数矩阵的特征值和特征向量等。

在实际应用中，用协方差矩阵计算主成分，其结果受变量单位的影响，指标的量纲多有不同，计算前必须消除量纲的影响，即将原始数据标准化。标准化后的协方差矩阵就是 X 的相关系数矩阵。主成分分析简要步骤如下。

(1) 计算样本数据集 X 中样本的均值向量 μ，即 $\mu = \dfrac{1}{n}\sum_{i=1}^{n}x_i$。

(2) 对每个样本去均值，即将样本数据中心化，即 $\tilde{X} = X - \mu$。

(3) 构造数据矩阵 $\tilde{X}$ 的协方差矩阵 V，$V=\dfrac{1}{n}\tilde{X}\tilde{X}^{\mathrm{T}}$。

(4) 对矩阵 V 进行特征分解，求取特征值 λ_i 和对应的特征向量 w_i，降序排列特征值 λ_i。

(5) 根据贡献率的大小，取前 d 个特征值 $\lambda_1,\lambda_2,\cdots,\lambda_d$ 和相应的特征向量 $W_d=[w_1,w_2,\cdots,w_d]$ 作为子空间的基，那么所要提取的 d 个主成分 $F=W_d^{\mathrm{T}}\tilde{X}$ 。

(6) 由所提取的主成分重建原数据 $X=WF+\mu$ 。

在得到 k 个主成分后，要根据确定主成分个数的准则和主成分的实际意义来确定主成分的个数，一般有以下两个准则。

(1) 当前 k 个主成分的累计贡献率达到某一特定值(一般为 70%～85%)时，保留前 k 个主成分。

(2) 特征值大于或等于 1.0 的因子数定为主成分数，或在特征值与因子数目曲线上，当达到某一因子数后特征值减小幅度变化不大，则该转折点的因子数即为主成分的个数。

在实际应用中，主成分分析中一个很关键的问题是如何给选出的主成分赋予实际意义，给出合理解释。解释一般是根据主成分表达式的系数结合定性分析来进行的，主成分是原变量的线性组合，在这个线性组合中各变量系数的大小和正负大多都相同，不能简单地认为这个主成分是某个原变量的属性，而是线性组合中各变量系数的绝对值大者表明该主成分主要综合了绝对值大的变量，有几个变量系数相当时，应认为这一主成分是这几个变量的总和，它们综合在一起的实际意义要结合具体实际问题和专业给出恰当的解释。

7.5　应　　用

主成分分析作为典型的特征提取方法，计算主成分的目的是将高维数据投影到较低维空间来简化模型或对数据进行压缩，同时这些新变量能够尽可能地反映原来变量的信息，且彼此不相关，其应用具有很强普适性。

目前，主成分分析被广泛应用于诸多领域，其作为化学计量学中的基础方法，被广泛应用于化学实验数据的统计分析，其主要用途有以下几个：数据降维(或称数据压缩或特征提取)，将高维空间中的数据映射到低维空间，在低维空间中寻找几个互不相关的主成分来表示高维数据，消除众多化学信息中相互重叠的部分；数据的可视化和分类聚类，根据主成分分析的投影显示法生成投影散点图，通过观察投影散点图可以看出样本的类间关系，对其进行分析，进而挖掘出样本隐含的内在信息，主成分分析的这种性质既可用于分类判别又可用于聚类；由少数几个相互正交和方差最大的新变量来重新构造数据，能降低随机误差；主成分分析的非零特征值的个数就是矩阵的秩，在化学意义上就是构成数据的化学组分数；还可以与其他方法联用进行数据处理。即便如此，利用主成分分析的特征提取性能对样本进行分类效果并不是十分理想，还是存在着一定的缺陷。

在主成分分析中，首先应保证所提取的前几个主成分的累计贡献率达到一个较高的水平，其次对这些被提取的主成分都能够给出符合实际背景和意义的解释。但是主成分的含义一般多少带有点模糊性，不像原始变量的含义那么清楚、确切，这是变量降维过程中不得不付出的代价。因此，提取的主成分个数 m 通常应明显小于原始变量个数 p(除非 p 本身较小)，否则主成分维数降低的“利”，可能抵不过主成分含义不如原始变量清楚的“弊”。

主成分就是光谱数据波长点的线性组合，每个主成分之间都是互相独立的，主成分回归分析法就是先对数据进行分析降维并找出主成分，之后运用得到的主成分进行回归建模，主成分数的选择是建立模型的关键因素，如果主成分数的选取较少，可能会引起重要信息的丢失使模型精度降低，相反如果主成分数的选取较多，模型的预测能力也会下降[18]。主成分回归分析法在一定程度上解决了多元线性回归分析法中的光谱矩阵共线性问题以及变量数的限制问题，是以数据降维为目的的使用范围最广泛的方法。主成分回归分析法运用主成分分析的原理，先对样本的光谱矩阵分解，再挑选出其中的主成分运用多元线性回归法进行分析，这种方法可以除去数据信息中的重叠部分，也可以由拥有线性关系的原变量中找出相互正交的新的变量，也就是主成分，这样可以找出光谱数据的内部特征。

7.5.1 几种主要应用

主成分分析有着广泛的应用，如在投影显示法、多指标综合评价和系统评价等方面的应用。

主成分的投影显示法可用于分类判别和聚类。从投影图中可看出样本与样本之间或变量与变量之间的关系。选取前三个主成分中的两个做二维显示或者取前三个主成分做三维显示，可消除指标间的信息重叠问题。Leao 等用主成分分析从致癌物质的电子参数入手建立了这些参数与致癌物质致癌活性之间的相关关系。Chapman 等将主成分分析的双投影图用于植物病理实验的微阵列表达数据研究，结果显示主成分分析及其双投影图结合实验数据既有助于基因的发现，也可以比较阵列数据的分子序列谱。张瑞杰等探讨了在基因表达谱数据分析中，主成分分析结合层次聚类法与 K-均值聚类法对组织样本的分类效果，结果表明对组织样本做聚类分析时，主成分分析能提高聚类质量。

系统评价是对一个复杂体系进行相关信息收集、客观评价及其营运状态的过程的评价，是一种比较重要的定量分析方法，被广泛用于经济、社会和技术等领域。通过系统评价，可以明确系统的目标、内在结构及运行机制，工作人员可以根据这些信息正确地选择系统方案、改进系统及其运营管理，更好地控制系统的运行。多目标性是系统评估的一个重要特点，特别是多变量空间的点，很难比较其好坏。系统评估方法的核心是将一个目标问题综合成一个单指数的形式。只有在一维空间中，才可进行排序评价。综合指数的主要方法是对各指标加权，然后将其综合。若设系统的评价指标为 $x_1,x_2,\cdots,x_p$，其权重为 $\alpha_1,\alpha_2,\cdots,\alpha_p$，定义评估指数 β 为

$$\beta=\alpha_1 x_1+\alpha_2 x_2+\cdots+\alpha_p x_p \tag{7.41}$$

主成分分析是一种较新的系统评估方法，它与一些常见的加权评估法的原理和特性不同。其实质是对高维变量进行降维，然后利用客观生成的每个主成分的贡献率作为它们的权重将复杂的数集综合成指数形式的一种综合方法。主成分分析在红外光谱核磁共振波谱和滴定分析等领域也有着广泛的应用[137]。基于主成分分析的算法还可以用于人脸识别，降低原图像的维度，使得电脑计算相似度的算法复杂度大大降低。

7.5.2　葡萄糖溶液的主成分分析

用 MATLAB 指令对 106 组浓度不同葡萄糖溶液的光谱数据进行主成分分析运算，图 7.3 显示了该样本的原始拉曼光谱，图 7.4 显示了光谱的几个主成分，第一主成分具有着与原始光谱最为相似的外观，随着主成分数的增加，分析变得困难，但总体上展示了类似导数的特征。

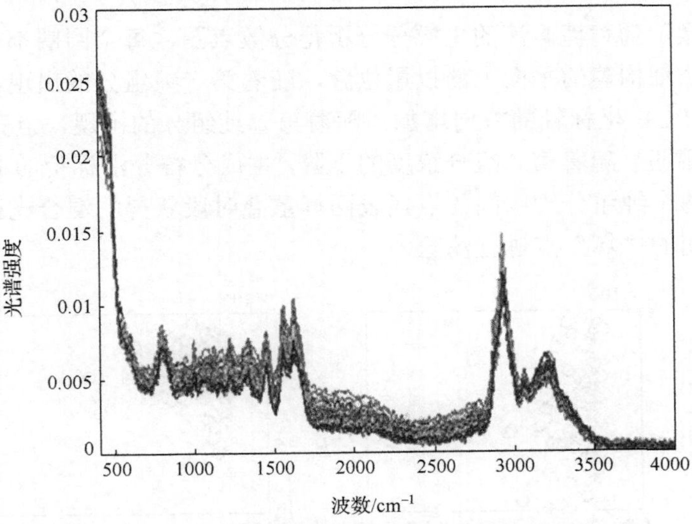

图 7.3　106 组葡萄糖溶液数据原始拉曼光谱图（见彩图）

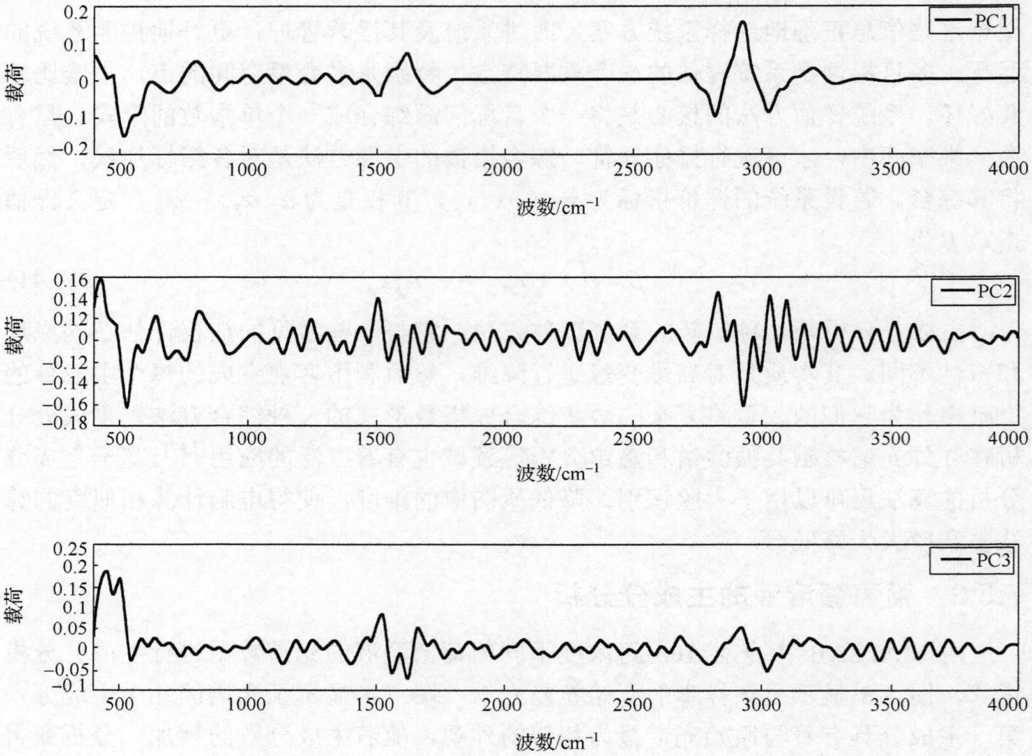

图 7.4　三个主成分的载荷图

图 7.5 显示葡萄糖溶液的主成分分析得分散点图，每个圆圈都表示光谱在对应一对主成分轴构建的平面上的投影位置，随着第一纯组分的出现，主成分得分沿着标记的 PC1 坐标轴的方向增加；随着第二纯组分的出现，点开始偏移 PC1 轴向 PC2 轴靠近；随着第二组分浓度的下降，主成分得分沿标记的 PC2 坐标轴的方向下降；两个纯组分轴中间的点代表两峰重叠时段获得的混合光谱，能够找到明显远离基团的“坏”点进行滤除。

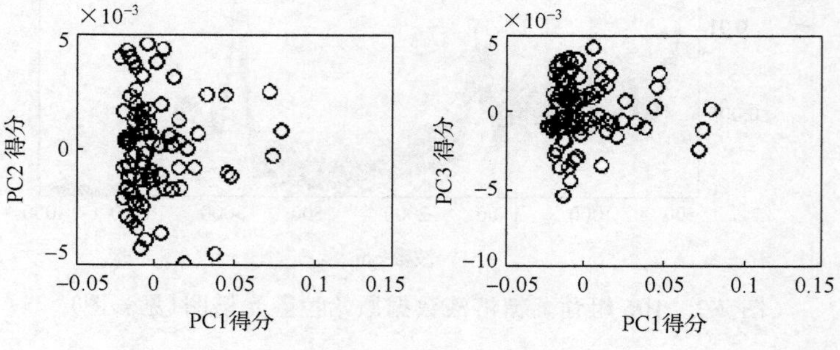

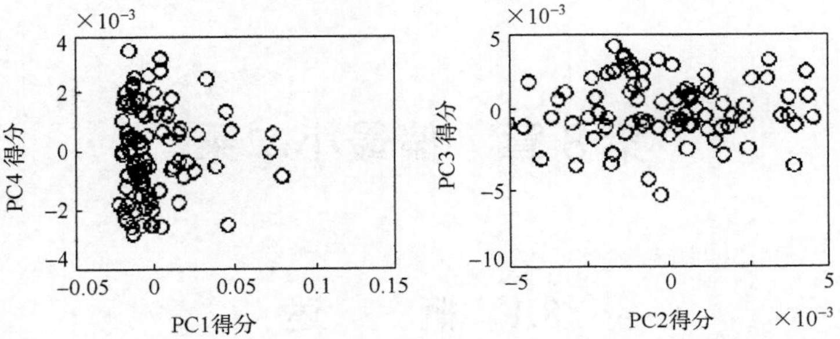

图 7.5　三个主成分的主成分分析得分散点图

第8章 偏最小二乘

8.1 概 述

偏最小二乘法(Partial Least Squares，PLS)是一种先进的多元统计分析方法，最早产生于化学领域，最初是由 Wold 于 1966 年最早提出，他在对复杂矩阵块形式的数据进行建模时(现今称为通径模型)采用了一种被称为非线性迭代偏最小二乘(Non-linear Iterative Partial Least Squares，NIPALS)的简单却有效的方法来估计模型中的参数，这使得取自该方法首字母缩写的 PLS 首次出现在学术期刊并广泛流传起来。

20 世纪 80 年代，Wold 等将偏最小二乘法作为一种多元回归分析方法成功地应运于化学计量学领域，并对其模型假设进行了讨论，提出了更为简化的 PLS 模型，仅由 X 和 Y 两个区块组成，使其更适合于对复杂数据集进行建模，并在某些普通回归方法无法适用的领域中显示出了强大的优势。

随着偏最小二乘法理论的发展，偏最小二乘法的实现算法也层出不穷。例如，最早由 Wold 提出的 NIPALS 算法就已经发展出迭代法、特征根法及奇异值分解法等，相比而言，它们也都有着各自的优缺点。近二十年来，偏最小二乘在理论、方法和应用方面都取得了迅速的发展。其中，比偏最小二乘回归更具一般性的方法，是 Wold 和 Lohmoller 提出的偏最小二乘通径分析模型(PLS Path Modeling)，它适用于建立多组因变量与多组自变量间的线性模型。与结构方程模型(Structure Equation Modeling，SEM)一样，通径模型也能够利用一组变量来反映某个综合性的、无法直接观测的概念，但通径模型采用偏最小二乘的参数估计方法，使得模型的假设条件更少，实用性更强。

1993 年，由 Jong 提出了一种与 NIPALS 完全不同的算法，即简单偏最小二乘法(Simple Partial Least Squares，SIMPLS)。大体上可以将偏最小二乘法分为两类，一类是类似于最初的 NIPALS 算法，它直接对原始的 X 和 Y 矩阵(经标准化后)进行变化，而另一类是所谓的核方法，通过 X^TX 、Y^TY 和 X^TY 等方差与协方差矩阵来实现，该方法对于样本数量与变量数量存在较大差异的数据集有着较好的效果。1996 年，Wold 又提出了递阶偏最小二乘回归模型(Hierarchical PLS)，它根据自变量的含义划分为若干子块，再进行分层建模。这种方法对信息的综合概括能力强，建模效率高，从而能够实现在变量规模巨大的情形下建立回归模型的目的。

在国内，直至 20 世纪末，才出现了有关偏最小二乘方面的研究成果。王惠文等是最早对偏最小二乘法进行系统性研究的团队，其著作也成为国内最早的全面介绍偏最小二乘法的书籍。吴喜之等也对偏最小二乘法中存在的问题进行了改进。近年来，偏最小二乘法已经逐渐出现在计量化学、社会学、医药学、教育学以及过程控制等诸多领域中。偏最小二乘法对于多个因变量对多个自变量的回归建模问题，以及样本数量少、存在多重相关性等问题有良好的解决效果。同时，具有计算简单、建模预测精度高、解释性强等优点。因此，该算法不仅在工程技术和经济管理等领域得到广泛应用，而且在化学、农业及生物技术等多领域发挥其优势，并取得不可替代的效果。偏最小二乘法可以得到广泛的应用在于其自身的特点。

(1) 偏最小二乘法是一种多个因变量对多个自变量的建模方法，而且当各个变量之间相关性较高时，所建立的模型会更加稳定可靠。

(2) 偏最小二乘法能很有效地解决多重共线性对变量产生的影响，这样可以提高预测模型的预测能力，对于变量个数多于样品容量的情况建模比较适合。

(3) 偏最小二乘法结合了多种多元数据分析方法，可以对全谱或者部分光谱波段进行分析。

(4) 偏最小二乘法把对光谱数据的回归和数据分解结合到了一起，这样得到的特征向量和所测样品的性质是相关的，而且对于复杂混合溶液此种回归建模方法更加合适，可以对信息进行高效的提取。

偏最小二乘法有如此多的优点，但也存在着一些不足。在进行偏最小二乘回归建模时最重要的环节是选取主成分，主成分过多会导致模型中掺杂大量与物质元素无关的噪声，增加模型的计算量，使模型出现过度拟合的情况；主成分数目过少，部分有用的信息数据可能没有被包含在模型中，模型未进行充分拟合。主成分数目过多和过少都会造成模型的识别能力降低，从而导致最终的预测精度达不到实验所需要求。

8.2　基 本 原 理

8.2.1　偏最小二乘原理

偏最小二乘法可以将用于建模样品的光谱矩阵以及浓度矩阵都用主成分表示，而且在计算的过程中不需要求逆矩阵，应用这种方法计算十分简单。同时偏最小二乘法也可以将高维度的光谱数据信息进行降维处理，这种数据降维的方法和主成分回归分析法类似，提取光谱中的多个主成分，而不同的主成分对光谱的贡献度也不同，选取适合的主成分数，除去拥有干扰成分的主成分，选择拥有重要信息的主成分参与校正模型的建立。运用偏最小二乘法建立的校正模型可以对光谱数据中的有用信息进行充分利用，而且建立的模型可靠性好且稳定性强。

在主成分回归(PCR)法中，只是对光谱 X 进行分解，消除无用的噪声信息。同样，浓度矩阵 Y 中也包含无用的成分，应对其进行相应的处理，且在分解光谱 X 时考虑浓度矩阵 Y 的影响。偏最小二乘法可以将光谱矩阵和化学浓度矩阵同时进行分解，并基于上述思想提出多元因子回归方法。它的基本原理如下：假设由各因素构成的样品的数据矩阵为 X 且为自变量，而由各目标构成的样品的数据矩阵为 Y 且为因变量。为了研究因变量和自变量的统计关系，观测了 q 个样本点并由此构成了自变量与因变量的数据集 $X=\{x_1,x_2,\cdots,x_p\}$ 和 $Y=\{y_1,y_2,\cdots,y_q\}$，用偏最小二乘法可建立如下线性模型：

$$Y = XB + E \tag{8.1}$$

其中，E 为残差矩阵，B 为回归系数矩阵，其最小二乘解为

$$B = (X^{\mathrm{T}}X)^{-1}X^{\mathrm{T}}Y \tag{8.2}$$

用偏最小二乘法处理上述问题时，首先对矩阵 X 做双线性分解，即

$$X = TP^{\mathrm{T}} + E_x \tag{8.3}$$

再对矩阵 Y 做双线性分解，即

$$Y = UQ^{\mathrm{T}} + E_y \tag{8.4}$$

其中，T 和 U 分别表示 X 和 Y 的得分矩阵，P 和 Q 分别表示 X 和 Y 的载荷矩阵，而 E_x 和 E_y 表示运用偏最小二乘法进行拟合 X 和 Y 时，引入的残差矩阵。矩阵 T 中含有相互正交的隐变量(Latent Variable，LV)或得分矢量 $t_i(i=1,\cdots,A)$，矩阵 U 中包含矩阵 Y 的隐变量 $u_i(i=1,\cdots,A)$，即 u_i 为矩阵 Y 中变量的线性组合，A 为提取的隐变量个数。

偏最小二乘分别在 X 和 Y 中提取出第 i 个成分 t_i 和 u_i，且 t_i 是 $x_1,x_2,\cdots,x_p$ 的线性组合，u_i 是 $y_1,y_2,\cdots,y_q$ 的线性组合，应满足以下两点要求。

(1) t_i 和 u_i 应尽可能大地携带它们各自数据集中的变异信息。

(2) t_i 和 u_i 之间的相关程度要达到最大。

综上所述，t_i 和 u_i 应尽可能好地代表数据集 X 和 Y，同时自变量的成分 t_i 对因变量的成分 u_i 又有最强的解释能力。

再对 T 和 U 做线性回归分析，其中 D 为关联的系数矩阵，可以得到

$$U = TD \tag{8.5}$$

$$D = T^{\mathrm{T}}U(T^{\mathrm{T}}T)^{-1} \tag{8.6}$$

这样，在对样品做预测的时候，通过未知样品的矩阵 $X_{未知}$ 以及校正后得到的矩阵 P，就可以求出未知的样品 X 的 $T_{未知}$，可以求得

$$Y_{未知} = T_{未知}DQ = X_{未知}P^{\mathrm{T}}DQ \tag{8.7}$$

在实际运用中，偏最小二乘法的计算只是把对矩阵的线性回归和矩阵分解作为一步来计算，因此矩阵 X 和 Y 的分解运算是同时进行的。而且还将浓度信息引入到光谱数据分解过程，得到两套特征向量，一是光谱载荷，表示光谱数据的共同变化特征，另一套是光谱权重，表示对应于被分析组分浓度的光谱变化特征。对应两套得分：光谱得分和浓度得分。在计算主成分之前，将光谱得分和浓度得分进行交换，这样就可以使各因素构成的样品数据矩阵 X 和由各目标构成的样品数据矩阵 Y 的主成分之间直接相关联。可见，偏最小二乘法在计算主成分时，在考虑所计算的主成分方差尽可能大的同时，还使主成分与浓度最大程度地相关。方差最大是为了尽量多地提取有用信息，与浓度最大程度地相关则是为了尽量利用光谱变量与浓度之间的线性关系，克服了 PCR 法只对样品数据矩阵 X 进行分解的劣势。

8.2.2　模型提取成分个数的确定

偏最小二乘变换的主要目的是消除自变量间的相关性，它通过自变量投影的方法将高维空间中线性相关的变量转化到相互正交的低维空间中。因此，在偏最小二乘法中，选定参与回归的潜变量(偏最小二乘提取成分)个数也是一个十分关键的问题。选定的潜变量个数太少，原自变量矩阵中的部分有用信息便被忽略，影响模型的拟合能力和预测精度；若选定的潜变量个数过多，虽然能提高模型的拟合精度 R^2，但可能会因为引入无关的噪声而发生过拟合，并最终导致预测精度降低。

目前已有学者提出了许多确定偏最小二乘模型提取成分个数的方法。其中，最常用的则是采用交叉有效性(Cross Validation，CV)的方法来考察增加新成分后模型预测能力的变化。

在 CV 中，一般都将总体样本集分为两部分，一部分是建模所用的校正集，另一部分是考察模型预测能力的验证集。依照这两部分选取方式的不同可以有以下四种不同的 CV 方法：留一法交叉验证(Leave One Out CV，LOOCV)、留多法交叉验证(Leave Multiple Out CV，LMOCV)、k 折交叉验证(k-folds CV)、蒙特卡罗交叉验证(Monte Carlo CV，MCCV)。在整个 CV 过程中，总体样本集被分为 k 个大致相等的组，然后选取一组样本作为验证集，并用其余 $k-1$ 组样本拟合的模型对这组模型进行预测，如此重叠 k 次，使得每一组都被预测一次。当 $k=n$ 时，

每次只选取一个样本作为验证集，这便是 LOOCV；若 $k<n$，则成为 k-folds CV；LMOCV 则是每次随机地选取 $m(m<n)$ 个样本作为验证集，其余的 $n-m$ 组作为校正集。

通常，交叉验证法并不能够直观地对模型是否过拟合做出判定，而它主要是通过验证集的预测残差平方和(Predicted REsidual Sum of Squares，PRESS)来判断引入新成分后模型的预测能力是否有统计意义上的改进，从而给出最佳的主成分个数 h。LOOCV 的 PRESS 可以用如下公式计算：

$$\text{PRESS}=\sum_{i=1}^{n}(\hat{y}_i-y_i)^2 \tag{8.8}$$

其中，n 为样本数，y_i 表示第 i 个样本的真实值，$\hat{y}_i$ 为用除第 i 个样本外的所有样本拟合得到的模型在第 i 个样本上的预测值。实际上，LOOCV 中总共建立了 n 个模型，每个模型只对一个样本点进行预测，最终得到的 PRESS 值为全部 n 个样本点误差的平方和。

MCCV 在 PRESS 的基础上引入了交叉验证均方根误差(Root Mean Square Error of Cross Validation, RMSECV)，它随机从总体样本中抽取大于 50%的样本作为校正集建立模型来预测其余样本，如此重复 N 次(一般将 N 选取为大于 2.5 倍样本数 n 的值)，利用多次运算平均值的方根来作为评价标准。

$$\text{RMSECV}=\sqrt{\frac{\text{PRESS}}{N}} \tag{8.9}$$

已有学者对比了以上几种方法。研究发现，LOOCV 中的验证集个数偏少，容易给出较大的 h，导致模型发生过拟合现象；LMOCV 则需要给出确定验证集最优个数的准则，k-folds CV 也同样具有这个问题；MCCV 是目前公认的比较有效的方法，能够在一定程度上避免过拟合现象。

8.3 偏最小二乘算法

偏最小二乘算法步骤如下。

(1) 矩阵 X 和 Y 进行标准化处理。

(2) 取 Y 中任意一列作为起始的 u。

(3) 计算 X 矩阵的权重向量 $\omega^{\mathrm{T}}=u^{\mathrm{T}}X/u^{\mathrm{T}}u$。

(4) 将 ω 归一化，$\omega_{\text{new}}^{\mathrm{T}}=\omega^{\mathrm{T}}/\|\omega^{\mathrm{T}}\|$。

(5) 计算新产生的 t，$t=X\omega/\omega^{\mathrm{T}}\omega$。

(6) 计算 Y 矩阵的 q 向量 $q^{\mathrm{T}}=t^{\mathrm{T}}Y/t^{\mathrm{T}}t$。

(7) 将 q 归一化，$q_{\text{new}}^{\mathrm{T}}=q^{\mathrm{T}}/\|q^{\mathrm{T}}\|$。

(8) 计算新产生的 u， $t = Yq / q^{\mathrm{T}}q$ 。

(9) 将步骤(8)所得的 u 与前一次迭代的结果进行比较，若相等或在误差允许的范围内，则转到下一步，否则返回到步骤(3)。

(10) 计算 $p^{\mathrm{T}} = t^{\mathrm{T}}X / t^{\mathrm{T}}t$ 。

(11) 将 p 归一化，为 $p_{\text{new}}^{\mathrm{T}} = p^{\mathrm{T}} / \left\| p^{\mathrm{T}} \right\|$ 。

(12) 计算新的向量 t， $t_{\text{new}}^{\mathrm{T}} = t^{\mathrm{T}} / \left\| p \right\|$ 。

(13) 计算新的向量 ω， $\omega_{\text{new}}^{\mathrm{T}} = \omega^{\mathrm{T}} / \left\| p^{\mathrm{T}} \right\|$ 。

(14) 计算模型回归系数， $b = u^{\mathrm{T}}t / t^{\mathrm{T}}t$ 。

(15) 对于主成分 h 更新残差， $E_{x,h} = E_{x,h-1} - t_h p_h^{\mathrm{T}}$ ， $E_{y,h} = E_{x,h-1} - b_h t_h \omega q_h^{\mathrm{T}}$ 。

(16) 返回步骤(2)进行下一个主成分的计算，直至残差趋近于零。

(17) 未知样品预测。

(18) 如校正样品，将矩阵 X 和 Y 标准化。

(19) 令 $h = 0$， $y = 0$ 。

(20) 设 $h = h + 1$ ，并计算 $t_h = XW_h^{\mathrm{T}}$ ， $y = y + b_h t_h \omega p_h^{\mathrm{T}}$ ， $x = x - t_h p_h^{\mathrm{T}}$ 。

(21) 若 $h > A$ (主成分数)，转到步骤(22)，否则返回到步骤(19)。

(22) 得到的 Y 已经标准化，因此需要按标准化步骤的相反操作，将之复原到原坐标。注意对预测集进行标准化处理时，使用的是训练集的均值和标准偏差。

PLS 法又分为 PLS1 和 PLS2，所谓的 PLS1 是每次只校正一个组分，而 PLS2 则可对多组分同时校正回归，PLS1 和 PLS2 采用相同的算法。PLS2 在对所有组分进行校正时，采用同一套得分矩阵 T 和载荷矩阵 P，显然这样得到的 T 和 P 对 Y 中的所用浓度向量都不是最优化的。对于复杂体系，会显著降低预测精度。在 PLS1 中，校正得到的 T 和 P 是对 Y 中各浓度向量进行优化的。当校正集样品中不同组分的含量变化相差很大时，比如，一个组分的含量范围为 50%～70%，另一个组分的含量范围为 0.1%～1.0%，由于 PLS1 是对每一个待测组分优化的，PLS1 预测结果普遍优于 PLS2 以及 PCR 法。而且，PLS1 可根据不同的待测组分选取最佳的主成分数。在光谱分析中，如果不特别注明，PLS 通常指的是 PLS1 的方法。

从以上介绍可以看出，MLR 法、PCR 法和 PLS 法是一脉相通、相互连贯的，从中可以清晰看出一条线性多元校正方法逐步发展的历程。PCR 法克服了 MLR 法不满秩求逆和光谱信息不能充分利用的弱点，采用 PCA 对光谱阵 X 进行分解，通过得分向量进行 MLR 回归，显著提高了模型预测能力。PLS 法则对光谱阵 X 和浓度阵 Y 同时进行分解，并在分解时考虑两者之间的关系，加强对应计算关系，从而保证获得最佳的校正模型。可以说，PLS 法是多元线性回归、典型相关分析和主成分分析的完美结合。这也是 PLS 法在光谱多元校正分析中得到最为广泛应用的主要原因之一。

8.4 偏最小二乘回归分析的步骤

(1)分别提取两变量组的第一对成分，并使之相关性最大。

假设从两组变量分别提取出第一对成分为u_1和v_1，u_1是自变量集$X=[x_1,x_2,\cdots,x_p]^{\mathrm{T}}$的线性组合，$v_1$是因变量集$Y=[y_1,y_2,\cdots,y_q]^{\mathrm{T}}$的线性组合，且

$$u_1=\alpha_{11}x_1+\alpha_{12}x_2+\cdots+\alpha_{1p}x_p=\alpha^{(1)\mathrm{T}}X \tag{8.10}$$

$$v_1=\beta_{11}y_1+\beta_{12}y_2+\cdots+\beta_{1p}y_p=\beta^{(1)\mathrm{T}}Y \tag{8.11}$$

为了回归分析需要，要求u_1和v_1尽可能多地提取所在变量组的变异信息且u_1和v_1的相关程度达到最大。

由两组变量集的标准化观测数据矩阵X和Y，可以计算第一对成分的得分变量，记为$\hat{u}_1$和$\hat{v}_1$：

$$\hat{u}_1=X\alpha^{(1)}=\begin{bmatrix}x_{11} & \cdots & x_{1p}\\ \vdots & & \vdots\\ x_{n1} & \cdots & x_{np}\end{bmatrix}\begin{bmatrix}\alpha_{11}\\ \vdots\\ \alpha_{1p}\end{bmatrix} \tag{8.12}$$

$$\hat{v}_1=Y\beta^{(1)}=\begin{bmatrix}y_{11} & \cdots & y_{1q}\\ \vdots & & \vdots\\ y_{n1} & \cdots & y_{nq}\end{bmatrix}\begin{bmatrix}\beta_{11}\\ \vdots\\ \beta_{1q}\end{bmatrix} \tag{8.13}$$

第一对主成分u_1和v_1的协方差$\mathrm{cov}(u_1,v_1)$可用第一对成分的得分向量u_1和v_1的内积来计算。故而以上两个要求可化为数学上的条件极值问题：

$$\max(\hat{u}_1\cdot\hat{v}_1)=(X\alpha^{(1)}\cdot Y\beta^{(1)})=\alpha^{(1)\mathrm{T}}X^{\mathrm{T}}Y\beta^{(1)} \tag{8.14}$$

$$\begin{cases}\alpha^{(1)\mathrm{T}}\alpha^{(1)}=\left\|\alpha^{(1)}\right\|^2=1\\ \beta^{(1)\mathrm{T}}\beta^{(1)}=\left\|\beta^{(1)}\right\|^2=1\end{cases}$$

利用 Lagrange 乘数法，问题化为求单位向量$\alpha^{(1)}$和$\beta^{(1)}$，使$\theta_1=\alpha^{(1)\mathrm{T}}X^{\mathrm{T}}Y\beta^{(1)}$达到最大。问题的求解只需通过计算$m\times m$矩阵$M=X^{\mathrm{T}}YY^{\mathrm{T}}X$的特征值和特征向量，且$M$的最大特征值为$\theta_1^2$，相应的单位特征向量就是所求的解$\alpha^{(1)}$，而$\beta^{(1)}$可由$\alpha^{(1)}$计算得到：

$$\beta^{(1)}=\frac{1}{\theta_1}Y^{\mathrm{T}}X\alpha^{(1)} \tag{8.15}$$

(2)建立回归方程。

假定回归模型为

$$\begin{cases} X = \hat{u}_1\sigma^{(1)\mathrm{T}} + X_1 \\ Y = \hat{v}_1\tau^{(1)\mathrm{T}} + Y_1 \end{cases} \tag{8.16}$$

其中，$\sigma^{(1)} = [\sigma_{11}, \sigma_{12}, \cdots, \sigma_{1p}]^{\mathrm{T}}$，$\tau^{(1)} = [\tau_{11}, \tau_{12}, \cdots, \tau_{1q}]^{\mathrm{T}}$ 分别是多对一的回归模型中的参数向量，X_1 和 Y_1 是残差矩阵。

回归系数向量 $\sigma^{(1)}$、$\tau^{(1)}$ 的最小二乘估计为

$$\begin{cases} \sigma^{(1)} = X^{\mathrm{T}}\hat{u}_1 / \|\hat{u}_1\|^2 \\ \tau^{(1)} = Y^{\mathrm{T}}\hat{v}_1 / \|\hat{v}_1\|^2 \end{cases} \tag{8.17}$$

称 $\sigma^{(1)}$、$\tau^{(1)}$ 为模型效应负荷量。

(3) 用残差矩阵 X_1 和 Y_1 代替原矩阵 X 和 Y 重复上述步骤。

记 $\hat{X} = \hat{u}_1\sigma^{(1)\mathrm{T}}$，$\hat{Y} = \hat{v}_1\tau^{(1)\mathrm{T}}$，则残差矩阵 $X_1 = X - \hat{X}$，$Y_1 = Y - \hat{Y}$。如果残差矩阵 Y_1 中元素的绝对值近似为 0，则认为用第一个成分建立的回归式精度已满足需要了，可以停止抽取成分，否则用残差矩阵 X_1 和 Y_1 代替 X 和 Y 重复以上步骤即得

$$\alpha^{(2)} = \left[\alpha_{21}, \alpha_{22}, \cdots, \alpha_{2p}\right]^{\mathrm{T}} \tag{8.18}$$

$$\beta^{(2)} = \left[\beta_{21}, \beta_{22}, \cdots, \beta_{2q}\right]^{\mathrm{T}} \tag{8.19}$$

而 $\hat{u}_2 = X_1^{\mathrm{T}}\alpha^{(2)}$、$\hat{v}_2 = Y_1^{\mathrm{T}}\beta^{(2)}$ 为第二对成分的得分向量：

$$\begin{cases} \sigma^{(2)} = X_1^{\mathrm{T}}\hat{u}_2 / \|\hat{u}_2\|^2 \\ \tau^{(2)} = Y_1^{\mathrm{T}}\hat{v}_2 / \|\hat{v}_2\|^2 \end{cases} \tag{8.20}$$

分别为 X、Y 的第二对成分的负荷量。则有

$$\begin{cases} X = \hat{u}_1\sigma^{(1)\mathrm{T}} + \hat{u}_2\sigma^{(2)\mathrm{T}} + X_2 \\ Y = \hat{v}_1\tau^{(1)\mathrm{T}} + \hat{v}_2\tau^{(2)\mathrm{T}} + Y_2 \end{cases} \tag{8.21}$$

(4) 设 $n \times m$ 数据阵 X 的秩为 $r \leqslant \min(n-1, m)$，则存在 r 个成分 $u_1, u_2, \cdots, u_r$，使得

$$\begin{cases} X = \hat{u}_1\sigma^{(1)\mathrm{T}} + \hat{u}_2\sigma^{(2)\mathrm{T}} + \cdots + \hat{u}_r\sigma^{(r)\mathrm{T}} + X_r \\ Y = \hat{v}_1\tau^{(1)\mathrm{T}} + \hat{v}_2\tau^{(2)\mathrm{T}} + \cdots + \hat{v}_r\tau^{(r)\mathrm{T}} + Y_r \end{cases} \tag{8.22}$$

把 $u_k = \alpha_{k1}x_1 + \cdots + \alpha_{kp}x_p\ (k = 1, 2, \cdots, r)$ 代入 $Y = v_1\tau^{(1)} + \cdots + v_r\tau^{(r)}$，即得 p 个因变量的偏最小二乘回归方程式：

$$y_j = c_{j1}x_1 + c_{j2}x_2 + \cdots + c_{jp}x_p,\quad j = 1, 2, \cdots, p \tag{8.23}$$

(5) 交叉有效性检验。

一般情况下，偏最小二乘法并不需要选用存在的 r 个成分 $u_1, u_2, \cdots, u_r$ 来建立

回归式。而像主成分分析一样，只选用前 l 个成分 ($l \leq r$)，即可得到预测能力较好的回归模型。对于建模所需提取的成分个数 l，可以通过交叉有效性检验来确定。

回归模型确定后，需要对模型评价。除了像普通多元线性回归，评价回归方程的决定系数，及对各个回归系数的检验外，还应考虑所提取的各个成分对各个变量(自变量与因变量)的解释能力以及累计解释能力，具体的评价过程不再赘述。

由以上偏最小二乘回归分析过程来看，第一步采用主成分分析与典型相关分析的思想提取成分，不仅保证了提取的成分尽可能多地保留原始变量的信息且保持相互独立，而且自变量与因变量的相关性最大；第二步采用普通最小二乘法建立回归方程，因成分间已不存在多重共线性，此时采用普通最小二乘估计所得结果稳定性较好；第三步对模型的评价同样包含了这三种统计方法的评价内容。由此可见，偏最小二乘回归集中了主成分分析、典型性相关分析及普通多元回归分析的优点。

8.5 非线性偏最小二乘

8.5.1 从线性到非线性

无论是在理论研究还是在实践中，线性方法都得到广泛的应用，这是因为线性方法往往形式简便，计算方便，理论性质易于讨论，并且常常能够比较好地解决所需要处理的问题。然而，随着技术手段的发展和所能获得信息的增多，人们逐渐发现，在很多时候采用线性的方法无法取得令人满意的效果。其中最重要的原因是，自然界以及人类社会中的现象是非常复杂的，现象之间的内在联系往往不是线性的，而更多的是错综复杂的非线性关系。大量事实也表明，在技术、经济、社会等众多研究领域中，非线性才是复杂现象的本质，是一切物质运动的普遍规律。因而，在科学研究中，从“线性”向“非线性”的过渡与发展，是研究深化的必然趋势之一。

非线性偏最小二乘(Nonlinear Partial Least Squares，NPLS)由 Wold 在 1989 年提出。NPLS 与 PLS 的区别仅在于 X 与 Y 的内在相关性，即后者为一直线，而前者为一曲线(如一抛物线)。曲线的表示有多种数学模型，如二次多项式、三次多项式、指数函数和对数函数等，其中最简单的是二次多项式。

在建立模型之前，如果能由机理分析或先验知识得知对象具有非线性，这样就可以直接进行非线性建模。但大多数情况下，并没有先验知识可以依循，此时可通过以下方法来判断对象是否具有非线性：绘制 t_1/u_1 平面图，在图上标出每个样本点 $(t_1(i),u_1(i))$ 的位置，如果在图中明显观察到 t_1 与 u_1 呈非线性关系，则说明 X

与 Y 之间存在非线性关系，必须采用非线性的建模方法。这种方法主要借助了偏最小二乘变换将变量从原始的高维不可观测空间转换到低维可观测空间的思想，从而使输入输出变量间的非线性关系能够人为观测。

除上述方法外，如果 X 与 Y 之间存在非线性关系，却采用了线性偏最小二乘的方法进行拟合，则所建立的模型中会出现较多的提取成分，同时也引入了无用的噪声，导致模型的稳定性变差。因此，当线性偏最小二乘的提取成分过多时，也可以考虑是否应该采用 NPLS 的方法。

NPLS 从方法的形式上看，主要分为以下两类。

一类是保留偏最小二乘法的外部模型形式，而内部模型采用非线性形式。这种方法主要是保持原始变量到潜变量的投影方法不变，而在内部模型中采用非线性的形式拟合潜变量 t 与 u 之间的关系。最初，Wold 提出了一种 QPLS(Quadratic PLS)方法，即采用二阶多项式的形式来描述 t 与 u 的关系。随后，学者们又先后提出了平滑且内部多项式形式，以及基于样条函数、人工神经网络、遗传算法等内部形式的模型。此类非线性偏最小二乘法的主要问题之一在于偏最小二乘外部模型中变量新空间基的更新，原偏最小二乘法中假设 t 与 u 之间是线性关系，而当采用非线性函数描述它们的关系时，会对当前外部模型以及后面特征向量的计算均产生影响。于是，Baffi 等提出了一种基于误差的权值更新算法，即利用 $u=Yq$ 与内部模型 $\hat{u}=f(t,c)$ 二者的差值来更新 w。这种方法适用于内部模型是对 w 连续且可导的任意非线性形式，因此这种算法也应用在了以神经网络为内部形式的方法中。这类 NPLS 方法的另一个主要问题是内部非线性模型形式的确定，尤其是当内部模型为样条函数、人工神经网络等形式不确定的函数时。由于此时需要由交叉有效性(CV)在这些函数的非线性拟合能力与模型复杂度两者之间做权衡判断，而 CV 同时还担负了决定偏最小二乘提取成分个数的任务，因此，这类方法会因为过重地依赖 CV 的性能而使模型参数或结构变得极为不稳定。

另一类 NPLS 方法是保留偏最小二乘法的内部线性模型，而对输入矩阵 X 进行扩展，例如，加入原始变量的平方项、交叉乘积项、对数项等，使其含有非线性成分，再进行线性偏最小二乘回归。这类方法的主要问题在于需要对进行扩展的非线性成分进行选择，而这在没有先验知识的情况下是很难做出准确判断的。

8.5.2 非线性偏小二乘算法步骤

非线性偏小二乘算法的步骤如下。

(1) 将原始数据标准化，得到标准化后的预测矩阵 X_0 和被预测矩阵 Y_0。

(2) 提取第一轴的 ω_1 和 x_1 及相应的第一成分 t_1 和 u_1，则有

$$t_1 = X_0\omega_1, \quad u_1 = Y_0c_1 \tag{8.24}$$

其中，ω_1 是矩阵 $X_0{}'Y_0Y_0{}'X_0$ 的最大特征值对应的单位化特征向量，c_1 是矩阵 $X_0X_0{}'Y_0{}'Y_0$ 的最大特征值对应的单位化特征向量。

(3) 分别求预测矩阵 X_0 和被预测矩阵 Y_0 对 t_1 的回归方程，有

$$X_0 = t_1p_1 + X_1 \tag{8.25}$$

$$\begin{aligned} Y_{0k} &= a'_{0k} + a'_{1k}t_1 + a'_{2k}t_1{}^2 + \cdots + a'_{nk}t_1{}^n + Y_{1k} \\ &= \sum_{i=0}^{n} a'_{ik}t_1{}^i + Y_{1k}, \quad k = 1, 2, \cdots, p \end{aligned} \tag{8.26}$$

其中，$p_1 = X'_0t_1 / \|t_1\|^2$，$Y_{0k}$ 是第 k 个被预测变量，a'_{ik} 是第 k 个被预测变量 Y_{0k} 对第一成分 t_1 的回归多项式项 $t_1{}^i$ 的回归系数，Y_{1k} 是第 k 个被预测变量 Y_{0k} 回归后得到的残差，$Y_1 = \left[Y_{11}, Y_{12}, \cdots, Y_{1q}\right]$，$X_1$、$Y_1$ 分别为两个回归方程的残差矩阵。

(4) 收敛性。如果不满足精度的要求，可以用残差矩阵 X_1、Y_1 来替代 X_0 和 Y_0。然后求得第二个轴和第二个成分。重复以上步骤，达到精度要求。

(5) 还原变量。已知 $t_1, t_2, \cdots, t_m$ 都可以用 $x_0, x_{02}, \cdots, x_{0p}$ 的组合来表示，故回归方程可以表示为

$$y_k{}^* = \sum_{i=0}^{nk^1} a_{ik}^1 \left(\sum_{j=1}^{p} b_{1j}x_j{}^* \right)^j + \cdots + \sum_{i=0}^{nk^m} a_{ik}^m \left(\sum_{j=1}^{p} b_{mj}x_j{}^* \right)^j, \quad j = 1, 2, \cdots, p \tag{8.27}$$

其中，$x_j{}^*$ 是标准化后的变量，b_{mj} 是 x_j 线性组合第 m 个成分 t_m 时的组合系数。

8.5.3 基于样条变换的非线性偏最小二乘回归

基于样条函数的偏最小二乘回归方法最早是由 Wold 于 1992 年提出的。之后，Durand 于 1997 年和 2001 年对偏最小二乘样条模型 (Partial Least Squares Splines，PLSS) 做了更深入的研究，为了加强模型的可解释性，孟洁等于 2004 年对寻找该模型内部的非线性结构进行了研究，完善了建模方法，并增强了模型的实用价值。

实际工作中，人们通常只能获得自变量与因变量的观测数据集合，而往往不知道其具体的模型关系形式。尤其是在自变量维数较高，且自变量与因变量之间为非线性关系时，问题就更加复杂了。在这种情况下，一种较为简单的情形是考虑各维自变量的加模型，即

$$y = f_1(x_1) + f_2(x_2) + \cdots f_p(x_p) + \varepsilon \tag{8.28}$$

根据拟线性的思想，可以将自变量函数 $f_j(x_j)$ 进行变量替换，得到拟线性回归模型，则模型求解就相对容易了。然而，在实际问题中，自变量函数 $f_j(x_j)$

往往是未知的，模型仍然无法求解。对此，可以采用数值分析理论中的样条函数对 $f_j(x_j)$ 进行函数逼近来解决这一问题，即选取样条函数 $\varphi_j(x_j)$，使得

$$\varphi_j(x_j) \approx f_j(x_j) \tag{8.29}$$

这样，可以通过样条函数进行转换得到

$$y = \varphi_1(x_1) + \varphi_2(x_2) + \cdots + \varphi_p(x_p) + \varepsilon \tag{8.30}$$

结合拟线性的思想，对非线性加法模型进行求解。具体说来，设 $f_j(x_j)$ 的样条拟合函数为 $\hat{f}_J(x_j)\,(j=1,2,\cdots,p)$，则有

$$y = \beta_0 + \hat{f}_1(x_1) + \hat{f}_2(x_2) + \cdots + \hat{f}_p(x_p) + \varepsilon \tag{8.31}$$

其中，$\hat{f}_j(x_j)\,(j=1,2,\cdots,p)$ 为 x_j 上的三次 B 样条拟合函数，具体展开为

$$\hat{f}_j(x_j) = \beta_0 + \sum_{l=0}^{M_j+2} \beta_{j,l}\, \Omega_3\left(\frac{x_j - \zeta_{j,l-1}}{h_j}\right) \tag{8.32}$$

其中，β_0 和 $\beta_{j,l}$ 为模型的待定参数，并且

$$\Omega_3\left(\frac{x_j - \zeta_{j,l-1}}{h_j}\right) = \frac{1}{3!h_j^3}\sum_{k=0}^{4}(-1)^4\binom{4}{k}(x_j - \zeta_{j,l-3+k})^3 \tag{8.33}$$

在计算过程中，定义 $\zeta_{j,l-1}$、h_j、M_j 分别为变量 x_j 上划分的区间分点、分段长度以及分段个数；记变量 x_j 上的最小观测值为 $\min(x_j)$，则有

$$\zeta_{j,l-1} = \min(x_j) + (l-1)h_j \tag{8.34}$$

$$h_j = \frac{\max(x_j) - \min(x_j)}{M_j} \tag{8.35}$$

全体自变量与因变量的非线性函数关系：

$$y = \beta_0 + \sum_{j=1}^{p}\hat{f}_j(x_j) = \beta_0 + \sum_{j=1}^{p}\sum_{l=0}^{M_j+2}\beta_{j,l}\,\Omega_3\left(\frac{x_j - \zeta_{j,l-1}}{h_j}\right) + \varepsilon \tag{8.36}$$

可以看出，y 与 $z_{j,l} = \Omega_3\left(\frac{x_j - \zeta_{j,l-1}}{h_j}\right)$ 呈线性关系，可以变换为一个拟线性模型。为了避免在拟线性模型中可能出现的多重共线性，可采用偏最小二乘法对模型进行求解。

8.5.4　基于核变换的非线性偏最小二乘回归

基于样条函数的偏最小二乘建模技术关键思想是运用拟线性技术，而在线

性化过程中，如果采用不同的函数取近似每一维自变量 x_j 的关系式 $f_j(x_j)$，就得到不同类型的非线性偏最小二乘模型，本节将用核函数来求解非线性偏最小二乘模型，即核偏最小二乘法(Kernel PLS，KPLS)。

设自变量 $x_1, x_2, \cdots, x_p$ 与因变量 y 的函数关系为

$$y = f_1(x_1) + f_2(x_2) + \cdots f_p(x_p) + \varepsilon \tag{8.37}$$

基于核函数变换的非线性偏最小二乘建模方法，与基于样条变换的非线性偏最小二乘建模方法的思路是一样的，只是对每一维上的非线性函数 $f_j(x_j)$ 采用基于核函数的变换展开，即使用高斯核函数 $K\left(\dfrac{x_j - \zeta_{j,l-1}}{h_j}\right)$ $(a \leqslant x \leqslant b;\ l = 0, 1, \cdots, M+2)$ 作为基函数来代替三次 B 样条基函数 $\Omega_3\left(\dfrac{x_j - \zeta_{j,l-1}}{h_j}\right)$ $(a \leqslant x \leqslant b;\ l = 0, 1, \cdots, M+2)$，即

$$\hat{f}_j(x_j) = \beta_0 + \sum_{l=0}^{M_j+2} \beta_{j,l}\, K\left(\frac{x_j - \zeta_{j,l-1}}{h_j}\right) \tag{8.38}$$

从而全体自变量与因变量的非线性拟合函数表现为

$$y = \beta_0 + \sum\nolimits_{j=1}^{p} \hat{f}_j(x_j) + \varepsilon = \beta_0 + \sum_{j=1}^{p} \sum_{l=0}^{M_j+2} \beta_{j,l}\, K\left(\frac{x_j - \zeta_{j,l-1}}{h_j}\right) \tag{8.39}$$

8.6　应　　用

实验数据集 1 为葡萄糖溶液数据，该数据包含 23 条不同浓度葡萄糖水溶液的中红外光谱。葡萄糖浓度范围为 0.4～50.9mg/mL。该数据是由带有衰减全反射附件(Attenuated Total Reflection，ATR)的 Perkin-Elmer Spectrum 400 GX 型傅里叶变换红外光谱仪采集(硒化锌(ZnSe)样本池，25 次全反射)。光谱的采样范围为 650～4000cm^{-1}，采样分辨率 2cm^{-1}。该采集数据未做 ATR 校正处理。在试验中，使用 KS(Kennard-Stone)方法将数据集分为 17 个训练样本和 6 个测试样本，红外光谱如图 8.1 所示。

实验数据集 2 为 60 个汽油样本的近红外光谱数据，该数据集被用来预测样本的辛烷值。每个近红外光谱的波长范围为 900～1700nm，测量间隔为 2nm。在试验中，使用 KS(Kennard-Stone)方法将数据集分为 45 个训练样本和 15 个测试样本，红外光谱如图 8.2 所示。

实验结果如图 8.3 和图 8.4 所示。

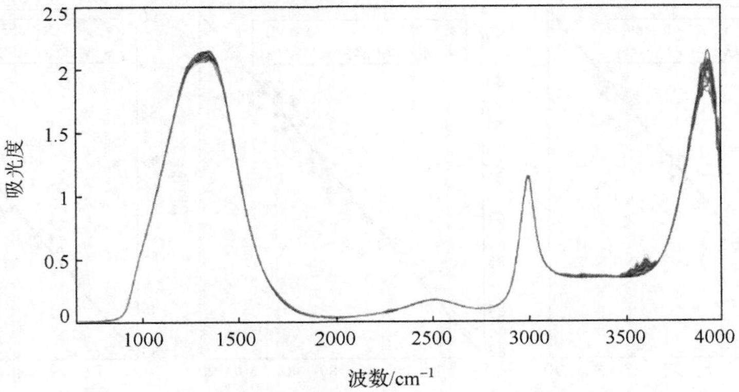

图 8.1　23 个葡萄糖溶液样本的 ATR 光谱图(见彩图)

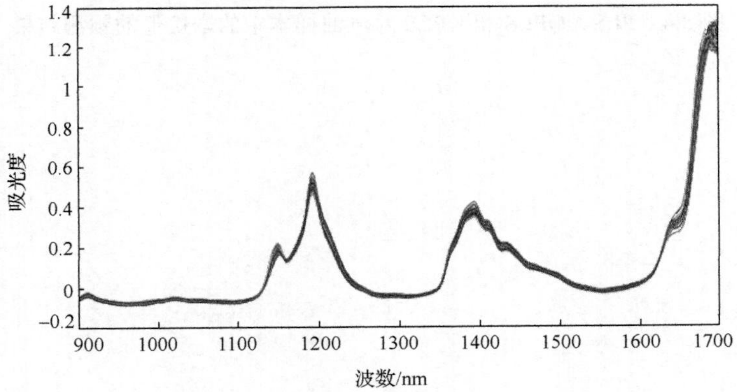

图 8.2　60 个汽油样本的近红外光谱图(见彩图)

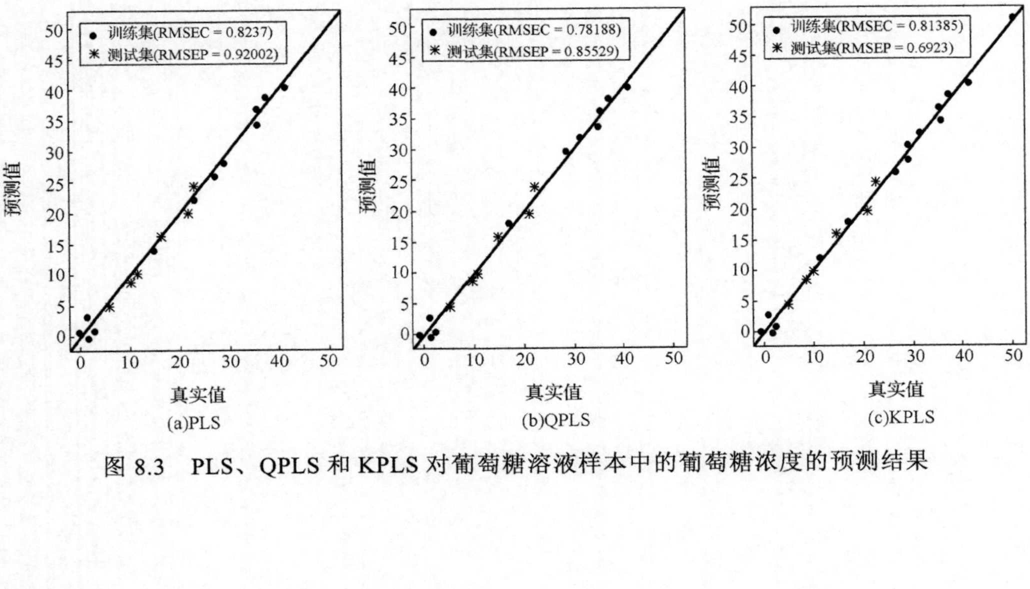

图 8.3　PLS、QPLS 和 KPLS 对葡萄糖溶液样本中的葡萄糖浓度的预测结果

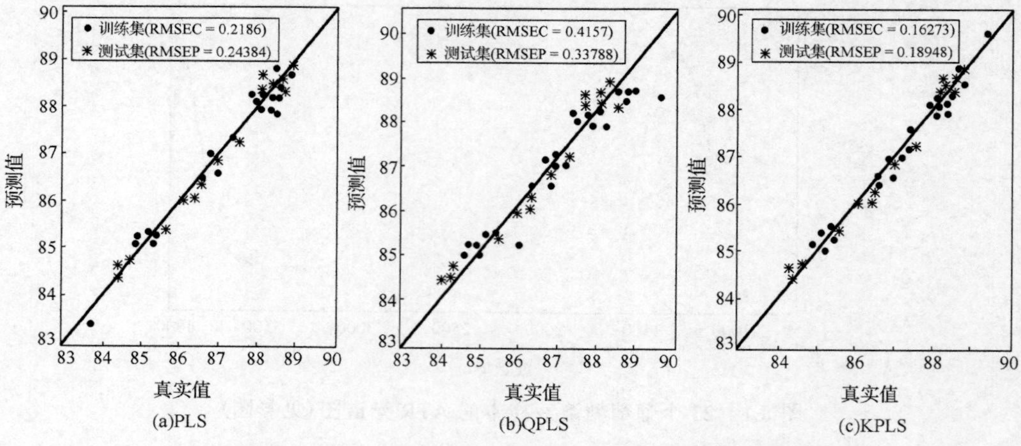

图 8.4　PLS、QPLS 和 KPLS 对汽油样本中的辛烷值的预测结果

第9章 遗 传 算 法

9.1 概 述

遗传算法(Genetic Algorithm，GA)又称为基因算法[5,8,30,112,151-153]，是近年来迅速发展起来的一种全新的随机搜索与优化算法，是智能优化方法中应用最为广泛也最为成功的算法。遗传算法是由 Holland 教授于 20 世纪 60 年代末到 70 年代初提出，一类借鉴生物界自然选择和自然遗传机制的随机化搜索算法，起源于达尔文的进化论和孟德尔的遗传学说，是模拟自然淘汰和遗传选择的生物进化过程的计算模型。当时的研究大多以对自然遗传系统的计算机模拟为主，侧重于对一些复杂操作的探索，例如，自动博弈、生物系统模拟、模式识别和函数优化等。到 70 年代中期 Holland 和 Jong 的创造性研究成果的发表给这些研究建立了具有指导性的理论依据。

1975 年，Holland 主编的《自然与人工系统的自适应性》(*Adaptation in Natural and Artificial Systems*)一书出版，系统地阐述了遗传算法的基本理论和方法，提出了对遗传算法的理论发展极为重要的模板理论，标志着遗传算法正式诞生，同时，Foegl、Rechenberg 和 Schwefel 引入了另两种基于自然演化原理的算法，演化程序(Evolutionary Programming)和演化策略(Evolution Strategies)，这三种算法构成了演化计算(Evolutionary Computation)领域的三大分支，它们从不同层次、不同角度出发模拟自然演化原理，以达到求解问题的目的。Holand 对遗传算法的模拟与操作原理进行了设计，而且还运用统计决策理论对遗传算法的搜索机理进行了理论分析，建立了著名的 Schema 定理和隐含并行性(Implicit Parallelism)原理，奠定了遗传算法的基础。将遗传算法应用于函数优化始于 Jong，在其博士论文中设计了一系列遗传算法的执行策略和性能评价指标，对遗传算法性能做了大量的分析，得出了明确的结论，后来 Jong 和 Goldberg 等做了大量的工作，使遗传算法更加完善，并建立了著名的 Jong 五函数测试平台，对遗传算法的六种方案的性能和机理进行了详细的实验和分析，为后继者提供了研究范例并为以后的广泛应用奠定了坚实基础，其成果被看成遗传算法发展史上的里程碑。1992 年，Koza 将遗传算法应用于计算机程序的优化设计及自动生成，提出了遗传编程的概念，并且为基于符号表示的函数学习问题提供了一个有力的工具。在此之后，遗传算法经历了一个相对平稳的发展时期，并逐渐被人们接受和运用。

近年来，遗传算法求解复杂优化问题的巨大潜力及其在工业工程、人工智能、生物工程、自动控制等各个领域的成功应用，使得该算法得到了广泛的关注。可以说，遗传算法是目前为止应用最为广泛和最为成功的智能优化方法。

遗传算法，按照类似活的有机体的遗传(Heredity)、突变(Mutation)、自然选择(Selection)和杂交(Crossover)等的自然进化(Natural Evolution)方式来编制出能够解决复杂的优化问题的计算机程序。遗传算法是模拟自然界生物进化过程的高度并行、随机和自适应的全局随机优化算法，用于解决最优化问题，属于一种进化算法。简单来说，遗传算法把一组随机生成的可行解作为父代群体，用适应度函数(目标函数或它的一种变换形式)作为父代个体适应环境能力的度量，经选择杂交生成子代个体，后者再经变异，优胜劣汰，如此反复进行迭代，使种群中个体的适应能力不断提高，优秀个体不断向最优点逼近。

遗传算法根据适者生存、优胜劣汰等自然规则来进行搜索计算和问题求解。对于传统数学难以解决或失效的复杂问题，尤其是优化问题(如条件选择、参数模拟等)，人们提出了各式各样的优化算法，如梯度法、单纯形法、分支定界法和动态规划法等，这些算法有一定的优势和适用范围，也有局限性。而遗传算法提供了一种比较行之有效的新方法，是一类可用于复杂系统优化计算的鲁棒搜索算法，与其他一些优化算法相比，它主要有以下几个特点。

(1)遗传算法的操作对象不是变量本身，而是变量的编码。并且在执行搜索过程中，不受优化函数连续性及其导数求解的限制，具有很强的通用性。

(2)遗传算法不是传统的单点搜索，而是从若干个点开始搜索优化结果，且进化算子使遗传算法极其有效地进行概率意义下的全局搜索。如对于多峰分布的搜索空间，点对点的搜索方法常常会陷入局部的某个单峰的最优解。遗传算法可以同时对搜索空间中的多个解进行评估，减少了陷入局部最优解的风险，同时算法本身易于实现并行化，进而得到全局最优解。

(3)遗传算法的搜索是以目标函数为指导依据的智能性搜索，不需要求导、不用搜索空间的知识或其他辅助信息。

(4)遗传算法强调采用概率转换规则来指导其搜索方向，但并不是确定的转换规则。

(5)遗传算法利用复制、交换和突变等遗传算子操作，使子代的性能优越于父代，通过不断迭代，逐渐得出最优解，是一种反复迭代、渐进优化的过程。

遗传算法作为一种全局优化搜索算法，主要应用于复杂优化问题求解和工程领域，如计算机科学、可靠性设计、优化调度、运输问题和组合优化等领域。

目前遗传算法是应用较为广泛的一种波长选择方法，且已成功用于近红外光谱的波长选择中，在特征变量选择方面获得了较好的结果。

9.2 基本原理

9.2.1 基本思想

遗传算法是根据问题的目标函数构造一个适值函数(Fitness Function)，对一个由多个解(每个解对应一个染色体)构成的种群进行评估、遗传运算、选择，经多代繁殖，获得适应度值最好的个体作为问题的最优解，具体可以描述如下。

(1)产生一个初始种群。

遗传算法是一种基于群体寻优的方法，算法运行时是以一个种群在搜索空间进行搜索。一般是采用随机方法产生一个初始种群，也可以使用其他方法构造一个初始种群。

(2)根据问题的目标函数构造适值函数。

在遗传算法中使用适值函数来表征种群中每个个体对其生存环境的适应能力，每个个体具有一个适应度值(Fitness Value)。适应度值是群体中个体生存机会的唯一确定性指标。适值函数的形式直接决定着群体的进化行为。适值函数基本上依据优化的目标函数来确定。为了能够直接将适值函数与群体中的个体优劣相联系，在遗传算法中适应度值规定为非负，并且在任何情况下总是希望越大越好。

(3)根据适应度值的好坏不断选择和繁殖。

在遗传算法中自然选择规律的体现就是以适应度值大小决定的概率分布来进行选择。个体的适应度值越大，该个体被遗传到下一代的概率越大；反之，个体的适应度值越小，该个体被遗传到下一代的概率也越小。被选择的个体两两进行繁殖。繁殖产生的个体组成新的种群。这样的选择和繁殖过程不断重复。

(4)若干代后得到适应度值最好的个体即为最优解。

在若干代后，得到的适应度值最好的个体所对应的解即被认为是问题的最优解。

9.2.2 构成要素

这里将简要说明遗传算法的构成要素。

(1)种群和种群大小。

种群是由染色体构成的。每个个体就是一个是染色体，每个染色体对应着问题的一个解。种群中个体的数量称为种群大小或者种群规模(Population Size，

Pop-Size)。种群规模通常是采用一个不变的常数。一般来说，遗传算法中种群规模越大越好，但是种群规模的增大也将导致运算时间的增大，一般设为 100～1000。在某些特殊情况下，群体规模也可能采用与遗传代数相关的变量，以获取更好的优化效果。

(2) 编码方法(Encoding Scheme)。

编码方法也称为基因表达方法(Gene Representation)。在遗传算法中，种群中的每个个体，即染色体是由基因构成的。因此染色体与要优化的问题的解如何进行对应，就需要通过基因来进行表示，即对染色体进行正确的编码。正确地对染色体进行编码来表示问题的解是遗传算法的基础工作，也是最重要的工作。

(3) 遗传算子(Genetic Operator)。

遗传算子包括交叉(Crossover)和变异(Mutation)。遗传算子模拟了每一代中创造后代的繁殖过程，是遗传算法的精髓。

交叉是最重要的遗传算子，它同时对两个染色体进行操作，组合二者的特性产生新的后代。交叉的最简单方式是在双亲的染色体上随机地选择一个断点，将断点的右段互相交换，从而形成两个新的后代，这种方法对于二进制编码最合适。遗传算法的性能在很大程度上取决于采用的交叉运算的性能。双亲的染色体是否进行交叉由交叉率来进行控制。交叉率(记为 P_c)定义为各代中交叉产生的后代数与种群中个体数的比。显然，较高的交叉率将得到更大的解空间，从而减小停止在非最优解上的机会；但是交叉率太高，会因过多搜索不必要的解空间而耗费大量的计算时间。

变异是在染色体上自发地产生随机的变化。一种简单的变异方式是替换一个或者多个基因。在遗传算法中，变异可以提供初始种群中不含有的基因，或者找到选择过程中丢失的基因，为种群提供新的内容。染色体是否进行变异由变异率来进行控制。变异率(记为 P_m)定义为种群中变异基因数在总基因数中的百分比。变异率控制着新基因导入种群的比例。若变异率太低，一些有用的基因就难以进入选择；若变异率太高，即随机的变化太多，那么后代就可能失去从双亲继承下来的好特性，这样算法就会失去从过去搜索中学习的能力。

(4) 选择策略。

选择策略是从当前种群中选择适应度值高的个体以生成交配池的过程。使用最多的是正比选择策略，选择过程体现了生物进化过程中“适者生存，优胜劣汰”的思想，并保证优良基因遗传给下一代个体。

(5) 停止准则(Stopping Rule)。

一般使用最大迭代次数作为停止准则。

9.3 遗传算法的流程

遗传算法是一种具有“生成+检测”的迭代过程搜索算法，以目标函数为依据，针对一个可能潜在解集的种群(Population)进行操作，该操作由经过基因编码(Gene Coding)构成一定数目的个体(Individual)为对象，而每个个体实际上是带有特征的染色体(Chromosome)实体。一般遗传算法把要优化的问题表示成染色体并依据个体的适应度值来选择染色体，遗传算法只需对依据适应度值所产生的每个染色体进行评价，使适应性好的染色体有更多遗传迭代的机会。在这一过程中，种群中个体(问题的解)一代一代地不断被优化着，这群新个体由于继承了上一代的一些优良性状，因而在性能上要优于上一代，这样逐步朝着更优解的方向进化，随着遗传迭代的进行就会使得所要解决的问题从初始解逐渐逼近最优解。

因此，遗传算法可以看成一个由可行解组成的群体逐代进化的过程。下面将以 Holland 的基本遗传算法为例说明算法的具体实现，遗传算法流程图如图 9.1 所示。

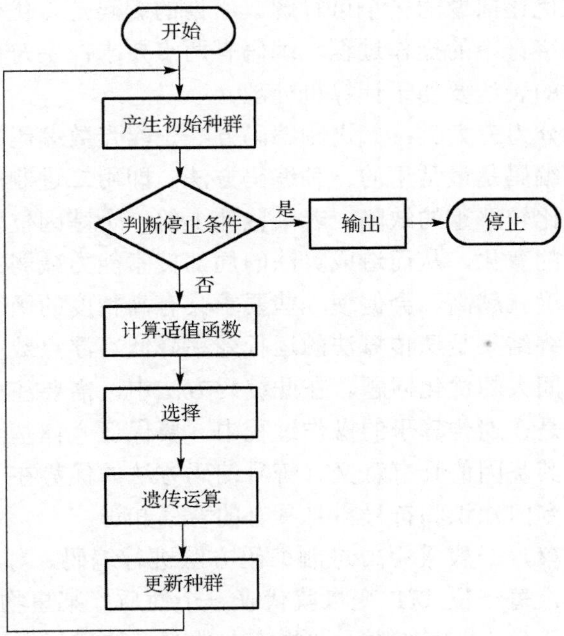

图 9.1 遗传算法流程图

由图 9.1 可以看出算法在实现中的步骤包括：初始种群的产生、编码方法、适值函数、遗传算法、选择策略、停止准则。

(1)初始种群的产生。

遗传操作是对某一特定种群中的多个个体同时进行的运算操作。由于遗传算法种群型操作的需要，必须为遗传操作准备一个由若干随机产生的初始解组成的初始种群(也称为进化的初始代)。在这里需要说明的是，初始种群中每个个体都是随机产生的，具体的产生方式依赖于编码方法，种群的大小依赖于计算机的计算能力和计算复杂度。

种群是个体构成的，初始种群的设定可根据问题固有的性质及其特点，设法把最优解所占空间分散在整个问题空间的分布范围(在一定程度上保证初始群体的多样性)，然后在此分布范围内设定初始群体；先随机生成一定数目的个体，然后从中挑选出最好的个体加入到初始群体中。这种过程不断叠加，直到初始群体中个体数达到了预先确定的规模；此时就可以计算初始种群中各个个体的适应度。虽然，对于此个体遍布整个搜索空间理论上是可行的，但是在实现过程中会遇到一些难以避免的问题，如存储空间和运行效率方面的限制。

(2)编码方法。

遗传算法不能直接处理问题空间的可行解，其处理对象是字符串，其中每个具体的字符串代表优化问题的一个可行解。所谓的编码是将优化问题的可行解设计成视为染色体的字符串的操作过程。编码有两点要求：字符串要反映所研究问题的性质；字符串的表达要便于计算机处理。

编码方法可以分为三大类：二进制编码方法、浮点数编码方法和符号编码方法。其中，二进制编码是最常用的一种编码方法，即用二进制的 0/1 字符进行编码。但它存在一些比较严重的缺陷：若染色体上的一个基因位发生改变，对应的参数值会产生很大的变化，从而造成算法的局部搜索能力减弱；个体的染色体编码串长度越长，精度就越高，会促使一些要求具有高精度的函数优化问题需要较大的搜索空间，最终结果是遗传算法的运行效率降低。浮点数编码方法适用于精度要求高、搜索空间大的优化问题。在此编码方法中，需要注意的是不论在染色体的初始化阶段还是在遗传算子的操作过程中，要保证个体基因值处在约束范围内，这样才能确保其基因值具有意义。符号编码方法的优势在于它在遗传算法中利用所求解问题的专门知识和符号自身具有的背景知识。

若问题比较简单，一般采用二进制编码方法进行编码。如只描述长/短和大/小等布尔型性质时，每一位 0/1 变量就代表一个性质；某事物只涉及优/差、长/短及高/低时，可用三位 0/1 字符表示并规定左数第一位字符代表优/差，第二位字符代表长/短，第三位字符代表高/低，则 111 代表优/长/高，而 000 代表差/短/低。

每个染色体可以表示为

$$X=(x_1,x_2,\cdots,x_i,\cdots,x_n),\qquad 1\leqslant i\leqslant n \tag{9.1}$$

染色体的每一位，即 x_i 是一个基因，每一位的取值称为位值。n 称为染色体的长度。Holland 的基本遗传算法使用二进制编码，即使用固定长度的 0/1 字符串表示一个染色体。

二进制编码适用于背包问题、实优化问题及指派问题等，其缺点是编码长不利于计算，其编码优点是有利于位值计算，包括的实数范围大。

遗传算法中，一般字符串具有固定的长度，以便按统一的方式执行操作。从生物角度看，编码就相当于选择研究遗传基础的染色体或是基因位。同样，在遗传算法中编码是一项基础性的首要的工作，也是遗传操作中的关键步骤，尤其对交换操作有很大的影响，编码方法很大程度上会制约种群的遗传进化运算和遗传进化运算的效率，所以编码一定要具有可操作性。

(3) 适值函数。

适应度是生物学家用来度量某个物种对于其生存环境的适应程度的术语。在遗传算法中的种群进化过程就是以种群中各个个体的适应度为依据，通过一个反复迭代的过程，不断地寻求出适应度较大的个体，最终就可得到问题的最优解或近似最优解。在优化问题的迭代过程中，适值函数是一些与最优化问题相关的目标函数，用来评价个体适应度值。

遗传算法整个过程都利用由遗传算子选择而来的评价值来进行搜索，所以适值函数的选取至关重要，直接影响到遗传算法的收敛速度以及能否找到最优解。适值函数是遗传算法搜索的依据，不受连续可微的约束且定义域可以为任意集合，只需针对输入可计算出能加以比较的非负结果。但在解决实际优化问题时，适值函数的优化目标有不同的要求，有正也有负，有求函数最大值(如盈利、劳动生产率等)，也有求函数最小值(如费用、方差等)，所以必须寻求出一种通用且有效的途径，使得适值函数值和个体适应度之间转换，最终来保证个体适应度值总取非负值。

适值函数一般根据目标函数来进行设计。目标函数一般表示为 $f(x)$，适值函数一般表示为 $F(x)$。从目标函数 $f(x)$ 映射到适值函数 $F(x)$ 的过程称为标定(Scaling)。

在遗传算法操作中，通常都统一按最大值问题处理，对于求目标函数最小化的优化问题，理论上只需要简单加一个负号就可以将其转化为求目标函数最大化的优化问题，即

$$F(x)=-\min f(x) \tag{9.2}$$

对于求目标函数最大值的优化问题，当目标函数总为正值时，可以直接设定其适值函数就等于目标函数，即

$$F(x) = \max f(x) \tag{9.3}$$

在遗传算法运行初始阶段，群体中某些个体的适应值会很高。若按照常用的比例选择算子来确定个体的遗传数量，则适应值高的个体将有很高概率在下一代群体中出现，当种群规模较小时，新的种群甚至完全由这样的少数几个个体组成。这样会把遗传算法的搜索引向误区，过早收敛于局部最优解。遗传算法利用原始评价值对种群中的个体进行评价，具有适应度值高的染色体个体比适应度值低的所需时间长，为了克服缺陷，遗传算法需要灵活地缩放适值函数，即适应值的尺度变换，采用适应度缩放技术将适应度进行如下变换：

$$f' = a \cdot f + b \tag{9.4}$$

其中，f'为缩放条件后的适应度值；f为原始的适应度值；a、b为系数。

对于适应值缩放技术的操作，必须满足两个条件：尺度变换后全部个体的新适应度值的平均值f'_{av}要等于其适应度值平均值f_{av}，即$f'_{av} = f_{av}$。这是为了保证群体中适应度值接近于平均适应度值的个体能够有期待的数量被遗传到下一个群体中；尺度变换后群体中的最大适应度值f'_{max}是原来平均适应度值f_{av}的倍数。这将原具有约束条件的最优化问题的求解转化成一系列无约束条件的最优化问题的求解，对这个新目标函数按无约束优化问题的方法进行求解获得全局最优解。

(4) 遗传算法。

遗传算法通过复制、交叉、变异产生新群体，其中交叉和变异是遗传算法的精髓，也是变化最多的地方，下面就介绍其具体实现。

①复制。

复制是遗传算法的基本算子，又称选择算子，它对群体中的个体进行优胜劣汰操作。复制操作是建立在群体中个体的适应度评价基础上的，其主要目的是为了避免基因缺失、提高全局收敛性和计算效率，这在遗传算法中起着举足轻重的作用。现阶段没有统一的复制原则，适应于某一特定应用背景下的复制算子，往往并不适合于其他应用背景。因此，对于不同的应用问题，人们研究出了对应的复制操作方法，主要有以下几种：最佳个体保留(Elitist Model)法，把群体中适应度值最高的个体不进行配对交叉而直接复制到下一代，优点是保证了进化过程中某一代的最优解不被交换和变异操作所破坏，但会影响遗传算法的全局搜索能力，故该方法通常不会单独使用。轮盘选择(Roulette Wheel Selection)法，又称为适应度值比例法，个体的适应度值越大，它被选中的概率就越高，被选中的个体被放入配对库中随机地进行配对，以进行交换操作。随机竞争(Stochastic Tournament)法，随机地从种群中选取两个个体，对其适应度值进行比较，适应度值大的被选中，小的被自然淘汰，该方法的优点是使得配对库中的个体在解空间中有良好的分散性和较大的适应度值；排序(Ranking)选择法，先根据种群中各个体的适应度值大小进行排序，再基于排序进行选择。此外还有期望值模型(Expected Value Model)法、联赛选择法(Tournament Selection Model)和排挤法(Crowding Model)等。

②交叉。

在自然界的进化过程中，两个同源染色体通过交配而组成新的染色体，从而产生新的个体或物种。交配重组是生物遗传和进化过程中的一个主要环节。遗传算法中的交换运算，是指对两个相互配对的染色体按某种方式相互交换其部分基因，且交换的位置是随机确定的，形成两个新的个体。交换运算是遗传算法区别于其他进化算法的重要特征，它决定遗传算法的全局搜索能力，是产生新个体的主要方法。

交叉操作中，使用最多的是单点交叉(又称简单交换)和双点交叉。单点交叉是由 Holland 提出的最基础的一种交叉方式，即在个体串中随机地选定一个交叉点，两个个体在该点前或后进行部分互换以产生新的个体，从种群中挑选出两个个体 X_1 和 X_2，随机选一个切点(Cutting)，将切点两侧分别看成两个子串，将右侧的子串分别交换，则得到两个新的个体 C_1 和 C_2，切点的位置范围应该在第一个基因位之后，最后一个基因位置之前。即设染色体长度为 n，则切点的取值范围为$[1, n-1]$，单点交叉操作的信息量比较小，交叉点位置的选择可能带来较大偏差，并且染色体的末尾基因总是交换的。在实际应用中采取较多的是双点交叉，双点交叉即多个个体无重复地随机选择，在交叉点之间的变量间连续地相互交换，产生两个新的后代，对于两个选定的染色体 X_1 和 X_2，随机选取两个切点，交换两个切点之间的子串。在算法的构成要素中已经说明，并不是所有的被选定父代都要进行交叉操作，要设定一个交叉概率 P_c，一般取为一个较大的数，比如 0.9。

根据研究对象不同，交换方法也有多种可供选择，如顺序交换、循环交换、洗牌交换和缩小代理交换等。在遗传算法中交换操作包括以下 4 个步骤。

(a)对种群中的个体进行两两随机配对。设种群大小为 M，则总共有 $M/2$ 对相互配对的个体组。

(b)对每一对相互配对的个体，随机选取某一基因座之后的位置为交叉点，共有 $M-1$ 个可能的位置被选做交换点，这里 M 为染色体 X 的长度(即样品数目)。

(c)对每一对相互配对的个体，根据预先选择的交叉概率 P_c，在(b)所确定的交叉点处，相互交换两个个体的部分染色体，产生出两个新个体。

(d)约束条件检验。根据隐含约束条件，至少要保留一个子区间，在通过交叉操作产生新个体时，都必须满足条件，如果不满足此条件转至(b)，重新选取交换点。

③变异。

遗传算法中的变异运算是指将个体染色体编码串中的某些基因座上的基因值用该基因座的其他等位基因来替换，从而形成一个新的个体。常见的变异操作有：基本位变异，即对个体编码串以变异率 P_m 随机指定某一位或某几位基因进行变异操作。均匀变异，又称一致变异，分别用符合某一范围内均匀分布的随机数，以某一较小的概率来替换个体编码串中原有基因值，适合于遗传算法的初期运行阶段，可使得搜索点在整个搜索空间内自由地移动，以增加群体的多样性。二元变异，有两条染色体参与，通过该操作生成两条新个体中的各个基因分别取原染色体对应基因值的同或/异或，有效地克服了早熟收敛，提高了遗传算法的优化速度。高斯变异，在进行变异时用一个均值为 μ 、方差为 σ 的正态分布随机数来替换原有基因值，操作过程与均匀变异类似。

突变是遗传算法中产生新个体的途径之一。变异是在种群中按照变异概率 P_m 任选若干基因位改变其位值，对于 0/1 编码来说，就是反转位值。将某一个体的某一位字符进行补运算，若需要进行变异操作的某一基因座上的原有基因值为 0，则变异操作将该基因值变为 1；反之，若原有基因值为 1，则变异操作将其变为 0。具体过程如下。

(a)对种群中的个体的每个基因座，以变异概率 P_m 确定其是否为变异点。

(b)对每一个指定的变异，对其基因值取反。

(c)约束条件检验。根据隐含约束条件，至少要保留有一个子区间，再通过变异操作产生新个体时，都必须满足条件，如果不满足此条件转至(b)，重新选取交换点。

遗传算法引入变异的目的有两个：使遗传算法具有局部的随机搜索能力，此时变异概率应取较小值；使遗传算法可维持群体的多样性，以免出现群体早熟收敛现象，使群体进化过程过早陷入局部最优区域，此时变异概率应取最大值。变异实际上是子代基因按照小概率扰动产生的变化，所以变异概率一般设定为一个比较小的数，在 5%以下。

(5)选择策略。

最常用的选择策略是正比选择(Proportional Selection)，即每个个体被选中进行遗传算法的概率为该个体的适应值和群体中所有个体适应度值总和的比例。对于个体 i ，其适应度值为 F ，种群规模为 NP，则该个体的选择概率可表示为

$$P_i = \frac{F_i}{\sum_{i=1}^{\mathrm{NP}} F_i} \tag{9.5}$$

得到选择概率后，采用轮转法来实现选择操作。令

$$PP_0 = 0 \tag{9.6}$$

$$PP_i = \sum_{j=1}^{i} PP_j \tag{9.7}$$

共轮转 NP 次，每次轮转随机产生 $\zeta_k \in U(0,1)$，当 $PP_{i-1} \leqslant \zeta_k \leqslant PP_i$，则选择个体 i。轮转示意图多为圆盘，整个轮转被分为大小不同的扇面，分别对应着不同的个体，各个个体的适应度值在整个种群的全部个体的适应度值之和中所占比例不同，这些比例值占据了整个转轮。较高适应度值的个体对应着较大圆心角的扇面，而较小适应度值的个体对应着较小圆心角的扇面。

(6) 停止准则。

遗传算法是一种随机反复迭代的搜索方法，它通过多次进化逐渐逼近最优解而不是恰好等于最优解，需要确定终止条件。每次迭代期间，要执行适应度值计算、复制交换和变异等操作，直至满足终止条件。最常用的终止方法是使用达到预先设定的代数(Gen)和根据问题定义测试种群中最优个体的性能，若没有可接受的答案，最大代数常表示为 NG(Number of Max Generation)。遗传算法重新启动或用新的初始搜索条件，即规定遗传(迭代)的代次。起初，迭代次数较小，如规定 100 次后视情况逐渐增加次数，可达到上千次。遗传算法的一个重要参数是每代群体中的个体数，个体数目越多，搜索范围越广，易获得全局最优解。然而个体数目越多，迭代时间也就越长，故一般个体数目可取 100 左右即可。

对于适应度值目标函数值已知的遗传算法，当目标函数是方差这一类有最优目标值的问题时，可采用控制偏差的方法实现终止，一旦遗传算法得出的目标函数值(适应度值)与实际目标值之差小于允许值，算法终止。如用方差作为适应度值计算的曲线拟合问题，可用最小的偏差 δ 制定终止条件。终止方法还可通过观察适应度值的变化趋势来实现，在遗传算法的初期，平均适应度值都较小，之后随着复制、交换和变异等操作，适应度值增加。到遗传算法后期，这种增加已趋缓和(或)停止，一旦增加停止，即终止。

综上所述，遗传算法是一种非常有特色的搜索寻优方法，该方法仿照自然界的生物进化过程，从生成初始群体开始，应用生物遗传变异的原理而发展的复制、交叉、突变等遗传操作算子，一代一代地生成新的群体，每进化一代，群体中适应度高的个体将增加，这样当进化到一定的代数后，群体中适应度最大的个体就是原来优化问题的解。

9.4　应　　用

215 个烟草数据的近红外光谱图如图 9.2 所示。采集光谱的同时，采用标准的化学分析手段测得样本中的总糖、烟碱、还原糖、硝酸盐、氯、钾、总氮的含量。如果直接采用神经网络建立定量预测模型，预测性能不理想，可以采用遗传算法来进一步优化 BP(Back Propagation) 神经网络的隐含层和输出层的权重和阈值。遗传算法优化神经网络，包括神经网络结构确定、遗传算法优化和神经网络预测 3 个部分。其中用遗传算法优化神经网络的初始权值和阈值，使优化后的神经网络能够更好地预测函数输出。遗传算法优化神经网络的目的是得到更好的网络初始权值和阈值，其基本思想就是用个体代表网络的初始权值和阈值、个体值初始化的神经网络的预测误差作为该个体的适应度值，通过选择、交叉、变异操作寻找最优个体，即最优的 BP 神经网络初始权值。下面以 3 层的神经网络为例，来展示遗传算法在 BP 神经网络优化中的应用。

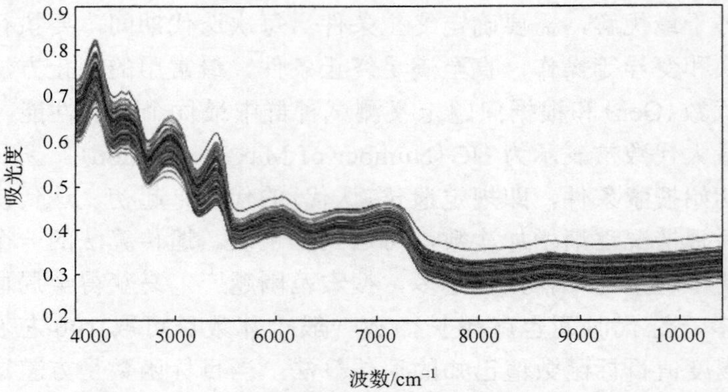

图 9.2　215 个烟草数据原始近红外光谱图(见彩图)

图 9.3～图 9.5 显示 BP 神经网络和遗传算法优化后的神经网络(GABP)在烟草组分上的不同建模及预测结果。很明显，经过遗传算法优化后的神经网络的预测性能均得到提高。

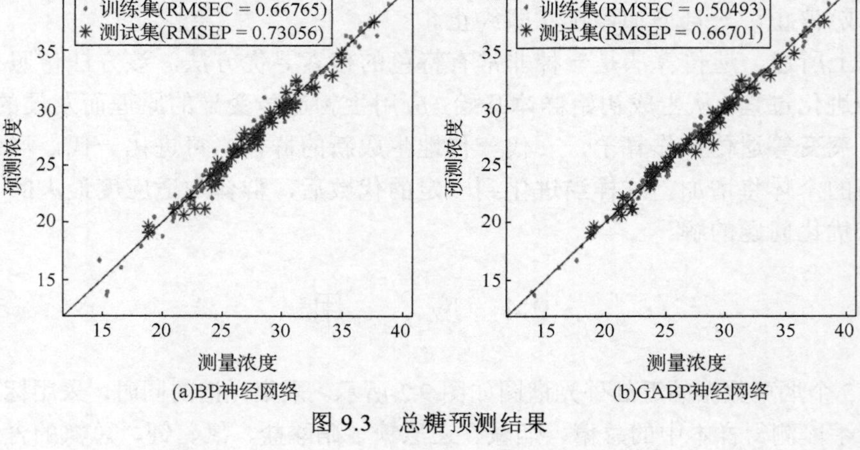

图 9.3　总糖预测结果

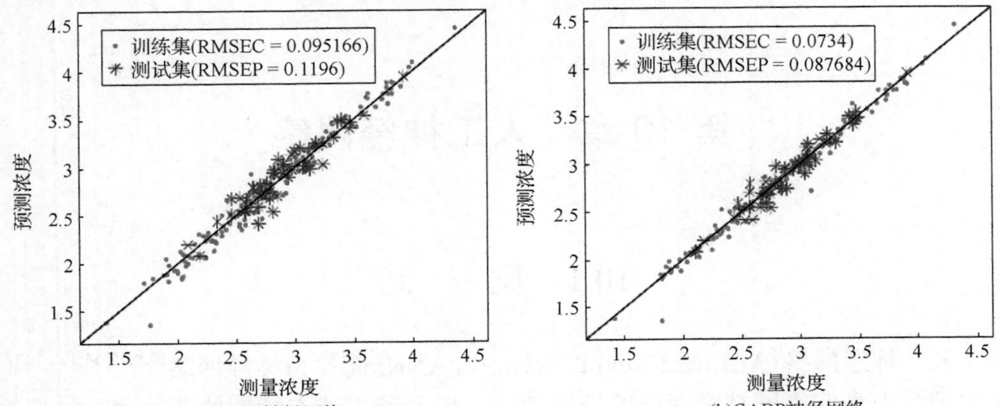

(a)BP神经网络 (b)GABP神经网络

图 9.4 烟碱预测结果

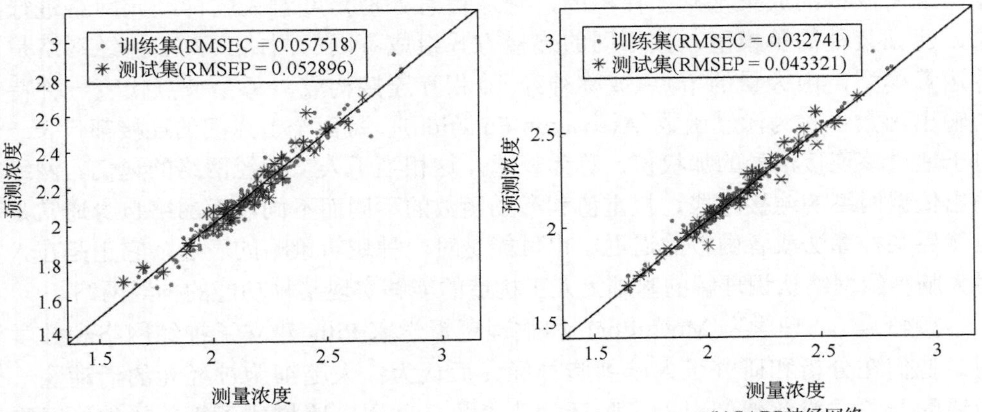

(a)BP神经网络 (b)GABP神经网络

图 9.5 总氮预测结果

第 10 章　人工神经网络

10.1　概　　述

人工神经网络(Artificial Neural Network，ANN)简称为神经网络[5,8,30,64,128,133]，是生理学上真实人脑神经网络的结构功能，以及若干基本特性的某种理论抽象简化和模拟而构成的一种信息处理系统。因此人工神经网络是在现代生物学研究人脑组织所取得的成果基础上提出的，它从信息处理角度对人脑神经元网络进行抽象，建立某种简单模型，按不同的连接方式组成不同的网络。人工神经网络是一种运算模型，由大量的节点(或称神经元)相互连接构成，每个节点代表一种特定的输出函数，称为激励函数(Activation Function)。每两个节点间的连接都代表一个对于通过该连接信号的加权值，称为权重，这相当于人工神经网络的记忆。网络的输出依据网络的连接方式、权重值和激励函数的不同而不同，而网络自身通常是对自然界某种算法或者函数的逼近，也可能是对一种逻辑策略的表达，它正是在人类对大脑神经网络认识理解的基础上人工构造的能够实现某种功能的神经网络。

1943 年，心理学家 McCulloch 和数理逻辑学家 Pitts 建立了神经网络和数学模型，他们在分析和研究了人脑细胞神经元后认为：人脑细胞神经元的活动像一个断通的开关。为此他们引入了阶跃阈值函数，并用电路构成了简单的神经网络模型，称为 MP 模型。他们通过 MP 模型提出了神经元的形式化数学描述和网络结构方法，证明了单个神经元能执行逻辑功能，从而开创了人工神经网络研究的时代。1957 年，Widrow 和 Hoff 提出自适应线性元件(Adaptive Linear Element，Adaline)。它是感知器的变化形式，尤其在修正权矢量的算法上进行了改进，提高了收敛速度和训练精度。1969 年，人工智能创始人之一 Minsky 仔细分析了以感知器为代表的神经网络系统的功能及局限后，指出单层感知器只能进行线性分类，不能解决高阶问题。同时他还指出，在引入隐含层后，要找到一个有效修正权矢量的学习算法并不容易。他们的论点极大地影响了神经网络的研究，客观上对人工神经网络的发展起了一定消极作用。1982 年，Hopfield 提出了 Hopfield 神经网络模型，将能量函数引入到对称反馈网络中，使网络的稳定性有了明确的判断依据。1986 年，Rumelhart 提出的解决多层神经网络权值修正的算法-误差反向传播法(Error Back-Propagation)，给人工神经网络增加了活力，使其得以全面迅速地恢复发展。1988 年，Linsker 对感知机网络提出了新的自组织理论，并在 Shanon 信息论的基础上形成了最大互信息理论，从而点燃了基于神经网络信息应用理论的光芒。1988 年，Broomhead 和 Lowe 用径向基函数（Radial Basis Function，RBF）提出分层网络的设计方法，从而将神经网络的设计与数值分析和线性适应滤波相挂钩。90 年代初，Vapnik 等提出了支持向量机（SVM）和 VC（Vapnik-Chervonenkis）维数的概念。神经网络在模式识别、图像处理、智能控制、组合优化、金融预测与管理、通信、机器人以及专家系统等领域得到广泛的应用，其中比较著名的神经网络模型有：感知机、Hopfield 网络、Boltzman 机、自适应共振理论及反向传播网络等。

人工神经网络是由大量处理单元互连组成的非线性、自适应信息处理系统，它是在现代神经科学研究成果的基础上提出的，试图通过模拟大脑神经网络处理、记忆信息的方式进行信息处理。人工神经网络具有四个基本特征。

(1) 非线性：非线性关系是自然界的普遍特性，大脑的智慧就是一种非线性现象。人工神经元可处于激活或抑制两种不同的状态，这种行为在数学上表现为一种非线性关系，具有阈值的神经元构成的网络具有更好的性能，可以提高容错性和存储容量。

(2) 非局限性：一个神经网络通常由多个神经元广泛连接而成。一个系统的整体行为不仅取决于单个神经元的特征，也主要由单元之间的相互作用、相互连接所决定，通过单元之间的大量连接模拟大脑的非局限性，联想记忆是非局限性的典型例子。

(3) 非常定性：人工神经网络具有自适应、自组织、自学习能力。神经网络不但处理的信息可以有各种变化，而且在处理信息的同时，非线性动力系统本身也在不断变化，经常采用迭代过程描述动力系统的演化过程。

(4) 非凸性：一个系统的演化方向，在一定条件下将取决于某个特定的状态函数。例如能量函数，它的极值相应于系统比较稳定的状态。非凸性是指这种函数有多个极值，故系统具有多个较稳定的平衡态，这将导致系统演化的多样性。

在人工神经网络中，神经元处理单元可表示不同的对象，如特征、字母、概念，或者一些有意义的抽象模式。网络中处理单元的类型分为三类：输入单元、输出单元和隐单元。输入单元接收外部世界的信号与数据；输出单元实现系统处理结果的输出；隐单元是处在输入和输出单元之间，不能由系统外部观察的单元。神经元间的连接权值反映了单元间的连接强度，信息的表示和处理体现在网络处理单元的连接关系中。人工神经网络是一种非程序化、适应性、大脑风格的信息处理，其本质是通过网络的变换和动力学行为得到一种并行分布式的信息处理功能，并在不同程度和层次上模仿人脑神经系统的信息处理功能。它是涉及神经科学、思维科学、人工智能、计算机科学等多个领域的交叉学科。

神经网络的计算能力有两个特点：大规模并行分布式结构；神经网络学习能力以及由此而来的泛化能力。泛化是指神经网络对不在训练集中的数据可以产生合理的输出。这两种信息处理能力让神经网络可以解决一些当前还不能处理的复杂的大型问题。此外，神经网络具有以下性质和能力。

(1)神经生物类比。神经网络的设计是由人脑的类比引发的，人脑是一个容错的并行处理的例子，说明这种处理不仅在物理上可实现，而且还是快速高效的。神经生物学家将人工神经网络看做一个解释神经生物现象的研究工具。

(2)输入输出映射。有监督学习或无监督学习是一个学习的流行范例，使用训练样本对神经网络的权值进行修改，每个样本由一个唯一的输入信号和相应的期望响应组成。从训练集中随机选取一个样本输入网络，调整它的权值，使输入信号的期望响应与由输入信号通过网络计算而产生的实际响应之间的差别最小化。使用训练集中的很多样本重复网络的训练，直到网络达到没有显著权值修正的稳定状态为止。因为对当前问题，网络通过建立输入输出映射从样本中进行学习。

(3)自适应能力。神经网络嵌入了一个调整自身权值以适应外界变化的能力。特别是在特定运行环境下接受训练的神经网络，环境条件变化不大也会进行重新训练。而且，当它在一个时变环境(即它的统计特性随时间变化)中运行时，网络权值可以设计成随时间变化的。

(4)证据响应。在模式识别问题中，神经网络可以设计成既提供有限于选择哪一个特定模式的信息，也提供决策的置信度的信息，后者可以用来判别过于模糊的模式。有了这些信息，网络的分类性能就会改善。

(5)背景的信息。神经网络的特定结构和激发状态代表知识。网络中每一个神经元都潜在地受网络中所有其他神经元全局活动的影响。因此背景信息自然由一个神经网络处理。

(6)较好的容错性。神经网络总是包含大量的神经元和大量的连接关系，同时信息是分布式存储的，当一些神经元遭到破坏时，整个系统仍能正常工作，因而具有高度的容错能力和坚韧性。另外，一个以硬件形式实现的神经网络有天生容错的潜质或者鲁棒计算的能力，即它的性能在不利运行条件下逐渐下降。

(7)超大规模集成实现。神经网络的大规模并行性使它具有快速处理某些任务的潜在能力。这一性能使得神经网络很适合用超大规模集成(Very Large Scale Integrated，VLSD)技术实现。

(8)分析和设计的一致性。基本上，神经网络作为信息处理器具有通用性，即涉及神经网络应用的所有领域都使用同样记号。这种特征以不同的方式表现出来。不管形式如何，神经元在所有的神经网络中都代表一个相同的成分，这种共性使得在不同应用中的神经网络共享相同的理论和学习算法成为可能。模块化网络可以用模块的无缝集成来实现。

10.2 基本原理

人工神经网络基本单元的神经元模型，生物神经元结构如图 10.1 所示，它有三个基本要素。

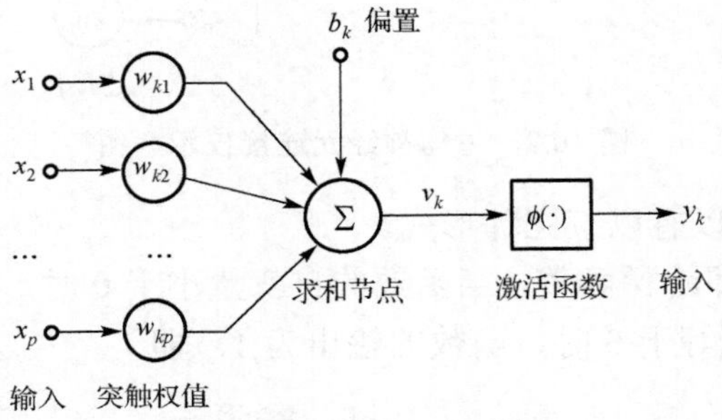

图 10.1　生物神经元结构图

(1) 一组连接。对应于生物神经元的突触，连接强度由各连接上的权值表示，权值为正表示激活，为负表示抑制。

(2) 一个加法器。一个求和单元，用于求取各输入信号的加权和（线性组合）。

(3) 一个非线性激活函数。起非线性映射作用，并将神经元输出幅度限制在一定范围内。通常一个正常神经元输出的正常幅度可写成单位闭区间[0,1]或[−1,+1]。

此外，还有一个偏置 b_k（或阈值 θ_k，$b_k=-\theta_k$）。偏置的作用是根据其为正或为负，相应地增加或降低激活函数的网络输入。

数学式表达为

$$u_k=\sum_{j=1}^{p}w_{kj}x_j,\quad v_k=u_k-\theta_k,\quad y_k=\phi(v_k) \tag{10.1}$$

其中，$x_1,x_2,\cdots,x_p$ 为输入信号，$w_{k1},w_{k2},\cdots,w_{kp}$ 为神经元 k 的权值，u_k 为线性组合的结果，θ_k 为阈值，$\phi(\cdot)$ 为激活函数，y_k 为神经元 k 的输出。

若把输入的维数增加一维，则可把阈值 θ_k 包括进去，如图 10.2 所示。例如

$$v_k=\sum_{j=0}^{p}w_{kj}x_j,\quad y_k=\phi(u_k) \tag{10.2}$$

此处增加了一个新的连接，其输入为 $x_0=-1$（或 $+1$），权值为 $w_{k0}=\theta_k$（或 b_k）。

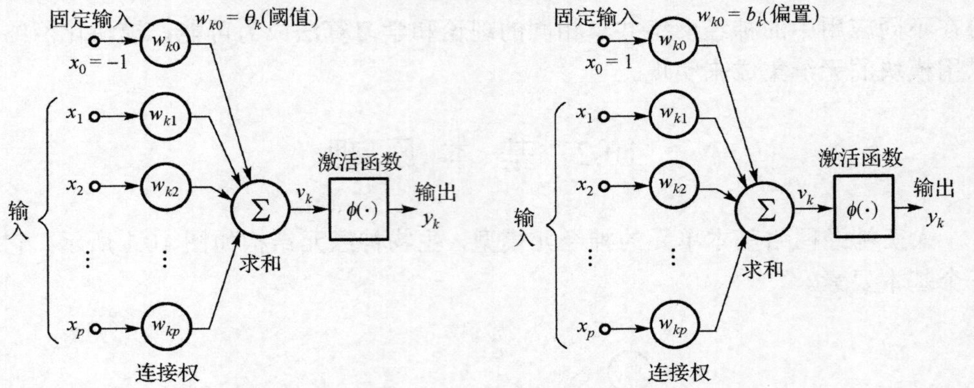

图 10.2　生物神经元连接权示意图

激活函数 $\phi(\cdot)$ 可以有以下三种形式。

(1) 阈值函数。即阶梯函数，当函数的自变量小于 0 时，函数的输出为 0；当函数的自变量大于或等于 0 时，函数的输出为 1，即

$$\phi(v)=\begin{cases}1, & v\geqslant 0\\ 0, & v<0\end{cases} \tag{10.3}$$

用该函数可以把输入分成两类：

$$y_k=\begin{cases}1, & v_k\geqslant 0\\ 0, & v_k<0\end{cases} \tag{10.4}$$

其中，$v_k=\sum_{j=1}^{p} w_{kj}x_j-\theta_k$，常称此种神经元为 MP 模型。

(2) 分段线性函数。该函数在 (−1,+1) 线性区间内的放大系数是一致的，这种形式的激活函数可以看成非线性放大器的近似。

$$\phi(v)=\begin{cases}1, & v\geqslant 1\\ \dfrac{1}{2}(1+v), & -1<v<1\\ 0, & v\leqslant -1\end{cases} \tag{10.5}$$

(3) 非线性转移函数。该函数为实数域 R 到[0,1]闭区间内的非连接函数，代表了状态连续性神经元模型。最常用的非线性转移函数是单极性 Sigmoid 函数曲线，简称为 S 型函数，其特点是函数本身及其导数都是连续的，能够体现数学计算上的优越性，因而在处理上十分方便。

单极 S 型函数定义如下：

$$\phi(v)=\frac{1}{1+e^{-v}} \tag{10.6}$$

双极 S 型函数(即双曲正切函数)定义如下：

$$\phi(v)=\frac{2}{1+e^{-v}}-1=\frac{1-e^{-v}}{1+e^{-v}} \tag{10.7}$$

除单元特性外，网络的拓扑结构也是神经网络的一个重要特性，从连接方式看主要分为两种。

(1) 前馈型神经网络(Feedforward Neural Network)。

各神经元对于一个输入值，将前一层的输出与后一层的权值进行运算，再加上后一层的偏置得到后一层的输出值，将后一层的输出值作为新的输入值传到再后一层，一层一层传下去得到最终的输出值，没有反馈。节点分为两类，即输入单元和计算单元，每一计算单元可有任意个输入，但只有一个输出(它可耦合到任意多个其他节点作为其输入)。通常前馈网络可分为不同的层，第 i 层的输入只与第 $i-1$ 层输出相连，输入和输出节点与外界相连，而其他中间层则称为隐含层。计算隐含层单元的输出(利用输入单元和隐含层单元到输入层单元的权值)；然后，继续计算下一层(这里指输出层)单元的输出。通常这个过程被称为前向传送数据，或简称为前馈。

(2) 反馈型神经网络(Feedback Neural Network)。

反馈型神经网络是人工神经网络传输方式中使用最多的，基本由三部分结构组成，为输入层、隐含层和输出层，所有节点都是计算单元，同时也可接收输入，并向外界输出，前向传播会得到预测值，但这个预测值不一定是真实的值，反向传播的作用就是修正误差，通过与真实值做比较修正前向传播的权值和偏置。

若网络的输入为矢量 $x=(x_1,x_2,\cdots,x_n)$，在隐含层中的节点 s 所接受的输入及偏置(Bias)的权重的加和为

$$T_s=\sum_{n=1}^{l}p_{ns}h_n+k_s \tag{10.8}$$

$$\varphi_s=f(T_s) \tag{10.9}$$

其中，p_{ns} 为输入层节点 n 和隐含层节点 s 的连接权；h_n 为输入层第 n 个节点的输出；k_s 为隐含层第 s 个节点的偏置；l 为变量个体；f 为激活函数：

$$f(T)=\frac{1}{1+e^{-w(T)}} \tag{10.10}$$

其中，w 为函数 T 的激活函数。

和隐含层相似，输出层节点 k 值的计算式为

$$T_r = \sum_{n=1}^{m} p_{nr} h_n + k_r \tag{10.11}$$

其中，m 为隐含层节点数，节点 r 最后输出为

$$o_r = f(T_r) \tag{10.12}$$

网络各层节点的输出为

$$q_s = \frac{1}{1+\mathrm{e}^{w(T_s)}} \tag{10.13}$$

$$q_r = \frac{1}{1+\mathrm{e}^{w(T_r)}} \tag{10.14}$$

其中，w 表示 T 的形状；q 层中节点 s 的偏置是 T_s，其大小变化可使激活函数沿 z 轴做相应移动。

正向的信息传输完成后，计算的是输出值与目标值之差。权重的校正是反向的，即首先校正输出层与隐含层间的连接权重，再校正隐含层与输入层间的连接权重。网络改进了输出与目标间的误差函数 E：

$$E = \frac{1}{2}\sum_{p}\sum_{r}(\alpha_{pr} - \beta_{pr})^2 \tag{10.15}$$

其中，p 为要进行训练的样本；r 为输出层神经网络节点；α_{pr} 为输出层节点的目标值；β_{pr} 为输出层节点的实际计算值。

工作过程主要分为两个阶段：第一个阶段是学习期，此时各计算单元状态不变，各连线上的权值可通过学习来修改；第二阶段是工作期，此时各连接权值固定，计算单元状态变化，以达到某种稳定状态。从作用效果看，前馈网络主要是函数映射，可用于模式识别和函数逼近。反馈网络按对能量函数的极小点的利用来分类有两种：能量函数的所有极小点都起作用，主要用于各种联想存储器；只利用全局极小点，它主要用于求解最优化问题。

10.3 基于 BP 神经网络的近红外光谱的定量分析

215 个烟草数据的近红外光谱图如图 10.3 所示。采集光谱的同时，采用标准的化学分析手段测得样本中的总糖、烟碱、总氮的含量，采用 BP 神经网络建立定量预测模型，如图 10.4～图 10.6 所示。

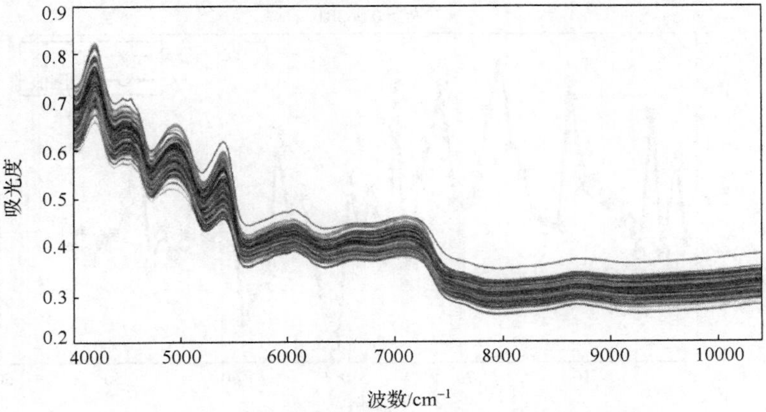

图 10.3　215 个烟草数据原始近红外光谱图

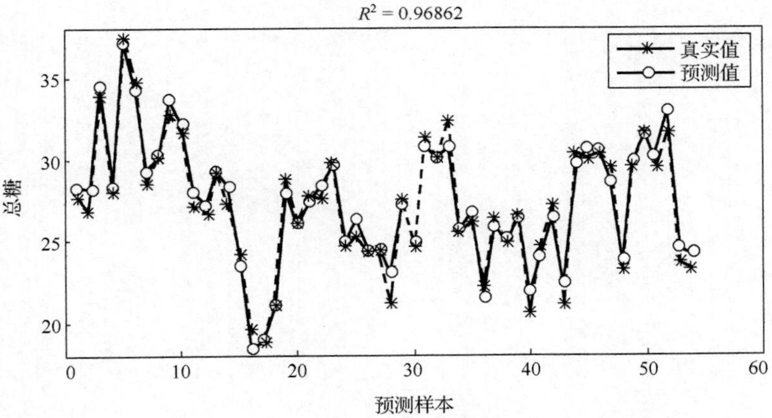

图 10.4　总糖预测结果

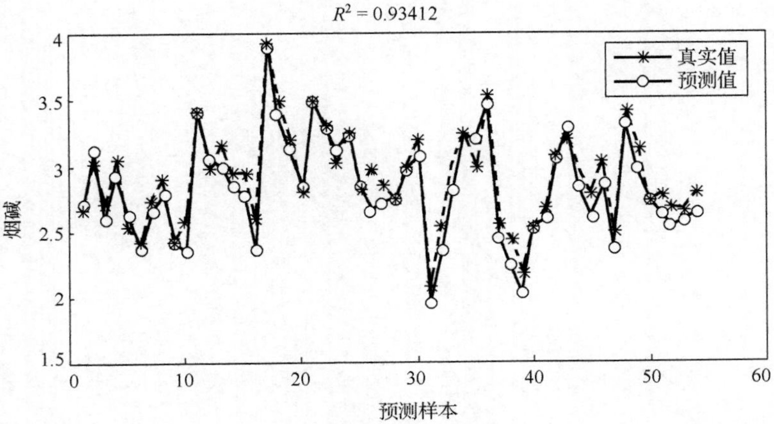

图 10.5　烟碱预测结果

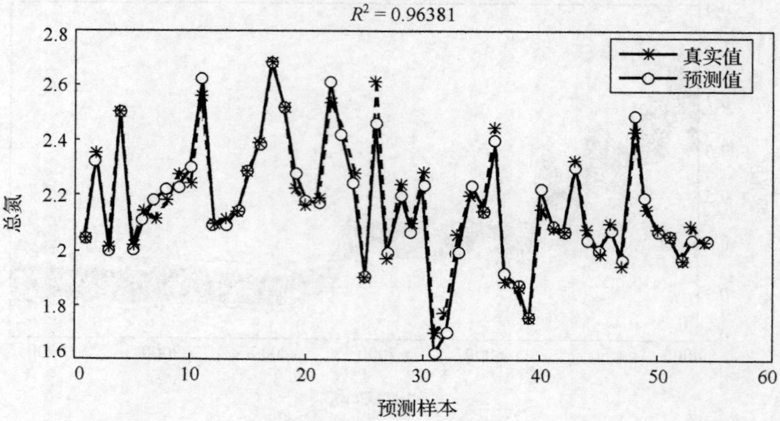

图 10.6　总氮预测结果

第 11 章　极限学习机

11.1　基 本 原 理

11.1.1　极限学习机概述

虽然神经网络研究经过几十年的发展，已经取得了诸多显著的理论成果。但大规模系统中的数据量较大，以及高维度的数据中包含的高不确定性，都使得神经网络辨识速度难于满足实际要求。此外，对于大中型数据集的系统辨识和分类、回归问题，传统神经网络方法不仅需要大量的训练时间，还会出现“过饱和”、“假饱和”和最优化隐含层节点数目难以确定等各种问题。2004 年 Huang 等提出了极限学习机(Extreme Learning Machine，ELM)算法[5,8,30,112,154-162]。

极限学习机是一类简单易用、有效的针对单隐含层前馈神经网络(Single Hidden Layer Feedforward Neural Network，SLFN)设计的机器学习算法[155]。极限学习机主要有以下四个特点。

(1) 极限学习理论探讨了神经网络、机器学习和神经科学领域悬而未决的问题：在学习过程中隐含层节点数、神经元之间的权值是否需要调整。与传统神经网络不同，该理论证明，对于大多数神经网络和学习算法，隐含层节点、神经元不需要迭代式的调整，而早期工作并没有提供随机隐含层节点前馈神经网络的理论基础。

(2) 极限学习机既属于通用单隐含层前馈网络，又属于多隐含层前馈网络(包括生物神经网络)。

(3) 极限学习机的相同构架可用做特征学习、聚类、回归和(二类/多类)分类问题。

(4) 相比于极限学习机，支持向量机和最小二乘支持向量机趋向于得到次优解，支持向量机和最小二乘支持向量机也没考虑多层前馈网络中隐含层的特征表征。

一般来讲，“极限”指超过传统人工学习方法的局限，并向类脑学习靠拢。极限学习机的提出，是为了打破传统人工学习方法和生物学习机制之间的屏障。“极限学习机”是基于神经网络泛化理论、控制理论、矩阵理论和线性系统理论，代表了一整套不需要调整隐含层神经元的机器学习理论[158]。

11.1.2　极限学习机的基本原理

传统的典型单隐含层前馈神经网络结构如式(11.1)所示，由输入层、隐含层和输出层组成，输入层与隐含层、隐含层与输出层神经元间全连接。其中，输入层有n个神经元，对应n个输入变量；隐含层有 l 个神经元；输出层有m个神经元，对应m个输出变量。在不失一般性的情况下，设输入层与隐含层的连接权值W为

$$W=\begin{bmatrix} w_{11} & w_{12} & \cdots & w_{1n} \\ w_{21} & w_{22} & \cdots & w_{2n} \\ \vdots & \vdots & & \vdots \\ w_{l1} & w_{l2} & \cdots & w_{ln} \end{bmatrix} \tag{11.1}$$

其中，w_{ji}表示输入层第i个神经元与隐含层第j个神经元的连接权值。

设隐含层与输出层间的连接权值β为

$$\beta=\begin{bmatrix} \beta_{11} & \beta_{12} & \cdots & \beta_{1m} \\ \beta_{21} & \beta_{22} & \cdots & \beta_{2m} \\ \vdots & \vdots & & \vdots \\ \beta_{l1} & \beta_{l2} & \cdots & \beta_{lm} \end{bmatrix} \tag{11.2}$$

其中，β_{jk}表示隐含层第j个神经元与输出层第k个神经元间的连接权值。

设隐含层神经元阈值b为

$$b=\begin{bmatrix} b_1 \\ b_2 \\ \vdots \\ b_l \end{bmatrix} \tag{11.3}$$

设具有Q个样本的训练集输入矩阵X和输出矩阵Y分别为

$$X=\begin{bmatrix} x_{11} & x_{12} & \cdots & x_{1Q} \\ x_{21} & x_{22} & \cdots & x_{2Q} \\ \vdots & \vdots & & \vdots \\ x_{n1} & x_{n2} & \cdots & x_{nQ} \end{bmatrix},\quad Y=\begin{bmatrix} y_{11} & y_{12} & \cdots & y_{1Q} \\ y_{21} & y_{22} & \cdots & y_{2Q} \\ \vdots & \vdots & & \vdots \\ y_{m1} & y_{m2} & \cdots & y_{mQ} \end{bmatrix} \tag{11.4}$$

设隐含层神经元的激活函数为$g(x)$，则网络的输出T为

$$T=[t_1,\ t_2,\ \cdots,\ t_Q]$$

$$t_j = \begin{bmatrix} t_{1j} \\ t_{2j} \\ \vdots \\ t_{mj} \end{bmatrix} = \begin{bmatrix} \sum_{i=1}^{l} \beta_{i1} g(w_i x_j + b_i) \\ \sum_{i=1}^{l} \beta_{i2} g(w_i x_j + b_i) \\ \vdots \\ \sum_{i=1}^{l} \beta_{im} g(w_i x_j + b_i) \end{bmatrix}, \quad j = 1,2,\cdots,Q \tag{11.5}$$

其中，$w_i = [w_{i1}, w_{i2}, \cdots, w_{in}]$；$x_j = [x_{1j}, x_{2j}, \cdots, w_{nj}]^{\mathrm{T}}$，式(11.5)可表示为

$$H\beta = T' \tag{11.6}$$

其中，T' 为矩阵 T 的转置；H 称为神经网络的隐含层输出矩阵，具体形式为

$$\begin{aligned} & H(w_1, w_2, \cdots, w_l, b_1, b_2, \cdots, b_l, x_1, x_2, \cdots, x_Q) \\ & = \begin{bmatrix} g(w_1 \cdot x_1 + b_1) & g(w_1 \cdot x_1 + b_2) & \cdots & g(w_1 \cdot x_1 + b_l) \\ g(w_1 \cdot x_2 + b_1) & g(w_1 \cdot x_2 + b_2) & \cdots & g(w_1 \cdot x_2 + b_l) \\ \vdots & \vdots & & \vdots \\ g(w_1 \cdot x_Q + b_1) & g(w_1 \cdot x_Q + b_2) & \cdots & g(w_1 \cdot x_Q + b_l) \end{bmatrix} \end{aligned} \tag{11.7}$$

在前人的基础上，黄广斌等提出了以下两个定理。

定理 1：给定任意 Q 个不同样本 (x_i, t_i)，其中，$x_i = [x_{i1}, x_{i2}, \cdots, x_{in}]^{\mathrm{T}} \in \mathbb{R}^n$，$t_i = [t_{i1}, t_{i2}, \cdots, t_{in}]^{\mathrm{T}} \in \mathbb{R}^m$，一个任意区间无限可微的激活函数 $g: \mathbb{R} \to \mathbb{R}$，则对于具有 Q 个隐含层神经元的单隐含层前馈神经网络，在任意赋值 $w_i \in \mathbb{R}^n$ 和 $b_i \in \mathbb{R}$ 的情况下，其隐含层输出矩阵 H 可逆且有 $\|H\beta = T'\| = 0$。

定理 2：给定任意 Q 个不同样本 (x_i, t_i)，其中，$x_i = [x_{i1}, x_{i2}, \cdots, x_{in}]^{\mathrm{T}} \in \mathbb{R}^n$，$t_i = [t_{i1}, t_{i2}, \cdots, t_{in}]^{\mathrm{T}} \in \mathbb{R}^m$，给定任意小误差 $\varepsilon > 0$ 和一个任意区间无限可微的激活函数 $g: \mathbb{R} \to \mathbb{R}$，则总存在一个含有 $K(K \leqslant Q)$ 个隐含层神经元的单隐含层前馈神经网络，在任意赋值 $w_i \in \mathbb{R}^n$ 和 $b_i \in \mathbb{R}$ 的情况下，有 $\|H_{N \times M} \beta_{M \times m} - T'\| \leqslant \varepsilon$。

由定理 1 可知，若隐含层神经元个数与训练集样品个数相等，则等于任意的 w 和 b，单隐含层前馈神经网络都可以零误差逼近训练样本，即

$$\sum_{j=1}^{Q} \|t_j - y_j\| = 0 \tag{11.8}$$

其中，$y_j = [y_{1j}, y_{2j}, \cdots, y_{mj}]^{\mathrm{T}} (j = 1,2,\cdots,Q)$。然而，当训练样本个数 Q 较大时，为了减少计算量，隐含层神经元个数 K 通常取比 Q 小的数，由定理 2 可知，单隐含层前馈神经网络的训练误差逼近一个任意的 $\varepsilon > 0$，即

$$\sum_{j=1}^{Q}\left\|t_j - y_j\right\| < \varepsilon \tag{11.9}$$

因此当激活函数 $g(x)$ 无限可微时，单隐含层前馈神经网络的参数并不需要全部进行调整，w 和 b 在训练前可以随机选择，且在训练过程中保持不变。而隐含层和输出层的连接权值 β 可以通过求解以下方程组的最小二乘解获得：$\min\left\|H\beta = T'\right\|$，其解为 $\hat{\beta} = H^{+}T'$，其中，H^{+} 为隐含层输出矩阵 H 的 Moore-Penrose 广义逆。

11.1.3　单隐含层前馈神经网络结构

极限学习机通常使用单隐含层前馈神经网络，但也可拓展至深度网络。具体地，单隐含层前馈神经网络的组成包括输入层、隐含层和输出层，其中隐含层的输出函数具有如下定义：

$$f_L = \sum_{i=1}^{l}\beta_i h_i(x) = h(x)\beta \tag{11.10}$$

其中，x 为神经网络的输入，β 为输出权重，$h(x)$ 为特征映射，其作用是将输入层的数据由其原本的空间映射到极限学习机的特征空间。在实数问题下，也被称为激励函数(Activation Function)：$h(x) = G(w_i, b_i, x)$，w_i 和 b_i 是特征映射的参数，也被称为节点参数(Node Parameter)，其中 w_i 被称为输入权重(Input Weights)。特征映射的参数在计算中会随机初始化且不会调整，因此极限学习机的特征映射也是随机的。

基本的极限学习机提出了并不像早期工作中全连接的通用单层前馈网络。其中有三个层次的随机性，如图 11.1 所示。

(1)全连接，其中隐含层节点参数随机生成。

(2)随机连接，不一定所有的输入节点都连接到某个隐含层节点，而是在某个局部感受域的输入连接到某个隐含层节点。

(3)一个隐含层节点可以是一个由几个节点组成的子网络，这些节点自然形成了局部感受域和 pooling 功能，所以可以学习局部特征。在这种情况下，单层超限学习机的一些局部部分可以包含多隐含层。

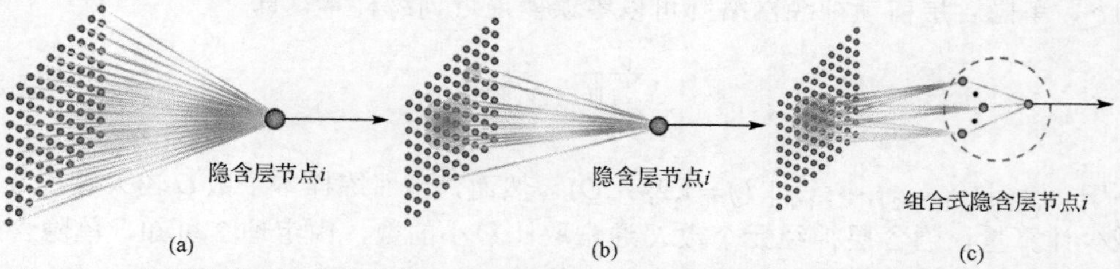

图 11.1　(a)超限学习机中全连接的隐含层节点、(b)超限学习机中随机连接/局部连接的隐含层节点和(c)超限学习机中由一些节点组成的组合节点

与每个节点只是一个 Sigmoid 或径向基函数节点的情况不同，极限学习机中的每个隐含层节点可以是由其他节点组成的子网络，并能用该子网络来高效实现特征学习，如图 11.2 所示。

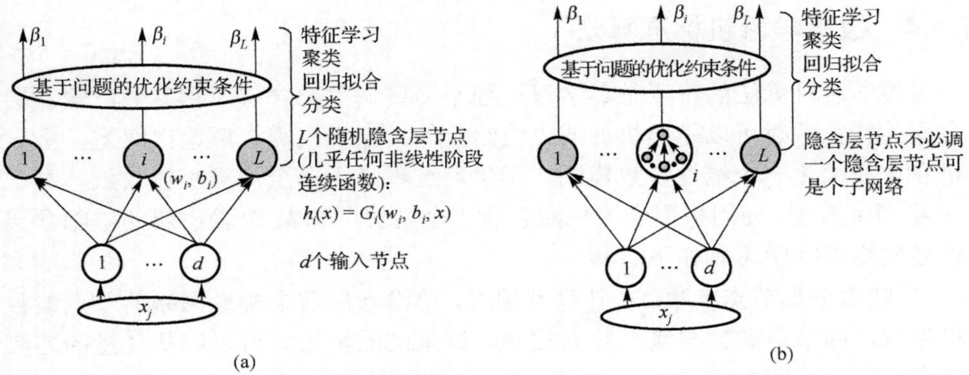

图 11.2　(a) 全连接随机隐含层节点下的超限学习层/特征映射和
(b) 基于子网络的超限学习层/特征映射

依据万能近似定理，特征映射可以是任意非线性的片段连续函数(Piecewise Continuous Function)，在实际应用中常见的映射如下。

三角函数：

$$G(w_i, b_i, x) = \cos(w \cdot x + b) \tag{11.11}$$

高斯函数：

$$G(w_i, b_i, x) = \sqrt{\|x - w\| + b^2} \tag{11.12}$$

径向基函数：

$$G(w_i, b_i, x) = \exp(-b \cdot \|x - w\|) \tag{11.13}$$

Sigmoid 函数：

$$G(w_i, b_i, x) = \frac{1}{1 + \exp(w \cdot x + b)} \tag{11.14}$$

双曲正弦函数：

$$G(w_i, b_i, x) = \frac{1 - \exp(w \cdot x + b)}{1 + \exp(w \cdot x + b)} \tag{11.15}$$

硬限幅函数：

$$G(w_i, b_i, x) = \begin{cases} 1, & w \cdot x + b \leqslant 0 \\ 0, & 其他 \end{cases} \tag{11.16}$$

不同的隐含层节点可以有不同的映射函数，神经网络的节点也由其具有的特征映射命名，例如，Sigmoid 节点、径向基函数节点等。除上述被广泛使用的映射函数外，节点也可以是模糊系统、其他次级神经网络等。

11.1.4 极限学习机标准算法

极限学习机算法的特点是其学习过程不需要调整隐含层节点参数，输入层至隐含层的特征映射可以是随机的或人为给定的。由于仅需求解输出权重，极限学习机在本质上是一个线性参数模式，其学习过程易于在全局极小值收敛。对于给定 N 组训练数据，使用极限学习机对包含 L 个隐含层和 M 个输出层的单隐含层前馈神经网络进行学习有如下步骤。

(1) 随机分配节点参数。在计算开始时，单隐含层前馈神经网络的节点参数会随机生成，即节点参数与输入数据独立。这里的随机生成可以服从任意的连续概率分布。

(2) 计算隐含层的输出矩阵。隐含层输出矩阵的大小为 N 行 L 列，即行数为输入的训练数据个数，列数为隐含层节点数。隐含层输出矩阵本质上即是将 N 个输入数据映射至 L 个节点所得的结果。

(3) 求解输出权重。隐含层的输出权重矩阵的大小为 L 行 M 列，即行数为隐含层节点数，列数为输出层节点数。与其他算法不同，极限学习机算法中，输出层可以(或建议)没有误差节点，因此当输出变量只有一个时，输出权重矩阵为一向量。极限学习机算法的核心即是求解输出权重使得误差函数最小。

具体地，误差函数表示如下：

$$\min_{\beta \in \mathbb{R}^{L \times m}} \left\| H\beta - T \right\|^2 \tag{11.17}$$

其中，H 为隐含层节点的输出矩阵，β 为输出权重，T 为期望输出。

11.1.5 基于正则化的极限学习机

虽然极限学习机具有较多的优点，但也存在以下问题。

(1) 输出层权值矩阵由隐含层输出矩阵的广义 Moore-Penrose 逆矩阵求出，当隐含层节点数目过多时容易出现过拟合现象，降低极限学习机的泛化能力。

(2) 由统计学知识可知，风险函数包括经验风险和结构风险两部分，利用最小二乘损失函数建立极限学习机模型时仅考虑了经验风险，而未加入结构风险。因此，标准极限学习机模型缺乏结构风险的评估，并不是最优的模型。为了克服以上缺点，增强极限学习机网络的泛化能力，有学者在极限学习机基础上引入正则化系数，构建基于正则化的极限学习机。

11.1.6 基于 L_2 范数的极限学习机

对于正则化极限学习机，在求解输出权重时将同时考虑训练误差最小和权重系数本身最小，即

$$\min_{\beta \in \mathbb{R}^{L\times m}} \frac{1}{2}\|\beta\|^2 + \frac{C}{2}\|H\beta - T\|^2 \tag{11.18}$$

其中，C 为正则化系数(Regularization Coefficient)求解该误差函数等价于岭回归问题，其解表示如下：

$$\beta^* = \left(H^{\mathrm{T}}H + \frac{1}{C}\right)^{-1} H^{\mathrm{T}}T \tag{11.19}$$

奇异值分解(Single Value Decomposition，SVD)也可用于求解权重系数：

$$H\beta = \sum_{i=1}^{N} u_i \frac{d_i^{\ 2}}{d_i^{\ 2} + C} u_i^{\mathrm{T}} X \tag{11.20}$$

其中，u_i 为 HH^{T} 的特征向量，d_i 为 H 的特征值。研究表明相对较小的权重系数能提升单隐含层前馈神经网络的稳定性和泛化能力，因此在复杂问题下极限学习机的正则化是必要的。

极限学习机算法中求解输出权重的过程中有矩阵求逆的步骤。由于映射函数的初始化是随机的，因此在实际计算中经常出现矩阵无法求逆的现象。在理论上只要设定较大的正则化参数，需要求逆的矩阵将始终是正定矩阵，但是过大的正则化系数会影响极限学习机的泛化能力。一个可行的改进方案，是在映射函数随机初始化的过程中，仅选择能使隐含层输出矩阵达到行满秩或列满秩的参数。这一改进可见于径向基函数和 Sigmoid 函数中，能够使极限学习机算法在计算上更加稳定。

11.1.7 基于 L_1 范数的极限学习机

在极限学习机基础上，加入 L_1 范数约束，一方面凭借 L_1 范数的稀疏能力可以使模型变得简单，另一方面 L_1 范数约束可以提高算法的泛化能力，得到

$$\hat{\beta}(\lambda_1) = \arg\min_{\beta} \frac{1}{2}\|H\beta - y\|_2^2 + \lambda_1\|\beta\|_1 \tag{11.21}$$

11.1.8 基于 L_1 和 L_2 混合范数的极限学习机

进一步在式(11.21)中加入 L_2 范数约束，使输出权重幅值在保持稀疏特性(L_1 范数约束)的同时，避免出现“过稀疏”的情况，即保持“团块”特性，

这样更有利于在极限学习机网络中学习到符合实际情况的有效特征，可以得到

$$\hat{\beta}=\arg\min_{\beta}\frac{1}{2}\|H\beta-y\|_2^2+\lambda_2\|\beta\|_2^2+\lambda_1\|\beta\|_1 \tag{11.22}$$

为了方便求解，定义如下矩阵：

$$X^*_{(n+L)\times L}=\frac{1}{\sqrt{1+\lambda_2}}\begin{pmatrix}X\\ \sqrt{\lambda_2}I_j\end{pmatrix},\quad y^*_{(n+L)\times 1}=\begin{pmatrix}y\\0\end{pmatrix}$$

令 $\gamma=\lambda_1/\sqrt{1+\lambda_2}$，则可以写成如下形式：

$$\hat{\beta}(\lambda_1,\lambda_2)=\frac{1}{\sqrt{1+\lambda_2}}\beta^*=\frac{1}{\sqrt{1+\lambda_2}}\arg\min_{\beta^*}\|H^*\beta^*-y^*\|_2^2+\gamma\|\beta^*\|_1 \tag{11.23}$$

11.2　基于极限学习机的近红外光谱对烟草样本中主要成分的定量分析

采集光谱的同时，采用标准的化学分析手段测得样本中的总糖、烟碱、总氮的含量。采用极限学习机法建立定量预测模型，首先比较该方法的训练误差，再计算其预测误差，最后对预测精度进行分析，以交叉验证均方根误差(RMSECV)为指标挑选建模参数和优化模型结构，以测试集的预测均方根误差(Root Mean Square Error of Prediction，RMSEP)来验证模型的预测性能和推广能力。模型的根均方误差通过式(11.24)来计算，并以此来衡量模型的预测精度。

$$\text{RMSECV}=\sqrt{\sum(y_{\text{pre}}-y_{\text{ref}})^2/n} \tag{11.24}$$

其中，y_{pre} 为待测组分含量的预测，y_{ref} 为待测组分含量的真实值，n 为测试样本数。校正集均方根误差(Root Mean Square Error of Calibration Set, RMSEC)由训练样本得到，样本数量为 n_{trn}。RMSEP 由测试样本得到，样本数量为 n_{tst}。

最后根据校正集和测试集浓度的预测值和真实值比较，判断差值在曲线 $y=x$ 附近的分布情况来确定模型的可靠性，校正集和测试集的浓度预测值和真实值的差值越接近曲线 $y=x$，RMSECV 如果小，说明模型的结构越来越合理；其预测能力可通过 RMSEP 来衡量，RMSEP 越小，表明模型的预测性能越强。

11.2.1　不同组分建模过程分析

用极限学习机算法处理烟草样本数据，图 11.3～图 11.5 中圆点代表极限学习

机算法的校正集的预测值与真实值在曲线 $y=x$ 两边状况，星状点代表测试集的预测值与真实值在曲线 $y=x$ 周围的分布情况，可以看出，校正集和测试集的预测值和真实值基本都紧密地分布在曲线 $y=x$ 附近，说明用极限学习机算法处理烟草数据误差较小。

通过计算模型的均方根误差来衡量模型的建模及预测精度，由实验可以得到烟草测试集的极限学习机的预测均方根误差、校正集均方根误差和最佳神经元个数，如表 11.1 所示。

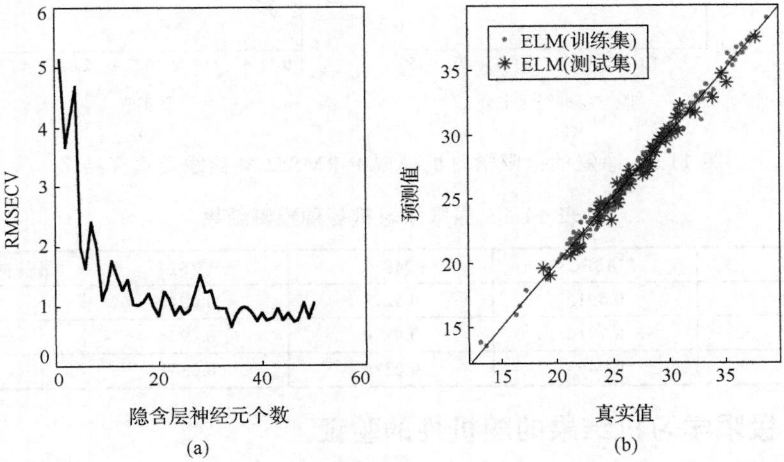

图 11.3　总糖的极限学习机模型中 RMSECV 曲线及建模结果

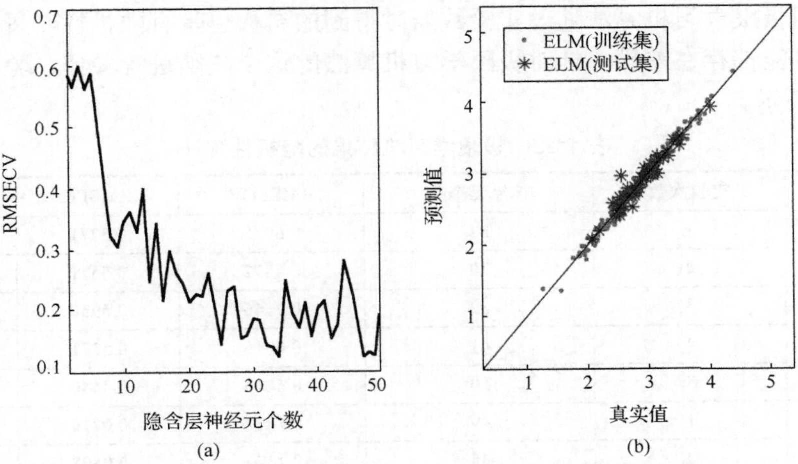

图 11.4　烟碱的极限学习机模型中 RMSECV 曲线及建模结果

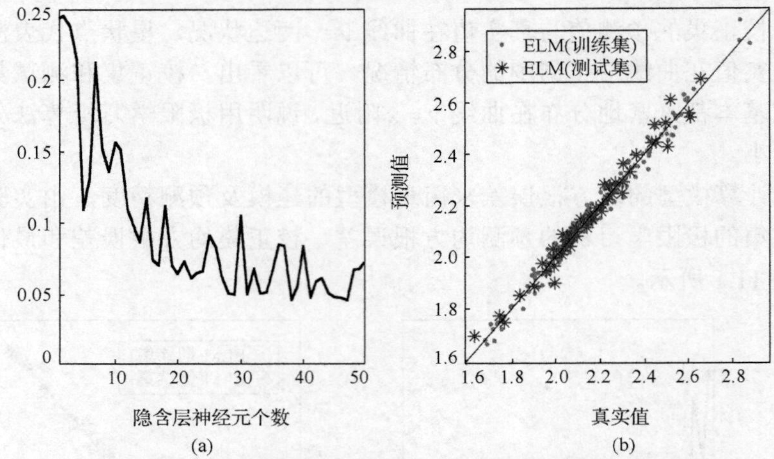

图 11.5　总氮的极限学习机模型中 RMSECV 曲线及建模结果

表 11.1　极限学习机各种预测结果

组分	RMSECV	RMSEC	RMSEP	最佳神经元个数
总糖	0.6915	0.5271	0.6940	32
烟碱	0.1012	0.0710	0.0998	49
总氮	0.0403	0.0326	0.0388	34

11.2.2　极限学习机结果的随机性的验证

用极限学习机处理数据时，极限学习机的输入权重是随机给定的，这样就会使得采用极限学习机算法处理实验数据时得到的结构也带有随机性，每一次的实验结果可能都存在差异，针对极限学习机算法的这个缺陷进行验证，验证结果如表 11.2 所示。

表 11.2　极限学习机结果的随机性统计

组分	实验次数	神经元个数	RMSECV	RMSEC	RMSEP
总糖	1	32	0.6915	0.5271	0.6940
	2	30	0.6812	0.5371	0.6213
	3	32	0.7546	0.5930	0.5867
	4	41	0.6915	0.5271	0.6940
	5	50	0.6616	0.4440	0.6156
烟碱	1	49	0.1012	0.0710	0.0998
	2	45	0.1147	0.0808	0.1186
	3	41	0.1176	0.0820	0.0989
	4	42	0.1010	0.0698	0.0764
	5	36	0.1182	0.0862	0.0964

续表

组分	实验次数	神经元个数	RMSECV	RMSEC	RMSEP
总氮	1	34	0.0403	0.0326	0.0388
	2	41	0.0443	0.0316	0.0394
	3	40	0.0405	0.0282	0.0342
	4	34	0.0466	0.0327	0.0467
	5	37	0.0432	0.0319	0.0382

可以得知，每次的实验结果的确存在差异，这就验证了极限学习机的输入权重是随机给定的，结果会具有随机性。因此在极限学习机的实际应用中应该进行多次实验，然后取平均值。

第 12 章　支持向量机

12.1　概　　述

支持向量机(Support Vector Machine, SVM)最早是由 Vladimir 和 Alexey 在1963年提出的一种通用的前馈网络类型，它是一种基于统计学习理论(Statistical Learning Theory，SLT)的机器学习方法，通过寻求结构化风险最小来提高学习机泛化能力，实现经验风险和置信范围的最小化，从而达到在统计样本量较少的情况下，亦能获得良好统计规律的目的[5,8,30,64,112,128,133,163]。

SVM 是一种监督学习模式下的数据分类、模式识别、回归分析模型，能解决神经网络不能解决的“过学习”、网络结构确定及全局最优化的问题，具有强大的数学基础及理论支撑。SVM 在解决小样本、非线性及高维模式识别中表现出许多特有的优势，并能够推广应用到函数拟合等其他机器学习问题中。

与传统机器学习方法不同，SVM 首先通过非线性变换将原始的样本空间映射到高维的特征空间，然后在这个新空间中求取最优线性分类面。而这种非线性变换是通过定义适当的内积函数实现的。SVM 成功地解决了高维问题和局部极小值问题。在 SVM 中只要定义不同的内积函数，就可以实现多项式逼近、贝叶斯分类器、径向基函数方法、多层感知器网络等许多现有学习算法。在解决高维问题时，神经网络等方法容易陷入一个又一个的局部极小值。SVM 使用了大间隔因子来控制学习机器的训练过程，使其只选择具有最大分类间隔的分类超平面。最优超平面对线性不可分的情况引入松弛变量来控制经验风险从而使其在满足分类要求的情况下具有好的推广能力，寻找最优超平面的过程最终转化为凸二次型优化问题而得到全局最优解。

非线性映射是 SVM 的理论基础，SVM 利用内积核函数代替低维空间向高维空间的非线性映射。低维空间向量集通常难于划分，解决的方法是将它们映射到高维空间。但其带来的困难就是计算复杂度的增加，而核函数正好巧妙地解决了这个问题。也就是说，只要选用适当的核函数，就可以得到高维空间的分类函数。在 SVM 理论中，采用不同的核函数将导致不同的 SVM 算法。

在确定了核函数之后，由于确定核函数的已知数据也存在一定的误差，考虑到推广性问题，因此引入了松弛系数以及惩罚系数两个参变量来加以校正。

SVM 是一种有坚实理论基础的小样本学习方法。它基本上不涉及概率测度及大数定律等，因此不同于现有的统计方法。从本质上看，它避开了从归纳到演绎的传统过程，实现了高效地从训练样本到预测样本的“转导推理”，大大简化了通常的分类和回归等问题。SVM 的最终决策函数只由少数的支持向量所确定，计算的复杂性取决于支持向量的数目，而不是样本空间的维数，这在某种意义上避免了“维数灾难”。少数支持向量决定了最终结果，这不但有助于抓住关键样本、“剔除”大量冗余样本，而且注定了该方法不但实现简单，而且具有较好的“鲁棒”性。这种“鲁棒”性主要体现在如下几个方面。

(1) 增、删非支持向量样本对模型没有影响。

(2) 支持向量样本集具有一定的鲁棒性。

(3) 有些成功的应用中，SVM 方法对核的选取不敏感。

SVM 有较为严格的统计学习理论做保证，具有简洁的数学表达形式、直观的几何解释和良好的泛化能力，应用 SVM 方法建立的模型具有较好的推广能力。SVM 方法可以给出所建模型的推广能力的严格的界，这是目前其他任何学习方法所不具备的。建立任何一个数据模型，人为的干预越少越客观。与其他方法相比，建立 SVM 模型所需要的先验干预较少。但核函数的选定及有关参数的优化仍是目前尚未解决的问题。

由于 SVM 具有泛化性能优越、全局收敛、样本维数不敏感、不依赖经验信息等突出优势，其已经广泛应用于机器学习、模式识别、模式分类、计算机视觉、工业工程应用、航空应用、压缩感知、稀疏优化、特征提取、图像处理和医疗诊断等领域中，SVM 在解决分类、回归和密度函数估计等学习问题方面效果可观。

12.2 基本原理

SVM 的基本思想可以概括为：首先通过非线性变换将输入空间变换到一个高维空间，然后在这个新空间中求取最优线性分类面，而这种非线性变换是通过定义适当的内积函数来实现的。SVM 求得的分类函数形式上类似于一个神经网络，其输出是若干中间层节点的线性组合，而每一个中间层节点对应于输入样本与一个支持向量的内积，因此也被称为支持向量网络，如图 12.1 所示。

由于最终的判别函数中实际只包含支持向量的内积和求和，因此判别分类的计算复杂度取决于支持向量的个数。SVM 不像传统方法那样首先试图将原输入空间降维(即特征选择和特征变换)，而是设法将输入空间升维，以求在高维空间中将问题变得线性可分或接近线性可分。因为升维只是改变了内积运算，并没有使得算法的复杂度随着维数的增加而增加，而且在高维空间中的推广能力并不受维数的影响。

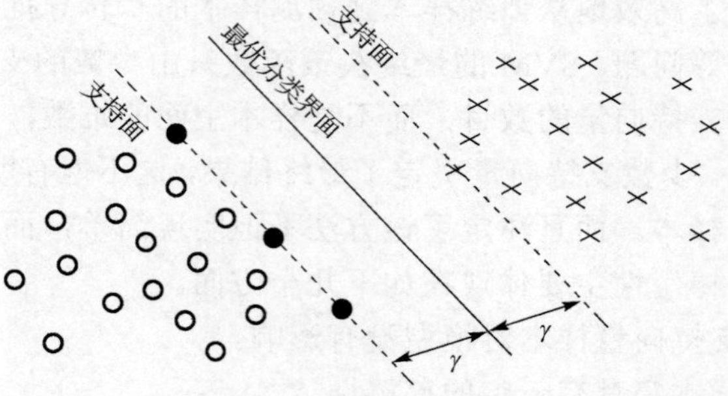

图 12.1　支持向量网络

12.2.1　最优化理论

最优化理论是关于系统的最优设计、最优控制、最优管理问题的理论方法。最优化就是在一定的约束条件下，使系统具有所期待的最优功能的组织过程，从众多可能的选择中做出最优选择，使系统的目标函数在约束条件下达到最大或最小。

通常求解的最优化问题主要有如下几类。

(1) 无约束优化问题，一般形式为

$$\min f(x)$$

(2) 有等式约束的优化问题，一般形式为

$$\begin{cases}\min f(x) \\ \text{s.t.} \quad h_i(x)=0, \quad i=1,\cdots,n\end{cases} \tag{12.1}$$

(3) 有不等式约束的优化问题，一般形式为

$$\begin{cases}\min f(x) \\ \text{s.t.} \quad g_j(x)\leqslant 0, \quad j=1,\cdots,m \\ \qquad h_i(x)=0, \quad i=1,\cdots,n\end{cases} \tag{12.2}$$

对于(1)类的优化问题，常使用的方法就是费马(Fermat)定理，即求取 $f(x)$ 的导数，然后令其为零，可以求得候选最优值，再在这些候选值中验证；如果是凸函数，可以保证是最优解。

对于(2)类的优化问题，常使用的方法就是拉格朗日乘子法(Lagrange Multiplier)，即把等式约束 $h_i(x)$ 用一个系数与 $f(x)$ 写为一个式子，称为拉格朗日函数，而系数称为拉格朗日乘子。通过拉格朗日函数对各个变量求导，令其为零，可以求得候选值集合，然后验证求得最优值。

对于(3)类的优化问题，常用的方法就是 KKT 条件。同样地，把所有的等式、不等式约束与 $f(x)$ 写为一个式子，也称为拉格朗日函数，系数也称拉格朗日乘子，通过一些条件，可以求出最优值的必要条件，这个条件称为 KKT 条件。

①拉格朗日乘子法。

考虑极大-极小对偶，建立约束优化问题的对偶理论，基本思想是定义一个支付函数 L，使得相应的极大极小问题的解正好是目标函数约束优化问题的解，得到一个极小-极大问题，就是约束问题的对偶解。

$$\begin{cases}\min f(x) \\ \text{s.t.} \quad g_j(x) \leqslant 0, \quad j=1,\cdots,m\end{cases} \tag{12.3}$$

对于等式约束，可以通过一个拉格朗日系数 a 把等式约束和目标函数组合成为一个式子 $L(a,x)=f(x)+a*g(x)+b*h(x)$，这里把 a 和 $h(x)$ 视为向量形式，a 是行向量，$h(x)$ 为列向量。然后求取最优值，可以通过对 $L(a,x)$ 各个参数求导取零，联立等式进行求取。

②KKT 条件。

求解含有不等式约束的优化问题，常用的方法是 KKT 条件，同样地，把所有的不等式约束、等式约束和目标函数全部写为一个式子，即

$$L(a,b,x)=f(x)+a*g(x)+b*h(x) \tag{12.4}$$

KKT 条件是指最优值必须满足以下条件。

(a) $L(a,b,x)$ 对 x 求导为零。

(b) $h(x)=0$。

(c) $\sum_{i=1}^{n} a_i \cdot g_i(x) a_i > 0$。

12.2.2　支持向量分类

支持向量分类的一般做法是：将所有待分类的点映射到“高维空间”，然后在高维空间中找到一个能将这些点分开的“超平面”，通常情况下，满足条件的“超平面”的个数不是唯一的。支持向量分类需要的是利用这些超平面，找到这两类点之间的“最大间隔”，因为分类间隔越大，对于未知点的判断会越准确。

一般地，考虑 n 维空间上的分类问题，它包含 n 个指标和 l 个样本点。记 l 个样本点的集合为 $T=\{(x_1,y_1),\cdots,(x_l,y_l)\}$，其中 x_i 是输入指标向量，或称输入，或称模式，其分量称为特征，或属性，或输入指标；y_i 是输出指标向量，或称输出，$i=1,2,\cdots,l$。这 l 个样本点组成的集合称为训练集，所以也称样本点为训练点。

对于训练集来说，有线性可分、近似线性可分和线性不可分三种情况，这就是分类问题的三种类型。

线性可分：在二维空间可以理解为可以用一条直线(一个函数)把两类的样本隔开，被隔离开来的两类样本即为线性可分样本。同理在高维空间，可以理解为可以被一个曲面(高维函数)隔开的两类样本。

线性不可分：可以理解为自变量和因变量之间的关系不是线性的。实际上，线性不可分的情况更多，但是即使是非线性的样本通常也是通过高斯核函数将其映射到高维空间，在高维空间非线性的问题转化为线性可分的问题。

分类：给定训练样本，SVM 建立一个超平面作为决策曲面，使得正例和反例的隔离边界最大化。SVM 就是首先通过用内积函数定义的非线性变换将输入空间变换到一个高维空间，然后再在这个空间中求(广义)最优分类面的分类方法。

设一个二分类问题，数据点用 x 表示，类别用 y 来表示，其取值为 1 或者−1，代表两个不同的类别，要求 SVM 在 n 维数据空间中找到一超平面，设其方程为

$$\omega^{\mathrm{T}}x+b=0 \tag{12.5}$$

令分类函数为

$$f(x)=\omega^{\mathrm{T}}x+b \tag{12.6}$$

不妨设 $f(x)=0$，x 为超平面上的点，$f(x)<0$，x 对应的 y 值为−1，$f(x)>0$，x 对应的 y 值为 1。

求取这上述等式之后就能得到候选最优值。

(1) 函数间隔与几何间隔。

在 $\omega^{\mathrm{T}}x+b$ 分离超平面固定为 $\omega^{\mathrm{T}}x+b=0$ 时，$|\omega^{\mathrm{T}}x+b|$ 表示点 x 到超平面的相对距离。通过观察和 y 是否同号，判断分类是否正确，这里引入函数间隔的概念，定义函数间隔 γ' 为

$$\gamma'=y(\omega^{\mathrm{T}}x+b)=yf(x) \tag{12.7}$$

可以看到，它就是 SVM 里面的误分类点到超平面距离的分子。对于训练集中 m 个样本点对应的 m 个函数间隔的最小值，就是整个训练集的函数间隔。

函数间隔并不能正常反映点到超平面的距离，在感知机模型里，当分子成比例的增长时，分母也是成倍增长。为了统一度量，需要对法向量加上约束条件，这样就得到了几何间隔 γ，定义为

$$\gamma=\frac{y(\omega^{\mathrm{T}}x+b)}{\|\omega\|}=\frac{\gamma'}{\|\omega\|} \tag{12.8}$$

几何间隔才是直观上的点到超平面的距离，SVM 里用到的距离指的就是几何间距。

(2) 最大分类间隔。

函数间隔与几何间隔相差$\|\omega\|$的缩放因子，对一个数据点进行分类，当它的间隔越大时，分类的确信度越大。对于一个包含 n 个点的数据集，定义它的最小间隔为

$$\text{magin}: y_i(\omega^{\mathrm{T}}x+b)=\gamma_i'\geqslant\gamma',\quad i=1,2,\cdots,n \tag{12.9}$$

为了提高分类的准确度，希望找到一个超平面使 magin 取得最大值。选择几何间距为最大化的量，因为在缩放 ω 和 b 时，γ 不会改变，它只会随着超平面的变动而变动。

于是，最大分类间隔的目标函数可以定义为

$$\max(\gamma)$$

不妨令 $\gamma'=1$，于是目标函数为

$$\begin{cases}\max\dfrac{1}{\|\omega\|}\\ \text{s.t.}\quad y_i(\omega^{\mathrm{T}}x+b)\geqslant 1,\quad i=1,2,\cdots,n\end{cases} \tag{12.10}$$

(3) 拉格朗日对偶。

求$\|\omega\|$的最大值相当于求 1/2$\|\omega\|$的最小值，于是目标函数变为

$$\begin{cases}\min\dfrac{1}{2}\|\omega\|^2\\ \text{s.t.}\quad y_i(\omega^{\mathrm{T}}x+b)\geqslant 1,\quad i=1,2,\cdots,n\end{cases} \tag{12.11}$$

这是一个凸优化问题，也是一个二次优化问题，或标准的二次规划(QP)问题，可以用拉格朗日对偶性，通过求解对偶问题得到解。

考虑极大-极小对偶，建立约束优化问题的对偶理论，基本思想是定义一个支付函数 L，使得相应的极大极小问题的解正好是目标函数约束优化问题的解，得到一个极小-极大问题，就是约束问题的对偶解。

给每一个约束条件加上一个拉格朗日乘子，引入拉格朗日对偶变量 α，通过拉格朗日函数将约束条件融合到目标函数中，于是有

$$L(\omega,b,\alpha)=\frac{1}{2}\|\omega\|^2-\sum_{i=1}^{n}\alpha_i(y_i(\omega^{\mathrm{T}}x_i+b)-1) \tag{12.12}$$

令

$$\theta(\omega)=\max_{\alpha_i\geqslant 0}L(\omega,b,\alpha) \tag{12.13}$$

在要求约束条件得到满足的情况下最小化 $\frac{1}{2}\|\omega\|^2$，实际上等价于直接最小化 $\theta_{(\omega)}$，因为如果约束条件没有得到满足，$\theta_{(\omega)}$ 会等于无穷大，自然不会是所要求的最小值。目标函数变为

$$\min_{\omega,b}(\theta_{(\omega)}) = \min_{\omega,b}\max_{\alpha_i \geqslant 0} L(\omega,b,\alpha) = p^* \tag{12.14}$$

p^* 为目标函数的最优值，上式的对偶式子为

$$\max_{\alpha_i \geqslant 0}\min_{\omega,b} L(\omega,b,\alpha) = d^* \tag{12.15}$$

满足 KKT 条件，固定 α，使得 L 关于 ω、b 最小化，分别对 ω、b 求偏导，即

$$\begin{cases} \dfrac{\partial L}{\partial \omega} = 0 \rightarrow \omega = \sum\limits_{i=1}^{n} \alpha_i y_i x_i \\ \dfrac{\partial L}{\partial b} = 0 \rightarrow \sum\limits_{i=1}^{n} \alpha_i y_i = 0 \end{cases} \tag{12.16}$$

代入 L，推导可以得到

$$\begin{aligned} L(\omega,b,\alpha) &= \frac{1}{2}\sum_{i,j=1}^{n} \alpha_i \alpha_j y_i y_j x_i^{\mathrm{T}} x_j - \sum_{i,j=1}^{n} \alpha_i \alpha_j y_i y_j x_i^{\mathrm{T}} x_j - b\sum_{i=1}^{n} \alpha_i y_i + \sum_{i=1}^{n} \alpha_i \\ &= \sum_{i=1}^{n} \alpha_i - \frac{1}{2}\sum_{i,j=1}^{n} \alpha_i \alpha_j y_i y_j x_i^{\mathrm{T}} x_j \end{aligned} \tag{12.17}$$

此拉格朗日函数中只含有未知量 α_i，用序列最小最优化算法求解 α_i，对其求极大值：

$$\begin{cases} \max\limits_{\alpha} W(\alpha) = \left(\sum\limits_{i=1}^{n} \alpha_i - \dfrac{1}{2}\sum\limits_{i,i=1}^{n} \alpha_i \alpha_j y_i y_j x_i^{\mathrm{T}} x_j \right) \\ \text{s.t.} \quad \alpha_i \geqslant 0, \quad i = 1,\cdots,n \\ \sum\limits_{i=1}^{n} \alpha_i y_i = 0 \end{cases} \tag{12.18}$$

求出 α_i 之后，则可求出 ω 和 b：

$$\omega = \omega^* = \sum_{i=1}^{n} \alpha_i y_i x_i$$

$$b^* = -\frac{\max\limits_{i:y^{(i)}=-1} \omega^{*\mathrm{T}} x^{(i)} + \min\limits_{i:y^{(i)}=1} \omega^{*\mathrm{T}} x^{(i)}}{2} \tag{12.19}$$

对于线性不可分的情况，将 ω 代入 $f(x)$ 中，分类函数为

$$f(x)=\left(\sum_{i=1}^{n}\alpha_i y_i x_i\right)^{\mathrm{T}} x+b=\sum_{i=1}^{n}\alpha_i y_i < x_i,x > +b \tag{12.20}$$

$<,>$为内积，所有的非支持向量所对应的系数 $\alpha=0$，因此对于内积计算只需要针对少量的支持向量。

(4) 支持向量。

求解对偶问题得到的拉格朗日乘子 α_i，当 $0<\alpha_i<C$ 时对应的 x_i 称为普通支持向量，代表了所有不能正确被分类的样本，当 $\alpha_i=C$ 时对应的 x_i 称为边界支持向量，代表了大部分样本的分类特征，支持向量能够充分描述整个训练样本集的特征，对它的划分等价于对整个样本集的划分。一般情况下，支持向量只占训练样本集很小一部分，于是可以使用支持向量取代训练样本集进行学习，不影响分类精度的同时降低训练时间。

(5) 核函数。

核函数支持向量机是基于两类线性可分的样本数据发展而来，但是在实际应用中，需要识别和分类的数据大多数情况下都处于非线性不可分状态，并非理想化状态。因此，研究人员设计一个核函数应用于支持向量机的分类过程中解决该问题，其主要目的是将原低维空间中非线性不可分数据映射到高维空间中，即解决低维特征空间无法构造分类超平面的问题。支持向量机的应用性能关键在于核函数方法的选取。

核函数：设 ϕ 是空间 X 到特征空间 F 的映射，即

$$\phi\colon\ x\in X\to\phi(x)\in F \tag{12.21}$$

对于所有 $x,x_i\in X$，函数 k 满足

$$k(x,x_i)=<\phi(x)\cdot\phi(x_i)> \tag{12.22}$$

称为核函数方法计算公式，表示在特征空间直接计算内积，计算两个向量在隐式映射后的空间中的内积函数。

Mercer 定理：对称函数 $k(x,x_i)\in L^2$ 能够以正系数 a_i 展开成 $k(x,x_i)=\phi(x)\cdot\phi(x_i)$ 的形式的充要条件是：对于所有满足 $\int_X g^2(x)\mathrm{d}x<\infty$ 且 $g\neq 0$ 的函数 $g(x)$ 有

$$\int_{X\times X} k(x,z)g(x)g(z)\geqslant 0 \tag{12.23}$$

满足 Mercer 定理的内积函数称为核函数，在解决不同的数据分类问题时需选择不同的参数，就是选择不同的核函数。

设两个向量 $x_1=(\eta_1,\eta_2)^{\mathrm{T}}$ 和 $x_2=(\xi_1,\xi_2)^{\mathrm{T}}$，则到五维空间的映射为

$$\begin{cases}<\Phi(x_1),\Phi(x_2)>=\eta_1\xi_1+\eta_1^2\xi_1^2+\eta_2\xi_2+\eta_2^2\xi_2^2+\eta_1\eta_2\xi_1\xi_2\\(<x_1,x_2>+1)^2=2\eta_1\xi_1+\eta_1^2\xi_1^2+2\eta_2\xi_2+\eta_2^2\xi_2^2+2\eta_1\eta_2\xi_1\xi_2+1\end{cases} \tag{12.24}$$

实际上，只需要把某几个维度线性缩放一下，再加上一个常数维度，式(12.24)的计算结果实际上和映射：

$$\Phi(x_1,x_2)=(\sqrt{2}x_1,x_1^2,\sqrt{2}x_2,x_2^2,\sqrt{2}x_1x_2,1)^{\mathrm{T}} \tag{12.25}$$

的计算结果是相等的，不同之处在于，$<\Phi(x_1),\Phi(x_2)>$ 是映射到高维空间后进行内积计算，$\Phi(x_1,x_2)$ 是在低维空间进行计算，不需要显式写出映射后的结果。

核函数能简化映射空间中的内积运算，在 SVM 中数据向量总是以内积的形式出现的，此时可以表示为

$$k(x_1,x_2)=(<x_1,x>+1)^2 \tag{12.26}$$

引入核函数后，分类函数变为

$$\sum_{i=0}^{n}\alpha_i y_i k(x_i,x)+b \tag{12.27}$$

拉格朗日对偶后得到

$$\begin{cases}\max\limits_{\alpha}\sum_{i=1}^{n}\alpha_i-\dfrac{1}{2}\sum_{i,j=0}^{n}\alpha_i\alpha_j y_i y_j k(x_i,x_j)\\ \text{s.t.}\quad \alpha_i \geqslant 0,\quad i=1,2,\cdots,n\\ \sum_{i=1}^{n}\alpha_i y_i=0\end{cases} \tag{12.28}$$

避开了直接在高维空间的计算，可解决维数灾难问题，在构造判别函数时，先在输入空间比较向量，然受对结果进行非线性变换。

核函数主要分为线性核、多项式核、Sigmoid 核和 Gauss 径向基核。

①线性核。

$$k(x,x_i)=x^{\mathrm{T}}x_i \tag{12.29}$$

线性核代表数据所处的原空间中的内积计算。其作用是统一两空间数据形式，即数据处于原空间的形式与数据经映射后所处空间的形式。

②多项式核。

$$k(x,x_i)=((x,x_i)+1)^d \tag{12.30}$$

多项式核代表多项式空间中的内积计算，注重数据的全局性。其计算过程不同于线性核，这是由于直接在多项式空间计算会造成维数灾难，所以其计算包含一个转换过程，即从高维空间转到低维空间，利用低维空间计算其内积值。

③Sigmoid 核。

$$k(x,x_i)=\tanh(c(x\cdot x_i)+d),\quad c>0,\ d<0 \tag{12.31}$$

Sigmoid 核实现将 Sigmoid 函数作为核函数，其近似为多层感知器神经网络，注重样本数据的全局最优值。

④Gauss 径向基核。

$$k(x,x_i)=\exp(-\gamma\|x-x_i\|^2) \tag{12.32}$$

Gauss 径向基核可将原始特征空间映射到无穷维特征空间中，其性能好坏在于 γ 参数的调控，局部性较强。参数选取的值较小，映射后的特征空间近似一个低维空间；参数选取的值较大，容易造成过拟合问题。正因为其具有较强的可调控性，在实际应用中更为广泛。

(6) 松弛变量。

将原始数据映射到高维空间之后，增加了线性分类的可能性，但是对于一些特殊情况还是难以处理，比如，数据中有噪声，即异常偏离正常位置的数据点，这些数据点对于只有少数的数据点的 SVM 模型有很大的影响，若是噪声在支持向量里，影响更大。

为了处理这种情况，SVM 允许数据点在一定程度上偏离超平面，将原来的约束条件弱化为

$$y_i(\omega^{\mathrm{T}}x_i+b)\geqslant 1-\xi_i,\quad i=1,2,\cdots,n \tag{12.33}$$

其中，$\xi_i\geqslant 0$ 称为松弛变量，对应数据点 x_i 允许偏离函数间距的量，假如 ξ_i 任意大，任意超平面都符合约束条件，于是要求 ξ_i 的总和最小，有

$$\begin{cases}\min\dfrac{1}{2}\|\omega\|^2+C\displaystyle\sum_{i=1}^{n}\xi_i\\ \text{s.t.}\quad y_i(\omega^{\mathrm{T}}x_i+b)\geqslant 1-\xi_i,\quad i=1,2,\cdots,n\\ \xi_i\geqslant 0,\quad i=1,2,\cdots,n\end{cases} \tag{12.34}$$

其中，C 是一个参数，用于控制目标函数中寻找 margin 最大的超平面和保证数据点偏差量最小之间的权重，是一个事先确定好的量。

将约束条件加入目标函数中，得到了一个新的拉格朗日函数，即

$$L(\omega,b,\alpha)=\frac{1}{2}\|\omega\|^2+C\sum_{i=1}^{n}\xi_i-\sum_{i=1}^{n}\alpha_i(y_i(\omega^{\mathrm{T}}x_i+b)-1+\xi_i)-\sum_{i=1}^{n}r_i\xi_i \tag{12.35}$$

同样让 L 最小化 ω,b,ξ，即

$$\begin{cases}\dfrac{\partial L}{\partial\omega}=0\to\omega=\displaystyle\sum_{i=1}^{n}\alpha_i y_i x_i\\ \dfrac{\partial L}{\partial b}=0\to\displaystyle\sum_{i=1}^{n}\alpha_i y_i=0\\ \dfrac{\partial L}{\partial\xi_i}=0\to C-\alpha_i-r_i=0,\quad i=1,2,\cdots,n\end{cases} \tag{12.36}$$

整个问题为

$$\begin{cases}\max\limits_{\alpha}\sum\limits_{i=1}^{n}\alpha_i-\dfrac{1}{2}\sum\limits_{i,j=0}^{n}\alpha_i\alpha_j y_i y_j <x_i,x_j> \\ \text{s.t.}\quad 0\leqslant\alpha_i\leqslant C,\quad i=1,2,\cdots,n \\ \sum\limits_{i=1}^{n}\alpha_i y_i=0\end{cases}\tag{12.37}$$

12.2.3　支持向量回归

回归和分类从某种意义上讲，本质上没有太大的区别。支持向量分类就是找到一个平面，让两个分类集合的支持向量或者所有的数据离分类平面最远；而支持向量回归就是找到一个回归平面，让一个集合的所有数据到该平面的距离最近。

(1)线性回归。

$$\min\frac{1}{2}\|\omega\|^2+C\sum_{i=1}^{l}(\xi_i+\xi_i^*)$$

$$\text{s.t.}\begin{cases}y_i-(\omega^{\mathrm{T}}x_i+b)<\varepsilon+\xi_i \\ (\omega^{\mathrm{T}}x_i+b)-y_i<\varepsilon+\xi_i^* \\ \xi_i,\xi_i^*\geqslant 0\end{cases}\tag{12.38}$$

ξ 为松弛变量，引入拉格朗日函数：

$$L(\omega,b,\alpha)=\frac{1}{2}\|\omega\|^2+C\sum_{i=1}^{l}(\xi_i+\xi_i^*)-\sum_{i=1}^{l}(\eta_i\xi_i+\eta_i^*\xi_i^*)$$
$$-\sum_{i=1}^{n}\alpha_i(y_i-(\omega\cdot x_i+b)+\varepsilon+\xi_i)-\sum_{i=1}^{n}\alpha_i^*(y_i-(\omega\cdot x_i+b)+\varepsilon+\xi_i)$$

$$\begin{cases}\min\limits_{\alpha\in\mathbb{R}^{2l}}\dfrac{1}{2}\sum\limits_{i,j=1}^{l}(\alpha_i^*-\alpha_i)(\alpha_j^*-\alpha_j)(x_i,x_j)+\varepsilon\sum\limits_{i=1}^{l}(\alpha_i^*+\alpha_i)-\sum\limits_{i=1}^{l}(\alpha_i^*-\alpha_i) \\ \text{s.t.}\quad\sum\limits_{i=1}^{l}(\alpha_i^*-\alpha_i)=0 \\ \alpha_i\geqslant 0,\quad\alpha_i^*\leqslant C,\quad i=1,2,\cdots,l\end{cases}\tag{12.39}$$

(2)非线性回归。

使用一个非线性映射 ϕ 把数据映射到一高维特征空间，然后在高维特征空间进行线性回归，用一个核函数 $k(x,y)$ 可以实现非线性回归，即

$$\begin{cases}\min\limits_{\alpha\in\mathbb{R}^{2l}}\dfrac{1}{2}\sum\limits_{i,j=1}^{l}(\alpha_i^*-\alpha_i)(\alpha_j^*-\alpha_j)k(x_i,x_j)+\varepsilon\sum\limits_{i=1}^{l}(\alpha_i^*+\alpha_i)-\sum\limits_{i=1}^{l}(\alpha_i^*-\alpha_i)\\ \text{s.t.}\quad \sum\limits_{i=1}^{l}(\alpha_i^*-\alpha_i)=0\\ \alpha_i\geqslant 0,\quad \alpha_i^*\leqslant C,\quad i=1,2,\cdots,l\end{cases}\tag{12.40}$$

通常情况下大部分的 α^* 值等于 0，不等于 0 的 α^* 所对应的样本成为支持向量 $f(x)$，即

$$f(x)=\sum_{i=1}^{l}(\alpha_i^*-\alpha_i)k(x_i,x)+b\tag{12.41}$$

其中

$$\begin{cases}b=y_j-\sum\limits_{i=1}^{l}(\alpha_i^*-\alpha_i)k(x_i,x)+\varepsilon\\ b=y_j-\sum\limits_{i=1}^{l}(\alpha_i^*-\alpha_i)k(x_i,x)-\varepsilon\end{cases}\tag{12.42}$$

这样用任意一个支持向量就可以计算出 b 的值。

12.2.4　统计学习理论

Vapnik 从 20 世纪 60 年代开始致力于小样本情况下的机器学习研究工作，并建立了统计学习理论(Statistical Learning Theory，SLT)，SLT 是一种研究训练样本有限情况下的机器学习规律的学科。它可以看成基于数据的机器学习问题的一个特例，即有限样本情况下的特例。SLT 从一些观测(训练)样本出发，从而试图得到一些目前不能通过原理进行分析得到的规律，并利用这些规律来分析客观对象，从而可以利用规律来对未来的数据进行较为准确的预测。

(1)损失函数。

通过构造适当的损失函数，需要在实函数集中估计样本未知分布，损失函数描述了在估计过程中的精度。它假设空间 F 中选择模型 f 作为决策函数，对于给定的输入 x，由 $f(x)$ 给出相应的输出 y，输出的预测值 $f(x)$ 可能不等于真实值 y，于是用一个损失函数来度量预测错误的程度，损失函数记为 $L(y,f(x))$。

常见的损失函数有如下几种。

①二次损失函数。

$$L_{\text{Quad}}(y,f(x,\alpha))=(y-f(x,\alpha))^2\tag{12.43}$$

②Laplace 损失函数。

$$L_{\text{Lap}}(y,f(x,\alpha))=|y-f(x,\alpha)|\tag{12.44}$$

③Huber 损失函数。

$$L_{\text{Huber}}(y,f(x,\alpha))=\begin{cases}\eta\,|\,y-f(x,\alpha)-\dfrac{\eta^2}{2}\,|, & |\,y-f(x,\alpha)\,|>\eta\\ \dfrac{1}{2}\,|\,y-f(x,\alpha)\,|^2, & |\,y-f(x,\alpha)\,|\leqslant\eta\end{cases} \tag{12.45}$$

④ ε- 不敏感损失函数。

线性不敏感损失函数：

$$L_{\varepsilon}(y,f(x,\alpha))=\begin{cases}0, & |\,y-f(x,\alpha)\,|\leqslant\varepsilon\\ |\,y-f(x,\alpha)\,|-\varepsilon, & \text{其他}\end{cases} \tag{12.46}$$

二次线性不敏感损失函数：

$$L_{\varepsilon}(y,f(x,\alpha))=\begin{cases}0, & |\,y-f(x,\alpha)\,|\leqslant\varepsilon\\ (y-f(x,\alpha))^2-\varepsilon, & \text{其他}\end{cases} \tag{12.47}$$

不敏感损失函数作为 Huber 损失函数的一种近似可以得到很好的鲁棒性，另一方面，用它作为损失函数来求解支持向量有很好的稀疏解，控制了函数的平滑度与误差项之间的比例。

(2) VC 维。

对于一个指示函数集，如果存在 p 个样本能够被函数集中的函数按所有可能的 2^p 种形式分开，则称函数集能够把 p 个样本都打散，p 的最大值就是函数集的 VC 维。

SLT 和 SVM 建立了一套较好的有限训练样本下机器学习的理论框架和通用方法，既有严格的理论基础，又能较好地解决小样本、非线性、高维数和局部极小点等实际问题，其核心思想就是预测函数(学习机器) F 要与有限的训练样本相适应。F 的丰富程度对其适应程度起着关键作用，VC 维就是对这种丰富程度的一种描述。

VC 维反映了函数集的学习能力，其直观意义就是函数集能够打散的最大样本数，VC 维越大则学习机器越复杂，其容量越大。但是，目前尚没有通用的关于任意函数集 VC 维计算的理论，只对一些特殊的函数集知道其 VC 维。例如，在 n 维空间中线性分类器和线性实函数的 VC 维是 $n+1$。

(3) 经验风险。

模型 $f(x)$ 关于训练数据集的平均损失称为经验风险，即

$$R_{\text{EMP}}(f)=\frac{1}{N}\sum_{i=1}^{N}L(y,f(x,\alpha)) \tag{12.48}$$

所谓经验风险最小化(Empirical Risk Minimize，ERM)即对训练集中的所有样本点损失函数的平均最小化。经验风险越小说明模型 $f(x)$ 对训练集的拟合程度越

好。经验风险最小化策略认为经验风险最小的模型就是最优的模型。

(4) 结构风险。

当样本容量很小时，经验风险最小化的策略容易产生过拟合的现象，结构风险最小化可以防止过拟合，它是在经验风险的基础上加上表示模型复杂度的正则化项或者惩罚项，结构风险定义如下：

$$R_{\mathrm{SRM}}(f)=\frac{1}{N}\sum_{i=1}^{N}L(y,f(x,\alpha))+\lambda J(f) \tag{12.49}$$

其中，$J(f)$ 为模型的复杂度，模型越复杂，$J(f)$ 值越大，也就是说，$J(f)$ 是对复杂模型的惩罚，$\lambda\geqslant 0$ 是系数，用来权衡经验风险和模型复杂度。同样，结构风险最小化策略认为结构风险最小的模型就是最优的模型。

结构风险最小化(Structured Risk Minimize, SRM)就是同时考虑经验风险与结构风险。在小样本情况下，取得比较好的分类效果。保证分类精度(经验风险)的同时，降低学习机器的 VC 维，可以使学习机器在整个样本集上的期望风险得到控制，这就是 SRM 的原则。

实现 SRM 的思路之一就是设计函数集的某种结构使每个子集中都能取得最小的经验风险(如使训练误差为 0)，然后只需选择适当的子集使置信范围最小，则这个子集中使经验风险最小的函数就是最优函数。支持向量机实际上就是这种思想的具体实现。

12.3　支持向量机算法

12.3.1　最小二乘支持向量机

最小二乘支持向量机(LS-SVM)是由 Suykens 建立的一种支持向量机的扩展，将支持向量机的不等式约束条件换成等式约束，将传统支持向量机的二次规划求解函数估计问题转化为可用最小二乘法求解的线性方程组，降低了计算复杂度，提高了求解速度。

LS-SVM 把原方法的不等式约束变为等式约束，从而大大方便了拉格朗日乘子 α 的求解，原问题是二次规划(QP)问题，而在 LS-SVM 中则是一个解线性方程组的问题，即

$$\begin{cases}\min \dfrac{1}{2}\|\omega\|^2+C\displaystyle\sum_{i=1}^{n}\xi_i \\ \text{s.t.}\quad y_i(\omega^{\mathrm{T}}x_i+b)=1-\xi_i,\quad i=1,2,\cdots,n \\ \xi_i\geqslant 0,\ \ i=1,2,\cdots,n\end{cases} \tag{12.50}$$

其中，ξ 是一个松弛变量，它的意义在于在支持向量中引入离群点，对于 LS-SVM 的等式约束，最后的优化目标中也包含了 ξ，即

$$L(\omega,b,\xi,\alpha)=\frac{1}{2}\|\omega\|^2+C\sum_{i=1}^{n}\xi_i-\sum_{i=1}^{n}\alpha_i(y_i(\omega^{\mathrm{T}}x_i+b)-1+\xi_i)-\sum_{i=1}^{n}r_i\xi_i \tag{12.51}$$

接下来，和 SVM 类似，采用拉格朗日法把原问题转化为对单一参数，也就是 α 的求极大值问题，即

$$\begin{cases}\dfrac{\partial L}{\partial\omega}=0\rightarrow\omega=\displaystyle\sum_{i=1}^{n}\alpha_i y_i x_i\\ \dfrac{\partial L}{\partial b}=0\rightarrow\displaystyle\sum_{i=1}^{n}\alpha_i y_i=0\\ \dfrac{\partial L}{\partial\xi_i}=0\rightarrow C-\alpha_i-r_i=0,\quad i=1,2,\cdots,n\\ \dfrac{\partial L}{\partial\alpha_i}=0\rightarrow y_i(\omega^{\mathrm{T}}x_i+b)-1+\xi_i=0\end{cases} \tag{12.52}$$

$$\begin{pmatrix}Q & Y\\ Y^{\mathrm{T}} & 0\end{pmatrix}\begin{pmatrix}\alpha\\ B\end{pmatrix}=\begin{pmatrix}1\\ 0\end{pmatrix} \tag{12.53}$$

其中，$Q\in\mathbb{R}^{l\times l}$，$Q_{ij}=y_i y_j k(x_i,y_j)+\dfrac{1}{C}I$，$I$ 为单位矩阵，$y=(y_1,y_2,\cdots,y_n)^{\mathrm{T}}$，$1=(1,1,\cdots,1)^{\mathrm{T}}$，核函数 $k(x_i,y_j)=(\phi(x_i)\cdot\phi(x_j))$，$\alpha=(\alpha_1,\alpha_2,\cdots,\alpha_n)^{\mathrm{T}}$，$i,j=1,2,\cdots,n$，求解线性方程组可得 LS-SVM 分类决策函数为

$$f(x)=\mathrm{sgn}\left(\sum_{i=1}^{n}\alpha_i k(x_i,x)+b\right) \tag{12.54}$$

LS-SVM 化不等式约束为等式约束，将求解的目标函数变成凸二次规划问题，提高求解效率的同时，降低了求解的难度。

12.3.2 半监督支持向量机

标准的支持向量机是基于监督学习的，虽然能有效地解决各种实际问题，但需要手工对大量样本进行标记以获取足够的训练样本，代价高，效率低。因此根据实际需要研究人员又提出了半监督支持向量机。

利用大量的无标记样本和少量的有标记样本的信息进行学习，更充分地利用了无标签样本的样本特征，进一步提高了泛化能力。

有标签训练样本和无标签训练样本，其中，半监督支持向量机模型为

$$\begin{cases}\min \dfrac{1}{2}\|\omega\|^2 + C_l \sum\limits_{i=1}^{l} \max(0,1-y_i o_i)^p + C_u \sum\limits_{i=l+1}^{n} \max(0,1-y_i o_i)^p \\ \text{s.t.} \quad y_u = (y_{l+1}, y_{l+2}, \cdots, y_n) \in \{-1,1\}^{n-l} \\ \omega \in \mathbb{R}^m, \quad b \in \mathbb{R}\end{cases} \tag{12.55}$$

其中，$o_i = \omega^{\mathrm{T}} x_i + b$，$C_l$、$C_u$ 分别为有标签样本和无标签样本的惩罚系数，$\max(0,1-y_i o_i)^p$ 为 Hinge 损失函数，$p=1$ 为线性损失，$p=2$ 为二次损失，与标准支持向量机相比，考虑了无标签样本的错分程度，为避免类标签的偏差过大，这里引入平衡约束条件：

$$\frac{1}{n-l}\sum_{i=l+1}^{n} y_i = 2r-1 \tag{12.56}$$

其中，r 为无标签样本中正类样本点所占的比例，由于无标签样本点中真实正类样本点的比例无从得知，r 根据标签样本点中正类样本点的比例或问题的先验信息确定。

模型的求解方法有组合优化方法和连续优化方法。下面简要介绍两者的求解思想。

在组合优化方法中，考虑 y_u 的 2^{n-l} 种取值可能性，对每一组固定的 y_u 的取值，其可以转化为求解标准的支持向量机问题，在遍历 y_u 所有的 2^{n-l} 种取值后，通过比较目标函数值大小即可得到使函数值取最小的类标签最优解，相应有如下优化问题：

$$\begin{cases}\min \dfrac{1}{2}\|\omega\|^2 + C_l \sum\limits_{i=1}^{l} \xi_i^p + C_u \sum\limits_{i=l+1}^{n} \xi_i^p \\ \text{s.t.} \quad y_i(\omega^{\mathrm{T}} x_i + b) \geqslant 1-\xi_i, \quad i=1,\cdots,n \\ \xi = (\xi_1, \xi_2, \cdots, \xi_n)^{\mathrm{T}} \geqslant 0_l \\ y_u = (y_{l+1}, y_{l+2}, \cdots, y_n) \in \{-1,1\}^{n-l} \\ \omega \in \mathbb{R}^m, \quad b \in \mathbb{R}\end{cases} \tag{12.57}$$

混合整数规划问题，一般来说是 NP(Non-deterministic Polynomial)-维的。在连续优化方法中，对于一组固定的 ω 和 b，由于 $\arg\min\limits_{y} V(y,o) = \mathrm{sgn}(o)$，因而对任意 $i=l+1,\cdots,n$，未知类标签 y 可以用 $\mathrm{sgn}(\omega^{\mathrm{T}} x_i + b)$ 代替，相应得到关于 ω 和 b 的连续优化问题，即

$$\begin{cases}\min\limits_{\omega,b} \dfrac{1}{2}\|\omega\|^2 + C_l \sum\limits_{i=1}^{l} \max(0,1-y_i o_i)^p + C_u \sum\limits_{i=l+1}^{n} \max(0,1-|o_i|)^p \\ \text{s.t.} \quad \omega \in \mathbb{R}^m, \quad b \in \mathbb{R}\end{cases} \tag{12.58}$$

该问题是一个非凸优化问题，其平衡约束可以近似表示为

$$\frac{1}{n-l}\sum_{i=l+1}^{n}\omega^{\mathrm{T}}x_i + b = 2r-1 \tag{12.59}$$

12.3.3 拉格朗日支持向量机

拉格朗日支持向量机(Lagrangian Support Vector Machine，LSVM)算法是2001年由Mangasarian提出的，LSVM对SVM模型的目标函数进行了小改动，将其对偶问题转换为无上限的二次函数最小值的问题，并通过迭代进行求解，从而避开了分解算法多次求解的问题，提高了算法的训练速度。

假设训练样本集为$\{(x_1,y_1),(x_2,y_2),\cdots,(x_n,y_n)\}$，其中$x_i\in\mathbb{R}^l$表示输入变量，$y_i\in\{-1,1\}$表示与输入变量相对应的样本类标签；此外$n$和$l$分别为样本数据的个数和特征数目。原始支持向量机不是严格凸二次规划，LSVM不仅在原有SVM目标函数中的$\omega^{\mathrm{T}}\omega$项上添加$\frac{1}{2}b^2$，还将$y$的$L_1$范数替换成$L_2$范数的平方（即$y^{\mathrm{T}}y$），这样新的目标函数便成为一个严格的凸二次规划：

$$\begin{cases}\min\dfrac{1}{2}\omega^{\mathrm{T}}\omega + C\dfrac{y^{\mathrm{T}}y}{2}+\dfrac{1}{2}b^2\\ \text{s.t.}\ \ D(X\omega+eb)+y\geqslant e\end{cases} \tag{12.60}$$

其中，$X\in\mathbb{R}^{n\times l}$为输入样本矩阵，$D\in\mathbb{R}^{n\times n}$是对角矩阵，该矩阵对角线上的第$i$个元素为样本$x_i$所对应的标签，即$y_i$；$e=(1,1,\cdots,1)^{\mathrm{T}}\in\mathbb{R}^n$。上述优化问题的拉格朗日函数为

$$L(\omega,b,\alpha)=\frac{1}{2}\omega^{\mathrm{T}}\omega + C\frac{y^{\mathrm{T}}y}{2}+\frac{1}{2}b^2-\alpha^{\mathrm{T}}[D(X\omega+eb)+y-e] \tag{12.61}$$

其中，$\alpha\in\mathbb{R}^n$为拉格朗日乘子向量。分别对ω,b,y进行求导，令其为零，可得

$$\omega = X^{\mathrm{T}}D\alpha,\quad y=\frac{\alpha}{C},\quad b=e^{\mathrm{T}}D\alpha \tag{12.62}$$

代入式(12.60)可得到如下对偶问题：

$$\min_{0\leqslant\alpha\in\mathbb{R}^L}\frac{1}{2}\alpha^{\mathrm{T}}\left(\frac{I}{C}+D(XX^{\mathrm{T}}+ee^{\mathrm{T}})D\right)\alpha + e^{\mathrm{T}}\alpha \tag{12.63}$$

设$H=D[X-e]$，$Q=\dfrac{I}{C}+HH^{\mathrm{T}}$，对偶问题式(12.63)可变为

$$\min_{0\leqslant\alpha\in\mathbb{R}^l}\frac{1}{2}\alpha^{\mathrm{T}}Q\alpha + e^{\mathrm{T}}\alpha \tag{12.64}$$

设$\gamma=Q\alpha+e$，则对式(12.64)优化问题的KKT条件为

$$\alpha\perp\gamma(\alpha,\gamma\geqslant 0) \tag{12.65}$$

对于任意两个向量 a 和 c，都能满足以下定理：

$$\begin{cases}0 \leqslant a \perp c \geqslant 0 \Leftrightarrow a=(a-\beta c)_+,\ \ \beta>0 \\ Q\alpha+e=((Q\alpha+e)-\beta\alpha)_+\end{cases} \tag{12.66}$$

由上述 KKT 条件，式(12.65)可推出如下迭代公式，构成了拉格朗日支持向量机的重要基础：

$$\alpha^{i+1}=Q^{-1}(e+((Q\alpha^i+e)-\beta\alpha^i)_+),\ \ i=0,1,\cdots \tag{12.67}$$

对式(12.67)只要满足

$$0 \leqslant \beta \leqslant \frac{2}{\eta}$$

从任意初始点开始逐步迭代，均可线性收敛至全局最优解，通常可取 $\beta<\dfrac{1.9}{\eta}$，应用 SMW (Shermen-Morrison Woodbury) 等式可求解逆矩阵为

$$Q^{-1}=\left(\frac{I}{C}+HH^{\mathrm{T}}\right)^{-1}=C\left(I-H\left(\frac{I}{C}+H^{\mathrm{T}}H\right)^{-1}H^{\mathrm{T}}\right) \tag{12.68}$$

其中，H 是一个 $l\times(n+1)$ 的矩阵，如此便把求 $l\times l$ 较大矩阵的逆矩阵的问题转化成求 $(n+1)\times(n+1)$ 较小矩阵的逆矩阵的问题，SMW 不仅让求解 Q^{-1} 变得可行，而且能快速求解，使得 LSVM 算法在处理线性分类问题时更为迅速。

12.4 应　用

以葡萄糖溶液为分析对象，对其进行 SVM 分析。回归结果如图 12.2 所示。

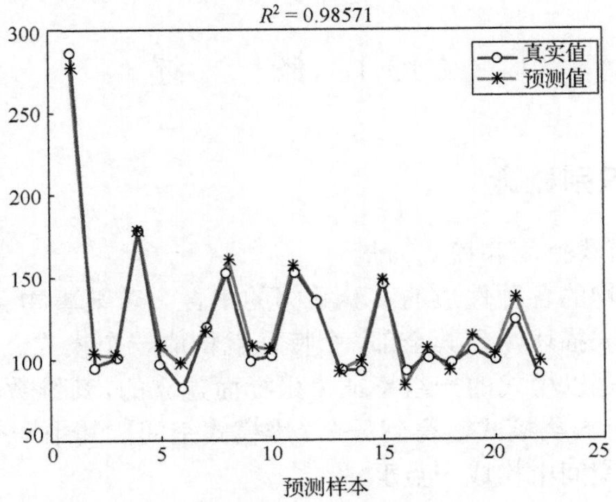

图 12.2　SVM 参数优化结果

第 13 章 模式识别

模式识别(Pattern Recognition，PR)是人类的一项基本智能[5,8,30,112,128,133,164-176]。在日常生活中，人们每天都在进行模式识别活动。例如，阅读报纸是在做文字识别；用眼判断某人是谁是在做视觉识别或者图像识别；用耳朵辨别出不同的声音是在做语音识别；通过嗅觉分辨出不同气味是在做嗅觉识别。又比如，人们能够观察发现某篇论文的中心思想或者人与人之间的微妙关系，也是在做模式识别。模式识别的能力在其他生物中也被发现，狗能识别自己主人的气味和找到回家的路，蝙蝠的回声定位、螳螂的视觉系统灵敏度都非常高，这些动物通过其特异功能来识别各种各样的物体并赖以生存。

化学研究者进行化学实验的主要目的是对被观察的化学体系的一些性质做出预测，比如判断某个样品的分子结构与其决定的化学性质之间的关系，或者要决定某一类化合物的性质与用途之间的关系等。某些化学体系的性质可以通过实验方法直接测定，如测定样品中组成的各元素，也可以建立一定的数学模型来对物质的某种性质做理论预测。实际化学体系并不是想象中那样简单，大多数情形下化学体系中某种潜在性质并不能通过直接的理论判断和实验得到。在化学研究的过程中，像这种根据研究对象的某些可通过实验测量的数据来判断对象的某种潜在性质的问题非常多。模式识别可根据化学实验测量的数据来揭示物质的潜在性质，使研究者能够尽可能地提取数据中的有用信息。

13.1 概　述

13.1.1 模式识别概念

(1)模式、模式空间和模式向量。

①模式是事物的各种性质的实验数据的集合。若某事物 A 的特征用一组矢量 $y_{mn}(m=1,2,\cdots,i)$ 来描述，则其全部 i 个特征就构成一个模式。

②模式空间是以模式的一组特征为坐标而建立的，其维数就是该特征的数目。如果 i 个特征表示一类模式，得到一个 i 维模式空间，其中一个点就是一个模式，一类模式在模式空间中构成一点群。

③模式用上述的向量来表示，即为模式向量。若一个化学样品的物理性质分

别可以用颜色 y_1、质量 y_2 和粒度 y_3 表示，则模式向量 $y=(y_1,y_2,y_3)$ 表示这个样品的模式。m 个具有 n 个特征的模式集合，可用 $m\times n$ 的数据矩阵表示。

(2) 化学模式空间。

化学模式的建立可以帮助化学研究者解决一系列复杂的问题。每一个化学实验过程都可以用矢量(也称特征向量)表示，如 $y_{mn}=[y_{m1},y_{m2},\cdots,y_{mn}]$，一般 y_{mn} 是实验测量的真实数据。

如果模式空间存在一个可以划分的超平面(也称判别平面)，则这个模式空间为线性可分的。模式空间的可分性是指在模式空间中存在一个或一组超平面或超曲面可以将其划分为不同的集合。

13.1.2 模式空间的相似系数与距离

在化学模式空间中，如果各样本之间的距离太近，则它们可能是同一类物质，反之则可能不是一类物质。距离是模式识别中最基本的要素之一。

设两个样本分别为 X 和 Y，L 是距离，样本 X 和 Y 间及 X 和 Y 自身的距离 L 必须是 $L_{XY}\geqslant 0$，$L_{XX}=L_{YY}=0$，则有

(1) 存在性。当 $X\neq Y$ 时，$L_{XY}>0$。

(2) 对称性。$L_{XY}=L_{YX}$。

(3) 满足三角不等式。$L_{XY}\leqslant L_{XZ}+L_{ZY}$。

距离和相似系数的计算公式如下(对于连续变量)。

(1) 闵氏距离。

$$L_{XY}=\left\{\sum_{Z=1}^{n}\left(\left|L_{ZX}-L_{ZY}\right|\right)^{d}\right\}^{1/d}$$

当 $d=1$ 时，为汉明距离

$$L_{XY}=\sum_{Z=1}^{n}\left|L_{ZX}-L_{ZY}\right|$$

当 $d=2$ 时，为欧氏距离

$$L_{XY}=\left\{\sum_{Z=1}^{n}\left(\left|L_{ZX}-L_{ZY}\right|\right)^{2}\right\}^{1/2}$$

(2) Soergel 距离。

$$L_{XY}=\left[\sum_{Z=1}^{n}\left|L_{ZX}-L_{ZY}\right|\right]\Bigg/\left[\sum_{Z=1}^{n}\max(L_{ZX},L_{ZY})\right]$$

(3) Tanimoto 系数。

$$S_{XY}=\left[\sum_{Z=1}^{n}L_{ZX}L_{ZY}\right]\Bigg/\left[\sum_{Z=1}^{n}(L_{ZX})^2+\sum_{Z=1}^{n}(L_{ZY})^2-\sum_{Z=1}^{n}L_{ZX}L_{ZY}\right]$$

(4) Dice 系数。

$$S_{XY}=\left[2\sum_{Z=1}^{n}L_{ZX}L_{ZY}\right]\Bigg/\left[\sum_{Z=1}^{n}(L_{ZX})^2+\sum_{Z=1}^{n}(L_{ZY})^2\right]$$

(5) Cosine 系数。

$$S_{XY}=\left[\sum_{Z=1}^{n}L_{ZX}L_{ZY}\right]\Bigg/\left[\sum_{Z=1}^{n}(L_{ZX})^2\sum_{Z=1}^{n}(L_{ZY})^2\right]^{1/2}$$

对于连续变量，应用最广泛的是欧氏距离。

13.1.3　模式识别中的分类问题

模式识别中最简单的分类问题是相互之间没有交集的两类分类问题，比如第一类包括某种样品的特征，而其余样品的特征包括于另一类中。

在化学研究中，经常会碰到需要将样本划分为多类的分类问题，如同种元素组成的不同化合物往往具有不同的价态。两类分类比多类分类简单，但有时多次简单步骤的叠加就可以解决复杂的问题。这时可以将全部样本点按照一定的条件分成两个集合，然后再从其中进一步分类，重复一定的次数即可完成多类分类。

13.1.4　模式识别中方法的分类

模式识别的各种方法大致可分为：有监督分类（Supervised Classification，SC）方法和无监督分类（Unsupervised Classification，UC）方法。

SC-PR 方法又可以分为非参数法和参数法两类。在非参数统计 SC-PR 方法中，对未知模式做出的判断大部分是由计算机模式识别专家或实验科学家提出的，他们根据模式空间中各模式点之间的差别和联系来对模式空间进行划分，之后对未知模式做出判别，可以不用提前知道各特征的概率分布。参数统计 SC-PR 方法要求各特征概率分布类型必须提前已知，只允许其中的某些参数未知，之后就对这些未知参数进行模式识别。

UC-PR 方法是多元统计中一种被广泛使用的方法。它没有先验的样本分类信息，要将一批样本通过信息处理分成若干类就必须先在化学模式空间中找到客观存在的类别。

在不同的情况下，常采用上述不同的模式识别方法。分类方法效果的好坏没有统一的标准，只能通过评估实际样本的分类效果来确定。

13.1.5 计算机模式识别方法

计算机模式识别方法可分为句法模式识别(Syntactic Approach to Pattern Recognition)和统计模式识别(Statistical Pattern Recognition)两大类。两种方法的特点如表 13.1 所示。

表 13.1 两种计算机识别方法的比较

方法 / 异同点	句法模式识别	统计模式识别
理论基础	形式语言	统计数学
识别基础	基元	模式样本
识别过程	先用已知模式进行分析，后选取基元并确定规则，最后对模式进行识别	选择多个特征后，建立判决规则，对未知模式进行判别分类
应用	汉字、语言、图像、生物等的识别	化学的识别

13.1.6 模式识别的计算步骤

模式识别的计算步骤如下：通过实验获得一些数据，参照化学模型或经验规律提出一批特征量，然后通过模式识别算法进行训练和分类，根据训练(或称学习)分类所得的判据就可以对未知样本进行预测，如图 13.1 所示。

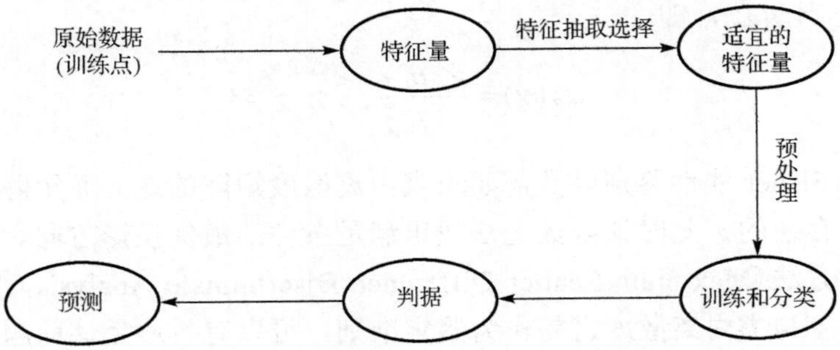

图 13.1 模式识别的计算步骤

13.2 特征选择方法

特征选择方法是模式识别中最关键的一步。常用的特征抽取包括：几何特征、物理化学参数、电子特征、拓扑特征、化合物的谱图特征及化学组成。在应用过程中可以抽取一种特征，也可以将几种特征结合使用，获取较好的分类结果。

13.2.1 特征选择方法简介

特征选择方法包括化学(或物理)方法和数学方法。化学(或物理)方法的选取标准是基于对所处理信息的本质或主要影响因素的理解。由于对处理的信息了解不深，且往往有很多因素之间的相关关系集成度不能确定，所以人们通常根据化学(或物理)的选取标准尽可能地把一切可能有关且易于获得的因素(特征量)都提取出来，然后借助数学方法筛选出对分类影响大的特征量，形成合适的特征空间。数学方法筛选特征变量的目的是寻求一组数目少，但对分类有效的特征量。

设原样本含有 m 个特征向量，对于全部 p 个样品，第 n 个特征变量的样本方差为

$$s_n = \frac{1}{p-1}\sum_{j=1}^{p}(\upsilon_{nj} - \upsilon_n)^2, \quad n = 1, 2\cdots, m \tag{13.1}$$

其中，υ_n 是第 n 个特征的均值。对于分类，方差大的变量比方差小的变量更加重要，可以用方差 s_n 来衡量特征变量 n 在分类中的重要性，舍去方差小的变量，保留方差大的变量。方差 s_n 大只是将变量 n 选为特征变量的必要条件，并非充分条件。方差大的变量不一定都对分类有重要贡献。

传统的 Fisher 线性鉴别分析定义了 Fisher 准则，以期达到最大值方向作为最优投影方向，样本模式在该方向投影后的类间离散度达到最大时，类内离散度达到最小。为实现这一目的，Fisher 鉴别分析选择类间离散度与类内离散度的比作为准则函数，即

$$\alpha_Z(\chi) = \frac{\chi^{\mathrm{T}}\beta_b\chi}{\chi^{\mathrm{T}}\beta_s\chi}, \quad \chi^{\mathrm{T}}\chi = 1 \tag{13.2}$$

传统的 Fisher 线性鉴别函数需要求类内离散度矩阵的逆，而矩阵的逆在矩阵奇异时是不存在的，此时该函数无法找出满足条件的最优投影方向。最大离散度差鉴别分析方法(Maximum Scatter Difference Discriminate Analysis，MSDDA)利用类间离散度与类内离散度之差作为鉴定准则，可以有效避免该问题。其离散度差准则函数为

$$a_z(\chi) = \chi^{\mathrm{T}}\beta_b\chi - \chi^{\mathrm{T}}\beta_s\chi，\quad \chi^{\mathrm{T}}\chi=1 \tag{13.3}$$

MSDDA 方法与 Fisher 鉴别分析的物理意义相似：保证类间离散度最大且类内离散度最小，从而很好地将类别信息利用到识别过程中来。典型相关分析与 MSDDA 相互弥补，将两组特征向量有机地融合成一个新的特征向量，但它没有利用到训练样本中的类别信息，且特征的融合形成一个高维的组合特征向量会导致小样本问题的发生。MSDDA 充分利用原始样本中的类别信息，采用

新的判别函数，从而有效地解决典型相关分析存在的缺少类别信息和小样本的问题。

13.2.2　特征选择中应注意的问题

特征变量选择的重要原则是尽量选择不相关的变量。如新选的变量与已选入的变量显著相关，则改变量不但无益于信息的增加，反而额外增加计算量。上述特征变量选择方法，可以选出对分类贡献大的变量。但是它们都是利用单个变量的方差等指标作为选择变量的依据，故不能排除入选的各变量之间可能存在相关关系，需要用主成分分析法消除入选变量间的相关关系，找出一组能表达模式空间特征变量的正交子集。

13.2.3　化学模式中的特征变量

化学模式识别中的主要参量是化学量测数据，对于单一化合物或混合物、高聚物等样本，可以用 IR、NMR、UV 和 X 射线分析等光谱方法进行测量，以选定波长的光吸收、峰高或离散化的光谱读数作为参量。质谱图中选定的或所有质荷比下的离子丰度可作为特征模式向量，具有相似分子结构的化合物的模式向量在模式空间中的位置会比较近，这是化学模式识别法从质谱信号直接获取有关化合物分子结构信息的依据。电化学测量所得的波形测量信号(如极谱波等)可作为模式识别参量，其一阶或二阶导数亦可用做模式识别的特征。极谱波可做等距离数字化处理，可用不同电位处的极谱信号作为特征变量。此外，色谱的峰高或峰面积等也可作为特征变量。

13.3　判别分析法

判别分析法是根据观测到的某些指标对研究对象进行分类的一种方法，是在已知观测对象的分类结果和若干表明观测对象特征变量值的情况下，建立一定的判别准则，并利用它对新的观测对象的类别进行判断。

13.3.1　距离判别法

距离判别法是根据距离的大小来判断类别的方法。其基本思路是计算样本到各个类别之间的距离，样本离哪个类别最近就应该属于哪个类。

设 k 个总体 $G_1,\cdots,G_k$ 的分布函数分别为 $F_1(x),\cdots,F_k(x)$，其中 x 为 n 维的样本矢量。有计算得到的给定样本 x 到 $G_1,\cdots,G_k$ 的距离 $d(x,G_1),d(x,G_2),\cdots,d(x,G_k)$ 来确定样本 x 的归宿，即 $x\in G_i$，例如

$$d(x,G_i)=\min\{d(x,G_1),d(x,G_2),\cdots,d(x,G_k)\} \tag{13.4}$$

以两个总体情况为例。设两个正态分布总体 G_1 和 G_2，均值分别为 $\mu^{(1)}$ 和 $\mu^{(2)}$，均方差值分别为 V_1 和 V_2，距离判别的基本算法如下。

若均方差阵相等，即 $V_1=V_2=V$。

(1) 样本 x 到母体 G_1、G_2 的距离可由 x 到该母体的均值矢量 $\mu^{(1)}$ 和 $\mu^{(2)}$ 的 Mahalanobis 距离来实现，即

$$d^2(x,G_1)=(x-\mu^{(1)})^{\mathrm{T}}V^{-1}(x-\mu^{(1)}) \tag{13.5}$$

$$d^2(x,G_2)=(x-\mu^{(2)})^{\mathrm{T}}V^{-1}(x-\mu^{(2)}) \tag{13.6}$$

(2) 计算 $d^2(x,G_2)-d^2(x,G_1)$，即

$$\begin{aligned}d^2(x,G_2)-d^2(x,G_1)&=-(x-\mu^{(1)})^{\mathrm{T}}V^{-1}(x-\mu^{(1)})+(x-\mu^{(2)})^{\mathrm{T}}V^{-1}(x-\mu^{(2)})\\&=-2\left[x-\frac{\mu^{(1)}+\mu^{(2)}}{2}\right]V^{-1}(\mu^{(1)}-\mu^{(2)})\end{aligned} \tag{13.7}$$

$d^2(x,G_2)-d^2(x,G_1)=\omega(x)$，$\dfrac{\mu^{(1)}+\mu^{(2)}}{2}=\mu$，有

$$\omega(x)=-2\left[x-\frac{\mu^{(1)}+\mu^{(2)}}{2}\right]V^{-1}(\mu^{(1)}-\mu^{(2)})=-2(x-\mu)V^{-1}(\mu^{(1)}-\mu^{(2)}) \tag{13.8}$$

(3) 建立相应判别准则，即

$$\begin{cases}x\in G_1, & \omega(x)<0\\ x\in G_2, & \omega(x)>0\end{cases} \tag{13.9}$$

此时，距离判别函数是线性的。

若均方差阵不等，即 $V_1\neq V_2$。

(1) 计算任意样本 x 到母体 G_1、G_2 的 Mahalanobis 距离，即

$$d^2(x,G_1)=(x-\mu^{(1)})^{\mathrm{T}}V_1^{-1}(x-\mu^{(1)}) \tag{13.10}$$

$$d^2(x,G_2)=(x-\mu^{(2)})^{\mathrm{T}}V_2^{-1}(x-\mu^{(2)}) \tag{13.11}$$

(2) 建立相应判别准则，即

$$\begin{cases}x\in G_1, & d^2(x,G_1)<d^2(x,G_2)\\ x\in G_2, & d^2(x,G_1)>d^2(x,G_2)\end{cases} \tag{13.12}$$

此时，判别函数是线性的。

13.3.2 Fisher 判别分析法

Fisher 判别分析法或线性判别分析方法(Linear Discriminant Analysis，LDA)由 Fisher 在 20 世纪 30 年代提出。其基本思路是：模式空间中相对集中在一起方

差较小的样本倾向于一类，而相距较远方差较大的样本倾向于不同类。用样本的组间方差和组内方差的比值构造一个判别式，若找到一个使该比值最大的分类方法，则为最佳的判别方法。为易于计算多维变量的方差比，在 Fisher 判别方法中通常用线性变换的方法将多维变量降至一维。

设该样本的观测数据为 x_{lps}，设 $N=n_1+n_2+\cdots+n_p$，其中 p 表示第 p 类，n_p 表示第 p 类中的样本数。m 维空间向一维空间的投影线性变换可写为

$$R_{ps}=\sum_{l=1}^{m}\upsilon_l x_{lps},\ \ p=1,2,\quad s=1,2,\cdots,n_p \tag{13.13}$$

其中，$\upsilon=(\upsilon_1,\upsilon_2,\cdots,\upsilon_m)$ 为 $f(R)$ 和 $g(R)$ 要寻找的投影方向。R 的组内和组间方差为

$$f(R)=\sum_{p=1}^{G}\sum_{s=1}^{n_p}(R_{ps}-\overline{R_p}),\quad G=2 \tag{13.14}$$

$$g(R)=\sum_{p=1}^{G}n_p(R_p-\overline{R}),\quad G=2 \tag{13.15}$$

可以证明：

$$\begin{cases} f(R)=\displaystyle\sum_{l=1}^{m}\sum_{j=1}^{m}f_{lj}\upsilon_l\upsilon_j,\quad f_{lj}=\sum_{p=1}^{G}\sum_{s=1}^{n_p}(x_{lps}-\overline{x}_{lp})(x_{lps}-\overline{x}_{js}) \\ g(R)=\displaystyle\sum_{l=1}^{m}\sum_{j=1}^{m}g_{lj}\upsilon_l\upsilon_j,\quad g_{lj}=\sum_{p=1}^{G}\sum_{s=1}^{n_p}(x_{lp}-\overline{x}_l)(x_{lp}-\overline{x}_j) \end{cases} \tag{13.16}$$

为使 R 的组间与组内方差比 $r=\dfrac{g(R)}{f(R)}$ 达到最大投影方向 $\upsilon=(\upsilon_1,\upsilon_2,\cdots,\upsilon_m)$，则 υ 应满足 $\dfrac{\partial r}{\partial \upsilon_l}=0$。可得 $\sum_{l=1}^{m}f_{lj}\upsilon_j=a(x_{l1}-x_{l2})$，$a=\dfrac{1}{r}\dfrac{n_1n_2}{n_1+n_2}\sum_{j=1}^{m}(x_{j1}-x_{j2})\upsilon_j$，$a$ 与 l 无关，对所求的 $\upsilon_1,\upsilon_2,\cdots\upsilon_m$ 仅起放大或缩小的作用，并不影响 υ_i 之间的相对比例关系。实际计算时，可取适当值(如令 $a=(R-2)$)以提高计算的精度。

因为投影空间为一直线，可计算两组样本在投影空间上的均值：

$$\overline{R_p}=\sum_{l=1}^{m}\upsilon_l\overline{x}_{lp},\quad p=1,2 \tag{13.17}$$

及在直线上的分界点 $R^*=\dfrac{n_1}{N}\overline{R}_1-\dfrac{n_2}{N}\overline{R}_2$。对于任意给定的 $x=(x_1,x_2,\cdots x_m)$，算出其判别函数，即投影点 $R(X)=\sum_{l=1}^{m}\upsilon_l x_l$ 。若 $R(X)>R^*$，则 x 归为第一个母体；若 $R(X)<R^*$，则 x 归为第二个母体。

13.3.3 Bayes 判别分析法

(1)正态母体下的判别函数。

设由 s 个变量 $\upsilon_1,\upsilon_2,\cdots,\upsilon_s$ 组成每一个体都来自 G 个母体 $B_1,B_2,\cdots,B_G$ 中的某一个。将给定个体 $\upsilon=(\upsilon_1,\upsilon_2,\cdots,\upsilon_m)$ 看做 m 维空间中的一个点，Bayes 准则就是一种把空间 H^m 分为互不相交的 G 个不完备子空间 $R_1,R_2,\cdots R_G$ 的划分方法，且其和就是整个 m 维实数空间。一旦子空间划定，υ 就必然落在且仅落在这 G 个子空间中某一子空间 R_P 中，由此把 υ 划入 B_P 类。

观测到的样本数据为 v_{lps}，其中 $l=1,2,\cdots,m$，$p=1,2,\cdots,G$，$s=1,2,\cdots,n$。它表示第 l 个变量在第 p 个母体中的第 s 次观测值，n_p 表示来自第 p 个母体的观测次数。若 N 为观测的总次数，$N=n_1+n_2+\cdots+n_p$，则

$$\begin{cases}\upsilon_p=(\upsilon_{1p},\upsilon_{2p},\cdots,\upsilon_{mp}), \quad p=1,2,\cdots,G \\ \upsilon_{lp}=\dfrac{1}{n_p}\displaystyle\sum_{s=1}^{n_p}\upsilon_{lps}, \quad l=1,2,\cdots,m, \quad p=1,2,\cdots,G\end{cases} \tag{13.18}$$

样本的协方差阵为

$$\begin{cases}A=(a_{lj})=\begin{bmatrix}a_{11} & a_{12} & \cdots & a_{1m} \\ a_{21} & a_{22} & \cdots & a_{2m} \\ \vdots & \vdots & & \vdots \\ a_{m1} & a_{m2} & \cdots & a_{mm}\end{bmatrix} \\ a_{lj}=\dfrac{1}{N-G}\displaystyle\sum_{p=1}^{G}\sum_{s=1}^{n_p}(\upsilon_{lps}-\upsilon_{lp})(\upsilon_{lps}-\upsilon_{jp}), \quad l,j=1,2,\cdots,m\end{cases} \tag{13.19}$$

设 $A^{-1}=A^{lj}$。对于正态母体，则判别函数为

$$d_{p(\upsilon)}=\ln q_p+c_{0p}+c_{1p}\upsilon_1+\cdots c_{mp}\upsilon_m, \quad p=1,2,\cdots,G \tag{13.20}$$

其中，判别系数为

$$\begin{cases}\beta_{lp}=\displaystyle\sum_{l=1}^{m}a^{lj}\upsilon_{lp}, \quad l=1,2,\cdots m, \quad p=1,2,\cdots G \\ \beta_{op}=-\dfrac{1}{2}\upsilon_p, \quad A^{-1}\upsilon_p=-\dfrac{1}{2}\displaystyle\sum_{l=1}^{m}\sum_{j=1}^{m}a^{lj}\upsilon_{lp}\upsilon_{jp}=-\dfrac{1}{2}\sum_{l=1}^{m}\upsilon_{lp}\end{cases} \tag{13.21}$$

为了分类，可把个体 $\upsilon=(\upsilon_1,\upsilon_2,\cdots\upsilon_m)$ 的值代入判别函数，计算出 $d_{1(\upsilon)},d_{2(\upsilon)},\cdots,d_{p(\upsilon)},\cdots,d_{G(\upsilon)}$，若 $d_p^*(x)=\max\{d_p(\upsilon)\}(1\leqslant p\leqslant G)$ 则 υ 划归第 p 个母体。

后验概率的计算公式为

$$q(p/\upsilon)=\mathrm{e}^d p^{(\upsilon)}\Big/\sum_{l=1}^{G}\mathrm{e}^d h^{(\upsilon)},\quad 1\leqslant h\leqslant G \tag{13.22}$$

(2)判别效果检验。

①检验两个母体之间的判别效果可以借助统计量：

$$T^2=\frac{n_1 n_2}{n_1+n_2}-(\overline{\upsilon}_1-\overline{\upsilon}_2)\overline{A}_{12}(\overline{\upsilon}_1-\overline{\upsilon}_2) \tag{13.23}$$

②检验对多个母体的判别效果。

在检验多个母体的判别效果时，若样本数据 V_{lps} 来自 G 个具有相同协方矩阵的 m 维正态母体，则定义组内差矩阵 $F=(f_{lj})_{mn}$，组间差矩阵 $B=(b_{lj})_{mn}$ 和总离差矩阵 $T=F+B$，其中

$$f_{lj}=\sum_{p=1}^{G}\sum_{s=1}^{n_p}(\upsilon_{lps}-\upsilon_{lp})(\upsilon_{lps}-\upsilon_{jp}),\quad f_{lj}=\sum_{p=1}^{G}(\upsilon_{lp}-\upsilon_{l})(\upsilon_{jp}-\upsilon_{j}) \tag{13.24}$$

13.3.4 线性学习机

线性学习机又称线性判别函数法。对两类样本 ω^1 和 ω^2，线性判别函数法的目标是找到一个矢量，如它们是线性可分的，则总可找到一个矢量 ϖ，使得 $x_k\in\omega^1$，$W^{\mathrm{T}}x_k>0$ 或 $x_k\in\omega^2$，$W^{\mathrm{T}}x_k<0$。

线性学习机是一种有监督学习类型的简单线性判别函数的迭代算法，步骤如下。

(1)随机选取一个与样本矢量具有相同维数的矢量作为 W。

(2)对于每个样本都进行计算($k=1\sim n$)。

若 $X\in\omega^1$，而且如果 $W^{\mathrm{T}}x_k>0$，则 $W_{\mathrm{new}}=W_{\mathrm{old}}$(判决矢量保持不变)；

反之，若 $W^{\mathrm{T}}x_k<0$，则 $W_{\mathrm{new}}=W_{\mathrm{old}}-\lambda x_k$(修正判决矢量)；

若 $X\in\omega^2$，且如果 $W^{\mathrm{T}}x_k<0$，则 $W_{\mathrm{new}}=W_{\mathrm{old}}$(判决矢量保持不变)；

反之，若 $W^{\mathrm{T}}x_k>0$，则 $W_{\mathrm{new}}=W_{\mathrm{old}}-\lambda x_k$(修正判决矢量)；

其中 $\lambda=2(W_{\mathrm{old}}^{\mathrm{T}}x_k)/\|x_k\|^2$。

(3)重复(2)，直至对所有的样本都正确分类。

以上算法是对于线性可分的情况设计的。对于线性不可分的情况，可规定重复次数，若到了规定次数还不能完全分开训练集，则认为是线性不可分的。

上述算法中的修正判决矢量的计算，实际上是对当前不能正确分类的判决矢量进行反射，这是因为

$$W_{\mathrm{new}}^{\mathrm{T}}x_k=(W_{\mathrm{old}}^{\mathrm{T}}-\lambda x_k)x_k=W_{\mathrm{old}}^{\mathrm{T}}x_k-\lambda=2(W_{\mathrm{old}}^{\mathrm{T}}x_k)(x_k^{\mathrm{T}}x_k)\Big/\|x_k\|^2=-W_{\mathrm{old}}^{\mathrm{T}}x_k \tag{13.25}$$

经过这样的修正之后，原来不能正确分类的可以正确分类了。一般重复 20 次就足够了。

13.3.5 K-最近邻法

K-最近邻法(K-Nearest Neighbor，KNN)的基本思路是：逐一计算每一个待判别的未知样本与各训练集样本之间的距离，找出其中最近的(距离最小的) K 个点，根据这 K 个点的分类情况来判别未知样本的归属。其优点在于即使所研究的体系线性不可分，此法仍可适用。

若 K=1，则这一最近邻样本属于何类，未知样本即判属该类，但这种分类容易产生错误，所以 K 经常大于 1。若 $K>1$，则这 K 个最近邻样本不一定都属于一类，值得指出的是，对于 K 值取多少，一般靠经验来定。一般采用“表决”的办法，即按少数服从多数的原则来判决这 K 个最近邻样本的归属情况。一个邻近相当于一票，但应考虑对各票进行加权，如距离最近的近邻类属应予以较重的权，如按下式计算：

$$V_{\text{sample}} = \sum V_i / D_i$$

其中，D_i 是待判别的样本与近邻的距离，V_i 是待判别样本的类别值，V_{sample} 是未知样本的判别函数。如果 $X_i \in \omega^1$，则取 V_i=1；反之，如果 $X_i \in \omega^2$，$V_i = -1$。如果求得的 V_{sample} 为正，则可认为 X_i 属于 ω^1；反之，X_i 属于 ω^2。

当 $V_{\text{sample}} > 0$，则 $X_{\text{sample}} \in \omega^1$；当 $V_{\text{sample}} < 0$，则 $X_{\text{sample}} \in \omega^2$。此处，$D_i$ 的作用相当于一个权因子，即如果近邻与样本 x_i 的距离很小，权值就大，而那些距离大的近邻权值较小。

KNN 算法的步骤如下。

(1) 计算未知样本 X_{unknow} 到训练集各样本的距离 $D_i(i=1,2,\cdots,n)$，n 为所有训练集样本总数。

(2) 取出 k 个上述距离最短的训练样本集样本，计算它们的权值和。

$$V_{\text{unknow}} = \sum V_i / D_i, \quad i=1,2,\cdots,k$$

若 $X_i \in \omega^1$，则取 V_i=1；反之，若 $X_i \in \omega^2$，$V_i = -1$。

(3) 建立判别标准。

若 $V_{\text{unknow}} > 0$，则 X_{unknow} 判为第一类 ω^1；若 $V_{\text{unknow}} < 0$，则 X_{unknow} 判为第二类 ω^2。KNN 算法每次判别一个新的未知样品的分类时，都要计算它与全部训练集样品的距离，工作量较大，一般适用于样品数不多的分类问题。除此之外，KNN 算法对变量进行压缩和降维处理。虽然用于多维的模式识别问题计算量较大，但该法能充分应用一个样品的全部原始信息作为判据，常可以得到较好的预测准确率，其预测结果一般优于或相当于其他模式识别方法。

13.3.6 ALKNN 算法

交替 KNN 算法(Alternative KNN，ALKNN)，是对 KNN 算法的一种改良。

KNN 算法对所有的类取相同的 K 值，而 ALKNN 算法则根据每类中样品的数目和分散程度对 K 值进行选取，不同的类可以选取不同的 K 值。当各类的 K 值选定后，用一定的算法对该类中样本的概率进行估计，根据概率的大小对它们进行类的划分。

该方法中，以 x_i 与类 g_i 的 K_i 个近邻中最远的一个样本的距离 r 为半径，以 x_i 为中心，计算相应的超球体积，并认为超球体积越小，类 g_i 在 x_i 处的概率密度越大。其概率密度可由 Loftsgarden 和 Quesenberry 方程计算，即

$$P(x_i / g_i) = [K_i - 1] / \{n[V(x_i / g_i)]\} \tag{13.26}$$

其中，$V(x_i / g_i)$ 为类的超球体积，为了 K_i 的选择和相应 r 的计算，采用欧氏距离。m 维超球体积的一般表达式为

$$V(x_i / g_i) = 2\pi^{m/2r^m} / [m\Gamma(m/2)] \tag{13.27}$$

其中，Γ 为 Gamma 函数。

当 m 为偶数时，有

$$V(x_i / g_i) = 2\pi^{m/2r^m} / [m(m-2)(m-4)-1] \tag{13.28}$$

当 m 为奇数时，有

$$V(x_i / g_i) = 2\pi^{(m-1)/2} r^m / [m(m-2)(m-4)-1] \tag{13.29}$$

在 ALKNN 算法计算中，$K_i \neq 1$，否则概率密度公式中分子将为零。K_i 还有可能导致分类结果的兼并，因此必须选出最优的 K_i，这样对于各类概率密度 $P(x_i / g_i)$ 的测试才能一致。

KNN 算法中，采用依次拿出一个样本作为未知来测试分类率。同样，在 ALKNN 算法中，也能采用这种操作，但 K 不是单个值，而是一组 $K_i(i=1,2,\cdots,G)$。

对 K_i 值的选取可采用

$$g(K_i) = \sum_{i=1}^{G} \ln P(x_i / g_i) \tag{13.30}$$

即选取使得 $g(K_i)$ 为极大值的 K_i。

对样本的分类采用后验概率，其计算公式为

$$P(g_i / x) = P(x / g_i) / \sum_{i=1}^{G} [P(x / g_i)] \tag{13.31}$$

即样本属于具有最大后验概率的类。

13.4 聚类分析法

现实生活中人们经常会碰到各种各样的问题，按“物以类聚，人以群分”的原

则将其分类解决，不仅会使认识更深层化，也会使问题简单明了。在实际应用中，当不太清楚某一样本到底可以划分为哪种类型时通常需要采用聚类分析法。

13.4.1　聚类分析的基本原理

无监督的模式识别在不知道样本分类的情况下进行训练和学习，获得样本分类方面的信息。无监督的模式识别通常采用聚类分析(Clustering Analysis，CA)法。聚类分析法对某一没有标出类别的模式样本，按照样本间的相似程度进行分类，具有相似性归为一类，不具有相似性的归为另一类。这里的相似性不仅仅指实物的显著特征，也包括经过抽象以后特征空间内特征向量的分布状态。其度量是基于数据对象描述的取值来确定的，通常利用距离来进行描述。它的数学模型如下。

已知模式样本集 $\{X\}$ 有 n 个样本和 K 个模式分类 $\{S_j, j=1,2,\cdots,K\}$，每个样本有 d 个特征指标，即

$$X=\begin{bmatrix} X_{11} & X_{12} & \cdots & X_{1d} \\ X_{21} & X_{22} & \cdots & X_{2d} \\ \vdots & \vdots & & \vdots \\ X_{n1} & X_{n2} & \cdots & X_{nd} \end{bmatrix} \tag{13.32}$$

以每个模式样本到各自聚类中心的距离之和达到最小为标准，其目标函数为

$$T=\min\sum_{j=1}^{K}\sum_{x\in S_j}\left\|X-m_j\right\| \tag{13.33}$$

$$m_j=\frac{1}{\sum_{i=1}^{n}y_{ij}}\sum_{i=1}^{n}y_{ij}X_i \tag{13.34}$$

其中，K 是聚类数目，m_j 是第 j 类样本 (S_j) 的均值向量 $\sum_{i=1}^{n}y_{ij}=1$，表示模式样本 i 只能分配一个聚类中心，其设置规则为：若模式样本 i 分配第 j 聚类中心，则 $y_{ij}=1$，否则 $y_{ij}=0$。

13.4.2　聚类过程

聚类分析一般可以分成三个步骤，依次是特征提取、聚类策略和参数设置。

特征提取。输入原始样本，由领域专家决定使用哪些特征来刻画样本的本质性质和结构。其中特征选取的是否合理，将会直接影响聚类结果。

聚类策略。根据聚类分析的需要，合理选取聚类算法。聚类分析算法的选择，

将直接影响聚类的结果和结果的有效性。聚类策略实际上是根据样本特征将样本进行归类，经过规格化后的数据已经没有实际意义，聚类过程不需要再有知识领域的专家参与。聚类结果可以画成一个谱系图。

参数设置。得到了聚类谱系图之后，可凭经验和领域知识，根据具体的应用来决定阈值的选取。在这个步骤中领域专家可以结合领域知识进一步分析数据，加深对样本的了解。

13.4.3 聚类分析法的分类

聚类分析法的选择取决于数据类型、聚类目的和应用领域。基于聚类分析法的数据挖掘在实践中已取得了较好的效果。实际操作中采用多种手段和方法相结合，因此它的一些应用对其算法提出了很多的要求。

(1) 可伸缩性。算法不仅能够处理小数据集，还能处理大规模的数据库对象，这就要求算法的时间复杂度不能太高。

(2) 处理不同类型数据的能力。算法不仅能处理数值型数据，还能够处理其他类型的非数值型数据，如布尔型、序数型、枚举型或这些数据的混合。

(3) 能够发现任意形状聚类。数据库中的聚类可能是任意形状的，因此要求算法有能够发现任意形状的聚类能力。

(4) 参数的弱依赖性。聚类算法常要求输入一些参数(如聚类数目、支持度等)，其值对聚类分析的结果影响很大，算法应该很好地解决参数设置问题。

(5) 能够处理噪声数据。实际数据库大部分都含有孤立点、空缺、未知数据或者错误数据，算法应尽量避免对这些数据的敏感性，以实现好的聚类。

(6) 输入记录的顺序无关性。不管输入记录的顺序如何，算法要求得到相同的结果。

(7) 高维性。算法应对二维、三维和高维数据能得到较好的聚类结果。

(8) 基于约束的聚类。在实际中往往会有很多条件约束，算法应该在这些约束下有较好的表现。

(9) 可解释性和可用性。聚类的结果最终都是面向用户的，因此可能需要某种特定的语义解释和应用相联系。

图 13.2 给出了不同算法的分类。

(1) 层次聚类法。

层次聚类法(Hierarchical Clustering Method)是目前聚类分析中应用最多的一类方法，它按照层次的形成过程将数据对象分为凝聚型和分裂型两种。凝聚型方法也就是所谓的自底向上的方法，其具体思想为：一开始将每个对象作为单独的一组，然后根据“同类相近，异类相异”的原则合并对象，直到所有的组合并

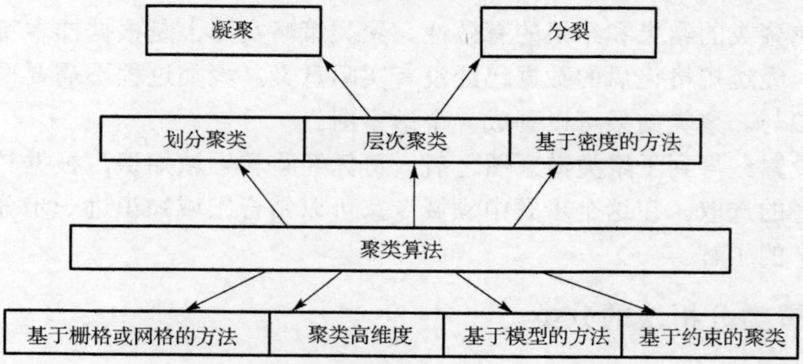

图 13.2　聚类算法的分类

成一个，或达到一个终止条件为止。分裂型层次方法即自顶向下的层次方法：开始阶段，将数据集中的全部数据对象或者数据元组统一放在一个大的分组中，然后按照一定的分组方法将一个大的分组分为几个小的分组，循环直到所有对象或者元组都在一个单独的分组中(层次的最底层)为止，或者循环满足一定的终止条件而退出。其特点是：类的个数不需事先定好；需确定距离矩阵；运算量大，适用于处理小样本数据。

事实上大多数的层次聚类方法属于凝聚型，其基本步骤相同，差别在于聚类间距离的定义不同。

①最短距离法。

最短距离法定义的类与类之间的距离为两类中最近的样本之间的距离，即

$$D_{ij} = \min_{x_k \in G_i, x_l \in G_j} \{d_{kl}\} \tag{13.35}$$

其中，d_{kl} 为样本 x_k 与 x_l 之间的距离，x_k 属于类 G_i，x_l 属于类 G_j。

该方法的计算过程如下。

首先，利用前面介绍的距离定义，计算所有样本的 $n \times n$ 维距离矩阵记为 D_0，n 是样本数目。

其次，从 D_0 中找到数值最小的元素 d_{pq} (即类 p 和 q 之间距离最小)，将 G_p 和 G_q 合并成一个新类 G_r。将 D_0 中 p、q 行及 p、q 列合并成一行和一列，其元素按最短距离法的距离定义重新计算(即计算类 G_r 与其他类之间的距离)，得到新距离矩阵 D_1。

重复上述步骤，每步中将距离矩阵中最小值元素对应的类进行合并，计算新的距离矩阵 $D_2, D_3, \cdots, D_{n-1}$，直到只剩一类为止。

最后，根据聚类过程，画出聚类图。

②最长距离法。

最长距离法的定义为类与类之间的距离为两类之间最远的样本之间的距离，即

$$D_{ij} = \max_{x_k \in G_i, x_l \in G_j} \{d_{kl}\} \tag{13.36}$$

其步骤与最短距离法的步骤是一样的，区别仅在于距离的计算方法不同。

③中间距离法。

中间距离法在计算某个合并类与其他类之间的距离时采用不同于上述两种方法的策略。设 G_p 和 G_q 两类合并为 G_k 类，某类 G_i 到 G_k 的距离 D_{ik} 为

$$D_{ik}^2 = \frac{1}{2}D_{ip}^2 + \frac{1}{2}D_{iq}^2 + \beta D_{pq}^2, \quad -\frac{1}{4} \leqslant \beta \leqslant 0 \tag{13.37}$$

当 $\beta=-\frac{1}{4}$ 时，通过几何运算可以得出 D_{ik} 是三角形的中线，D_{ip} 和 D_{iq} 是 G_i 到 G_p 和 G_q 的距离，D_{pq} 是 G_p 和 G_q 两类之间的距离。中间距离法则是取两个距离之间的一个数值，实际上用上述公式计算的中间距离就是 D_{ip} 、D_{iq} 和 D_{pq} 组成的三角形的中线长，如图 13.3 所示。

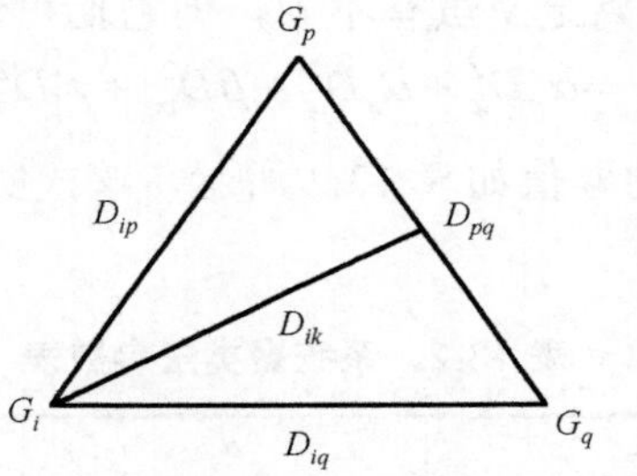

图 13.3 中间距离计算示意图

④重心法。

重心法定义两类之间的距离时两类重心之间的距离。设原类 G_p 和 G_q 中样本的数量为 n_p 和 n_q，合并为 G_k 类的样本数量 $n_k = n_p + n_q$。重心法是将样本数量考虑进去作为中间距离法计算距离公式中各项的权重系数，即

$$D_{ik}=\sqrt{\frac{n_p}{n_q}D_{ip}^2 + \frac{n_p}{n_k}D_{iq}^2 - \frac{n_p n_q}{n_k^2}D_{pq}^2} \tag{13.38}$$

当 $n_p = n_q$ 时即为中间距离法的公式。其步骤与以上三种方法基本一样，只是每合并一次类，需重新计算新类的重心及各类与新类的距离。

⑤类平均法。

类平均法中 G_p 和 G_q 之间的距离定义为

$$D_{pq} = \sqrt{\frac{1}{n_p n_q}\sum_{i \in G_p, j \in G_q} d_{ij}} \tag{13.39}$$

它就是类 G_p 与 G_q 中的所有样本对距离平方的平均距离，考虑了所有样本间的距离，被认为是层次聚类法中比较好的方法之一。

⑥方差平方和法。

当分类正确时，类内的方差应该很小，而与其他类的类间方差应该较大。它在考虑两类合并时，将合并后类内方差最小的两个类合为一类。

方差平方和就是所有类中所有变量方差的总和，即

$$S=\sum_G\sum_i (x_i-\bar{x})^{\mathrm{T}}(x_i-\bar{x}) \tag{13.40}$$

其中，x_i 为第 i 个样本的多维特征变量向量；$\bar{x}$ 为多维特征变量的均值向量；i 为样本标号。第一个加和针对各个类，第二个加和针对某类中的所有样本。

已经证明，方差平方和法的类距离计算公式可以写为

$$D_{ik}=\sqrt{\frac{n_i+n_p}{n_i+n_k}D_{ip}^2+\frac{n_i+n_q}{n_i+n_k}D_{iq}^2-\frac{n_i}{n_i+n_k}D_{pq}^2} \tag{13.41}$$

以上层次聚类法的距离定义虽有不同，但它们可用一个公式统一起来，即

$$D_{ik}^2=\alpha_p D_{ip}^2+\alpha_q D_{iq}^2+\beta D_{pq}^2+\gamma\left|D_{ip}^2-D_{iq}^2\right| \tag{13.42}$$

其中，α_p、α_q、β、γ 的取值如表 13.2 所示，该式实现了以上方法共性的统一，有利于编程。

表 13.2　系统聚类法参数表

方法	α_p	α_q	β	γ
最短距离法	1/2	1/2	0	−1/2
最长距离法	1/2	1/2	0	1/2
中间距离法	1/2	1/2	−1/4	0
重心法	n_p/n_k	n_p/n_k	$-(n_p n_q)/n_k^2$	0
方差平方和法	$(n_i+n_p)/(n_i+n_k)$	$(n_i+n_q)/(n_i+n_k)$	$-n_i/(n_i+n_k)$	0
类平均法	n_p/n_k	n_p/n_k	0	0

(2) 划分法。

划分法(Partitioning Methods，PM)是最基本的聚类方法，给定一个含有 n 个对象的数据集，其将这个数据集划分为 m 个分组，每一个代表一个聚类，且 $m<n$。这 m 个分组应该满足以下条件。

①每个分组至少包含一个数据对象。

②数据集中每一个数据对象只能唯一对应一个相应的类。

对于给定的聚类算法首先给出一个初始的分组方法，而后通过反复迭代来改变分组，使得每次改进之后的分组方案都较前一次好。划分标准一般是：同一个

分组中的对象越近越好，而不同分组中的对象越远越好。目标是使对象与其参考点之间的相异度之和最小化。其代表性的算法有 K-均值算法、K-中心点算法、CLARANS(Clustering Large Application Based Upon Randomized Search)算法等。

K-均值算法是以 K 为参数，把 n 个对象分为 K 个聚类，以使聚类内具有较高的相似度，而聚类间的相似度较低。相似度的计算根据一个聚类中对象的平均值(看做聚类的中心)来进行。其流程如下：随机地从多个对象中选择一个作为初始聚类的中心，然后根据剩余的每个对象与各个聚类中心的距离将其放入最近的分组，再重新计算每个分组的平均值，这个过程不断重复，直到准则函数收敛为止，能得到较优的聚类效果。该过程中通常采用平方误差准则，对于每个聚类中的每个对象，求出它们到所在类中心的距离的平方然后求和。这可以保证生成 k 个结果类尽可能地紧凑和独立，其定义如下：

$$E=\sum_{i=1}^{k}\sum_{p\in C_i}\left|p-m_i\right|^2 \tag{13.43}$$

其中，E 是数据集中所有对象与其所在类的中心的平方误差的总和，p 代表数据空间中的任意点，此处表示给定的数据对象，m_i 是某个聚类 C_i 所对应的平均值。

该算法简单、快速。若结果类是密集的而且类之间的区分明显，其效率较高。但只有在聚类的平均值被定义的情况下才能使用，聚类个数需要由用户预先给定，不适合于非凸球面形状的类，或者大小差别很大的类，对噪声和孤立点数据敏感。

(3)基于密度的方法。

基于密度的方法(Density-based Methods，DM)可以克服基于距离的方法只能发现“球形”聚类的缺点，且对噪声数据不敏感。其指导思想是：只要一个区域中点的密度大于某个阈值，就把它加到与之相近的聚类中去。其缺点是计算密度单元的复杂度大，且对数据维数的伸缩性较差。常见的基于密度的方法有 DBSCAN(Density-based Spatial Clustering of Applications with Noise)算法、OPTICS(Ordering Points to Identify the Clustering Structure)算法和 DENCLUE(Density-based Clustering)算法三种。DBSCAN 算法中只要邻近区域的密度(对象或数据点的数目)超过某个预先设定的阈值，该数据对象就属于此类，并继续聚类，直至所有的对象都唯一地划分到一个类中；OPTICS 算法并不是显式地进行聚类，而是为自动和相交的聚类分析计算出一个簇次序；DENCLUE 算法是基于密度函数的聚类算法，它把每一个数据点对聚类的影响利用数学函数形式化地建模，其优点是有坚实的数学基础，对大量噪声的数据集有良好的聚类特性，对高维数据集中任意形状的簇提供了简洁的数学描述，且基于单元组织数据使算法能够高效地处理大型高维数据。

(4) 网格聚类方法。

网格聚类方法(Grid-based Methods)是指用网格技术把数据空间划分为有限的格子，所有的操作都在格子上进行。基于栅格或网格方法的一个明显的优点就是处理数据的速度很快，因为其处理时间与量化空间中每一个单元的数目有关，与处理的数据对象的数目没有关联。代表算法有 STING (Statistical Information Grid) 算法、CLIQUE (Clustering in Quest) 算法和 WAVE-CLUSTER 算法[174]。

(5) 基于模型的方法。

基于模型的方法(Model-based Methods)的基本原理是：为每个聚类假设一个模型，然后去寻找满足这个模型的数据集。这个模型可能是数据点在空间中的密度分布函数或者其他函数，也可能是基于标准的统计数字自动决定聚类的数目。其潜在的假定是：目标数据集是由一系列的概率分布决定的。该方法主要通过尝试优化给定的数据和某些数学模型之间的适应性，同时通过对每组对象给定一个确定的聚类模型，来寻找数据对象和给定模型之间的最佳拟合，从而进行聚类。

聚类分析可以作为一种独立的工具来获得数据的分布情况，通过观察每个聚类的特点，集中对特定的某些聚类做进一步分析，以获得需要的信息。聚类分析的应用十分广泛。近几年各类应用数据库的数据量越来越大，聚类分析逐渐成为数学研究中一个非常活跃的内容。此外，它也以作为其他算法的预处理步骤，这些算法在生成的聚类上进行处理，在商务类分析中能帮助市场分析人员从客户基本库中发现不同的客户群，并且刻画不同的客户群的特征，进而实现客户分类。

13.5　基于特征投影的降维显示方法

化学问题往往需要在高维空间中进行多变量的描述，为使问题简单化须借助某些特征投影的方法把高维空间的数据投影到低维空间中来进行研究，比如二维或三维空间；然后在低维空间中进行观察，发现其存在的类别。计算机技术的发展使数据降维技术成为重要的数据处理手段，产生了多种数据降维的方法和模型。下面主要介绍基于特征投影的降维显示方法。

基于特征投影的降维显示方法(也称为特征投影显示判别法)的基本原理是将多元变量用特征投影的方式进行降维，得到可在二维或三维空间显示的特征变量，然后利用人眼进行分类识别。其主要方法包括：基于主成分分析(PCA)的投影显示(亦称 Karhunen-Loeve 变换)、基于主成分分析的 SIMCA(Soft Independent Modelling of Class Analogy)分类法、基于偏最小二乘(PLS)的降维方法和非线性投影法等。主成分分析是化学计量学最重要的方法之一，很多定量校正方法和模式识别方法都是在主成分分析基础上形成的。在建立近红外定量校正模型时受到广泛认可的偏最小二乘，也在模式识别方面有较大的应用价值。Barros 等对 PLS 在模式识别中的应用进行了较深入的探讨，并给出了应用实例，SIMCA 方法是 Wold 于 1976 年提出来的，其基本思想是先利用主成分分析的显示结果得到一个样本分类的基本印象，再分别建立各类样本的类模型，然后利用这些类模型对未知样本进行判别分析。

13.5.1 基于主成分分析的投影显示法

主成分投影法是近几年才出现的一种评价方法，目前已经应用在多个领域，其建模步骤如下。

(1) 指标的无量纲化。

可采用数据标准化方法。

(2) 给指标赋权。

由于评价指标较多，指标间难免有重叠信息，从而难以客观地反映各决策向量的相对地位，干扰评价结果。为此，需对指标值进行正交变换，过滤掉指标间互重叠影响。在进行多指标综合分级时，考虑到各指标对评价对象影响程度不同，在对多指标原始数据矩阵进行主成分分析时需对指标进行赋权，目前对指标赋权的方法很多，其中熵权法是比较客观的一种指标赋权方法，它根据各评价指标值来确定指标权重，所反映的是指标间的相互比较关系，因此本书采用熵权法对指标进行赋权。

①求出第 j 项指标下第 i 个指标值的比重 f_{ij}：

$$f_{ij} = x_{ij} \Big/ \sum_{i=1}^{n} x_i \tag{13.44}$$

②计算第 j 项指标的熵值 e_j：

$$e_j = -kf_{ij} \cdot \ln f_{ij}, \quad e_j > 0, \quad k = 1/\ln n$$

③计算第 j 个指标的差异性系数 g_j：

$$g_j = 1 - e_j$$

该指标的差异性系数反映的是各指标下各个指标数据值的差异性大小，某指标下的数据差异性越大，g_j 值就越大，该指标的权重也应较大，特别地，当某项指标下的数据完全相等时差异性系数最小，即 $g_j = 0$；而 $e_j = 1$ 时，$f_{ij} = 1/n$，$k = 1/\ln n$。

④确定各项指标的权重。由以上公式确定各指标的权重为

$$w_j = (1-e_j) / \sum_{j=1}^{p}(1-e_j) = g_j / \sum_{j=1}^{p} g_j \tag{13.45}$$

由此可对样本矩阵 Y 进行加权处理。若 $z_{ij}=w_{ij}\cdot y_{ij}$，则加权处理后的样本矩阵 $Z=(z_{ij})_{n\times p}$，可令评价向量为

$$\overline{d}_i=(z_{i1},z_2,\cdots,z_{ip}),\quad i=1,2,\cdots,n$$

(3) 指标的正交变换。

为了降低多个评价指标之间评价信息的相互重叠和干扰，可对原指标值做正交变换。

若 $Z'Z$ 的特征值为 $\lambda_1,\lambda_2,\cdots,\lambda_p(\lambda_1\geqslant\lambda_2\geqslant\cdots\geqslant\lambda_p\geqslant 0)$，则相应特征向量分为 $a_1,a_2,\cdots,a_p$。设 $A=(a_1,a_2,\cdots,a_p)$，则应用 $U=ZA$ 对样本矩阵 Z 做正交变换，正交变换后的评价矩阵为 $U=(u_{ij})_{n\times p}$，新的决策向量则记为 $d_i=(u_{i1},u_{i2},\cdots,u_{ip})$ $(i=1,2,\cdots,n)$。

(4) 求出理想决策向量和决策投影，进行综合评价。

将每个分级样本向量化(即把每个分级样本看做一个 p 维向量)，将理想决策标记为 $d^*=(d_1,d_2,\cdots,d_p)$，其中 $d_j=\max\limits_{1\leqslant i\leqslant n}<u_{ij}>(j=1,2,\cdots,p)$，将 d^* 单位化得到

$$d_0{}^*=\frac{1}{\|d^*\|}d^*=\frac{1}{\sqrt{d_1{}^2+d_2{}^2+\cdots+d_p{}^2}}d^* \tag{13.46}$$

计算出各决策向量在理想决策向量方向上的投影为

$$D_i=d_i\cdot d_0{}^*=\frac{1}{\sqrt{d_1{}^2+d_2{}^2+\cdots+d_p{}^2}}\sum_{j=1}^{p}d_ju_{ij} \tag{13.47}$$

作为各个样本的综合评价值，可按越大越好的原则得到最终的评价结果。

13.5.2　基于主成分分析的 SIMCA 分类法

SIMCA 算法是建立在主成分分析基础上的一种模式识别方法，基本思想是：对样本进行主成分分析得到整个样本的分类，在此基础上建立各类样本相应的类模型，然后依据该模型对未知样品进行再分类，即分别将该未知样本与各样本的类模型进行拟合，以确定未知样本类别。

SIMCA 算法实际上是在循环地使用主成分分析，具体的分析原理和流程(见图 13.4)如下。

输入样本数据，对样本数据进行主成分分析。

建立类的主成分分析模型，用主成分分析模型表示第 q 类样本中的第 k 个样本矢量 x_{ik}^q，则有

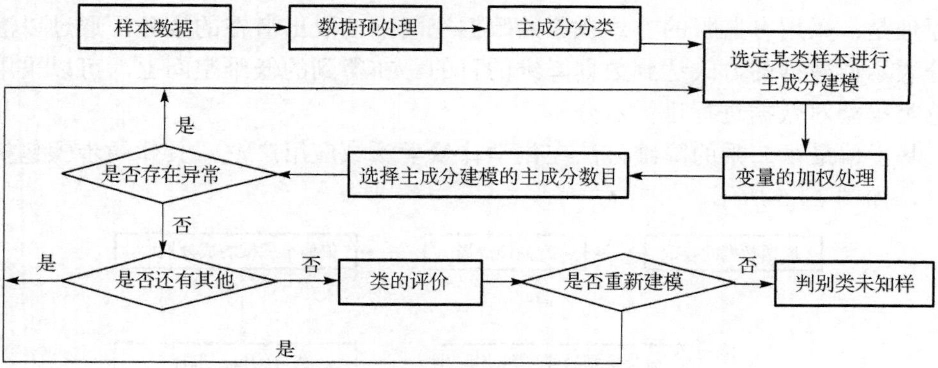

图 13.4　SIMCA 法计算流程图

$$x_{ik}^{q}=a_{i}^{q}+\sum_{a=1}^{A_q}\beta_{ia}^{q}\theta_{ak}^{q}+\varepsilon_{ik}^{q} \tag{13.48}$$

其中，a_i^q 是变量的均值，A_q 是主成分数，β_{ia}^q 是变量 i 在主成分 a 上的载荷，θ_{ak}^q 是样本 k 关于主成分 a 的得分，ε_{ik}^q 是偏差。

用所建的 q 类模型拟合未知样本 p。再用拟合残差表示未知样本 p 与 q 类模型的相似性，计算 q 类模型总体偏差和拟合残差：

$$S_0^{q^2}=\sum_{k=1}^{n_q}\sum_{i=1}^{m}\varepsilon_{ik}^2/[(n_q-A_q-1)(m-A_q)] \tag{13.49}$$

$$S_p^{q^2}=\sum_{i-1}^{m}\varepsilon_{ip}^2\Big/(m-A_q) \tag{13.50}$$

其中，n_q 是第 q 类模型的样本数目，m 是变量数，ε_{ip} 是偏差。

计算临近值 F_0 并判断未知样本归类。通过 F 显著性检验判断未知样本 p 是否属于该类模型。若 $F<F_0$，则样本 p 属于该类模型，否则样本 p 不属于该类模型。

$$F=S_p^{q^2}\Big/S_0^{q^2} \tag{13.51}$$

$$F_0=F_\alpha((m-A_q),(n_q-A_q-1)(m-A_q)) \tag{13.52}$$

其中，α 是显著性水平，$((m-A_q),(n_q-A_q-1)(m-A_q))$ 为 F 分布的自由度。

13.5.3　基于偏最小二乘的降维方法

基于偏最小二乘的降维方法是一种非常有效的数据降维方法，在实际应用中表现出了良好的性能，特别是在生物基因芯片数据等高维小样本数据中，它能够快速有效地找到性能较好的低维空间。该方法本质上是一种特征向量的回归方法，其原理是：采用有监督的方式在原始数据空间中抽取出潜在的成分，通过以潜在成分表示原数据的方式达到数据降维的目的。在得到的低维空间上，可以采用各种分类模型对数据进行进一步分析。

基于偏最小二乘的降维方法在化学计量学领域应用广泛，具体的步骤包括五部分，如图 13.5 所示。

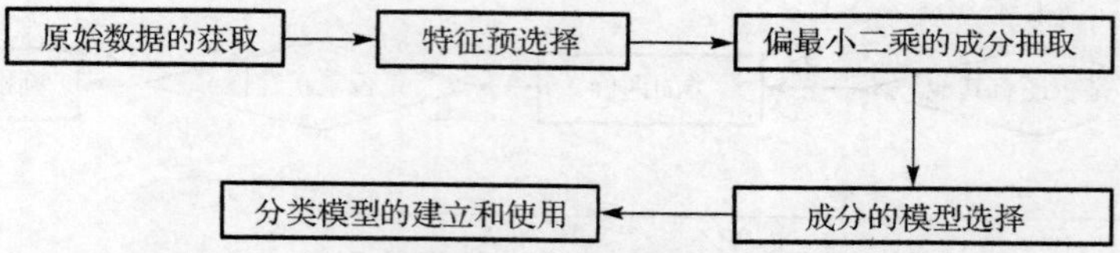

图 13.5　基于偏最小二乘的降维方法的步骤

13.5.4　非线性投影方法

与前述线性投影方法相对应的另一种方法是非线性投影(也称非线性映射)方法，它是模式识别方法中比较常见的交互模式识别方法，可以使人们从计算机显示屏上直接地看到图的分布，并根据现实的图形进行判断。

非线性投影的目的是将模式矢量从 n 维降至二维，同时还能保留模式矢量本身固有的“结构”，以便在显示屏上进行分析和检测。它可以较真实地反映模式空间中样本点的聚集状态，有较大的实用意义。

非线性投影的原理是：使 n 维空间的样本点映射到二维平面上时，样本点间的距离变化最小，当 n 维空间样本点的固有结构经映射至二维平面时，其最小值的样本数据集中的每一个样本可用一个矢量表示，并构成矢量集。

设 n 维空间中的一组数据集由 m 个样本组成，可用 $m\times n$ 维矩阵 X 表示，令 Y 为 X 的非线性投影，根据其定义，Y 应为 $m\times 2$ 的矩阵，即

$$X=\begin{bmatrix} x_{11} & x_{12} & \cdots & x_{1n} \\ x_{21} & x_{22} & \cdots & x_{2n} \\ \vdots & \vdots & & \vdots \\ x_{m1} & x_{m2} & \cdots & x_{mn} \end{bmatrix},\quad Y=\begin{bmatrix} y_{11} & y_{12} \\ y_{21} & y_{22} \\ \vdots & \vdots \\ y_{m1} & y_{m2} \end{bmatrix} \tag{13.53}$$

设投影前 n 维空间中两个样本点 i 与 j 间的欧氏距离可表示为

$$d_{ij}^{*}=\left\|x_i-x_j\right\|=\left[\sum_{k=1}^{n}\left(x_{ik}-x_{jk}\right)^2\right]^{1/2} \tag{13.54}$$

投影到二维平面后，它们在二维空间的欧氏距离可表示为

$$d_{ij}^{*}=\left\|y_i-y_j\right\|=[(y_{i1}-y_{j1})^2+(y_{i2}-y_{j2})^2]^{1/2} \tag{13.55}$$

$$E=\frac{1}{\sum_{i<j}d_{ij}^*}\sum_{i<j}\frac{(d_{ij}^*-d_{ij})^2}{d_{ij}} \tag{13.56}$$

它反映了各个样本点之间所有距离的总差距，其中，加和是对所有距离的加和，当 $d_{ij}=d_{ji}$ 时，条件 $i<j$ 能保证对所有距离加和，且没有重复；当距离 d_{ij}^* 固定不变时，d_{ij} 的改变是用非线性投影来调整投影 $y_i(i=1,2,\cdots,n)$ 的改变，从而使得误差 E 的值达到最小。

通常采用迭代的方法解决上述问题，具体步骤如下。

(1) 首先给定一个初值 y_0，计算出误差 E 的初始值 E_0。

(2) 由 $y_i^{(1)}(i=1,2,\cdots,n)$ 计算出误差 E，再根据 E 的大小调整投影，使得到的新的误差值小于初始值 E_0。

(3) 再计算下一个投影值 $y_i^{(2)}$ 和相应的误差 E，再调整投影值，反复计算 $y_i^{(3)}$，如此循环使得误差 E 不断变小，直到得到满意的结果为止。

13.6　三种经典模式分类方法的应用

60 个猪血样本的近红外光谱的波长范围为 1100～1850nm，间隔为 2nm，因此相应的光谱矩阵的维度为 60×376。其中 30 个猪血样本来自屠宰场 A，另外 30 个猪血样本来自屠宰场 B。60 个猪血样本的近红外光谱图如图 13.6 所示。

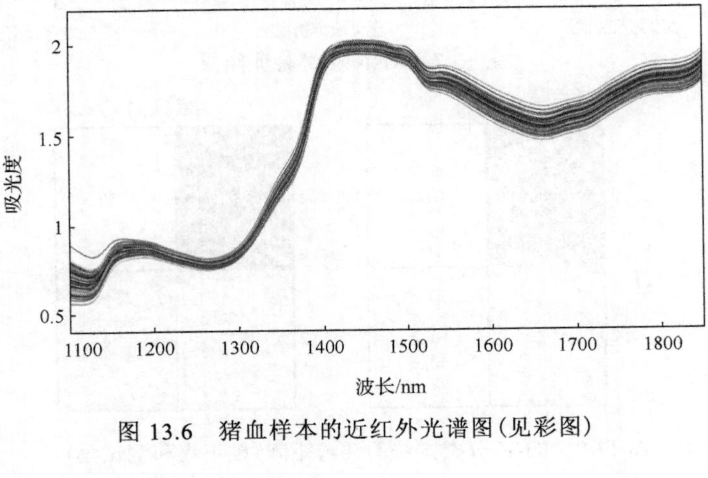

图 13.6　猪血样本的近红外光谱图(见彩图)

13.6.1　KNN 分类结果

采用 KNN 算法的分类结果如图 13.7 和图 13.8 所示。

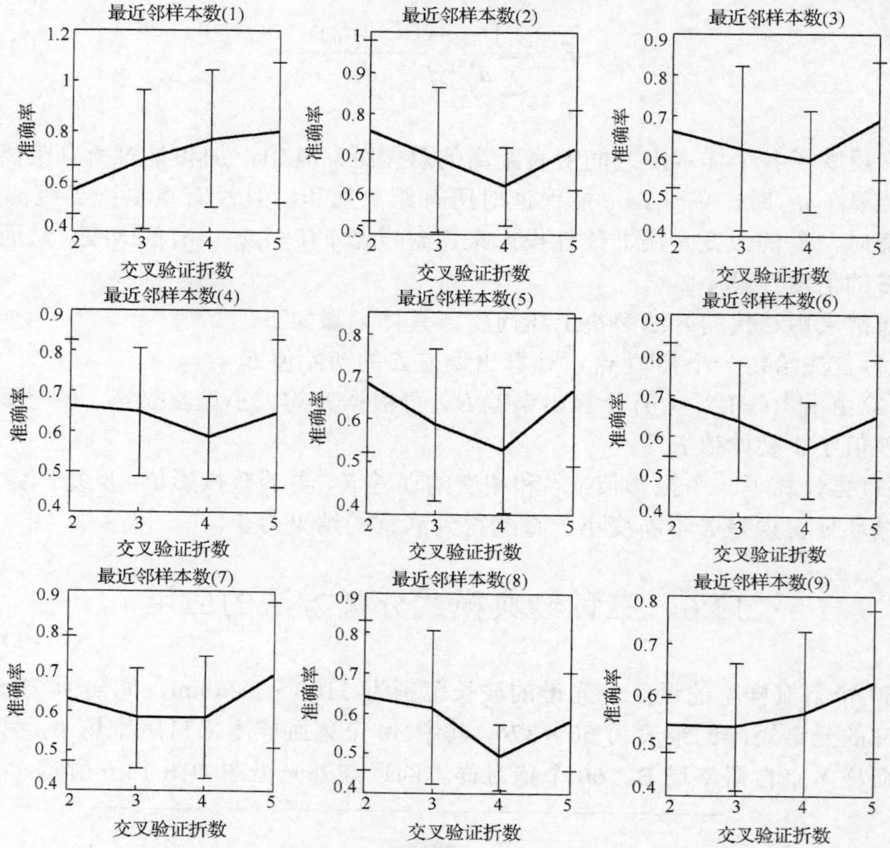

图 13.7　KNN 交叉验证结果

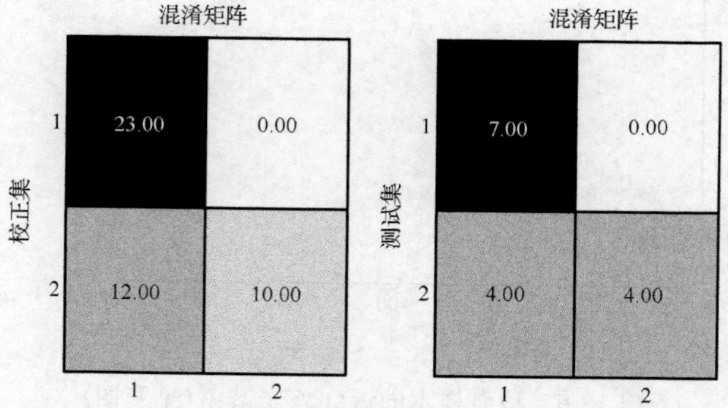

图 13.8　KNN 分类方法的混淆矩阵(校正集和测试集)

13.6.2　LDA 分类结果

采用 LDA 算法的分类结果如图 13.9～图 13.11 所示。

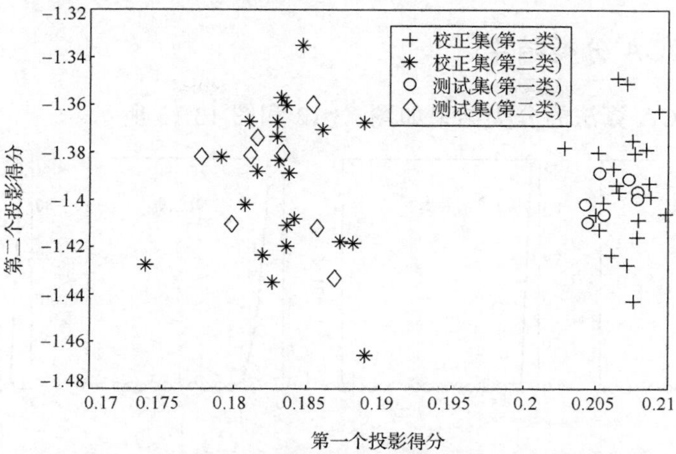

图 13.9 LDA 方法获得的二维投影图(校正集和测试集)

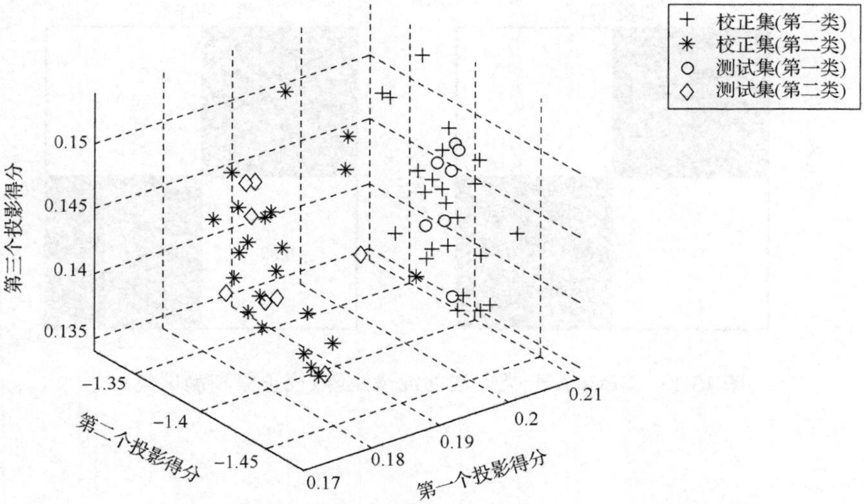

图 13.10 LDA 方法获得的三维投影图(校正集和测试集)

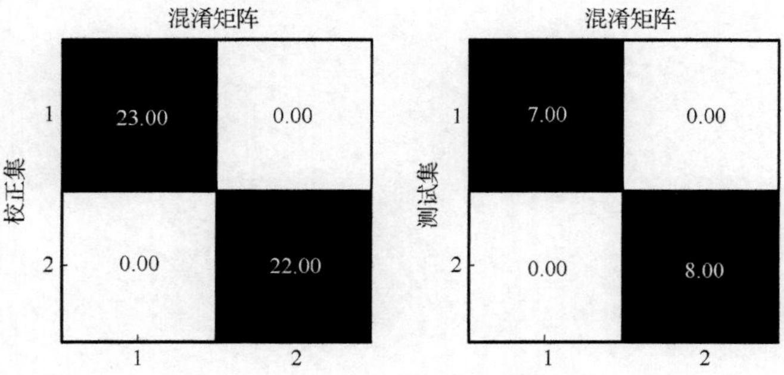

图 13.11 LDA 分类方法的混淆矩阵(校正集和测试集)

13.6.3　SIMCA 分类结果

采用 SIMCA 算法的分类结果如图 13.12 和图 13.13 所示。

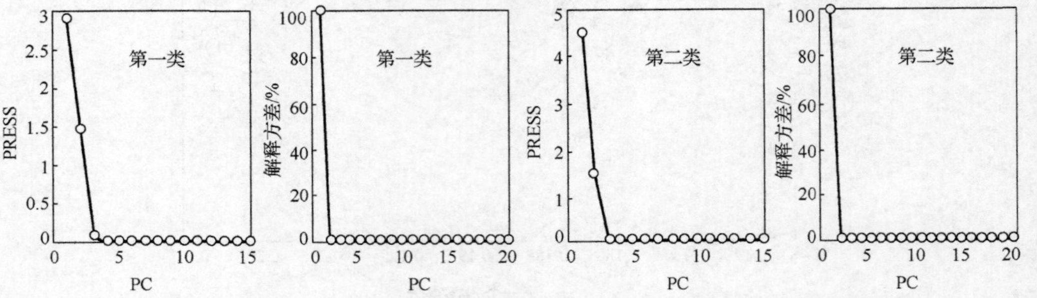

图 13.12　第一、二类样本 PRESS 和解释方差与 PC 数之间的关系

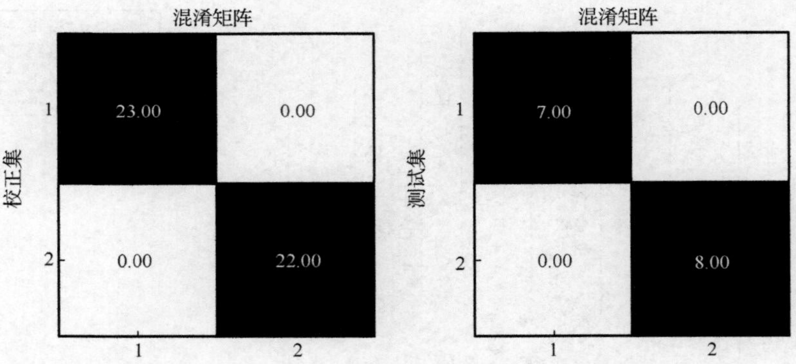

图 13.13　SIMCA 分类方法的混淆矩阵(校正集和测试集)

参考文献

[1] 李梅. 基于荧光光谱法的农药残留检测的研究[D]. 秦皇岛: 燕山大学, 2015.

[2] 倪一, 黄梅珍, 袁波, 等. 紫外可见分光光度计的发展与现状[J]. 现代科学仪器, 2004, (3): 3-7.

[3] 刘澍. 基于紫外-可见吸收光谱的供水管网水质在线异常检测方法研究[D]. 杭州: 浙江大学, 2015.

[4] 张晓燕. 基于三维荧光光谱的饮用水有机物定性判别方法研究[D]. 杭州: 浙江大学, 2018.

[5] 韩清娟. 多维光谱数据解析的化学计量学算法及应用研究[D]. 长沙: 湖南大学, 2008.

[6] Gorog S. Ultraviolet-visible spectrophotometry in modern pharmaceutical analysis[J]. Chimica Oggi-Chemistry Today, 1995, 13(6): 43-49.

[7] 王莉丽, 刘宪华, 米玛, 等. 基于光谱法的海水硝酸盐传感器开发与应用[J]. 传感器与微系统, 2014, 33(1): 75-77.

[8] 褚小立. 化学计量学方法与分析光谱分析技术[M]. 北京: 化学工业出版社, 2011.

[9] 柯以侃, 董慧茹. 分析化学手册[M]. 北京: 化学工业出版社, 2015.

[10] 陈滇宝, 仲崇祺, 陈方华, 等. 紫外可见光谱法探讨钨体系催化丁二烯聚合的活性(Ⅰ)[J]. 青岛化工学院学报, 1986, (3): 19-26.

[11] 陈滇宝, 俞志明, 仲崇祺, 等. 钨系催化合成 1,2-聚丁二烯的研究: Ⅲ. 紫外可见光谱法对聚合活性的研究[J]. 合成橡胶工业, 1992, 15(3): 164-168.

[12] 李丹, 蒋淇忠, 沙望波. 紫外可见光谱法的计算机辅助教学[J]. 大学化学, 1995, (3): 38-40.

[13] 吴玲玲, 罗瑾, 陈捷光, 等. 电化学动态研究——原位时间分辨紫外可见光谱法[J]. 化学通报, 1999, (2): 32-36.

[14] 李国平, 王玲惠. 紫外可见光谱法鉴定不同厂家圆珠笔油墨的相对书写年代[J]. 辽宁警专学报, 2000, (1): 37-39.

[15] 王岩, 吕煜, 王景翰, 等. 紫外可见光谱法分析蓝色圆珠笔油墨[J]. 广东公安科技, 2002, (4): 18-21.

[16] 王雅琼, 陈昌平, 许文林. 紫外可见光谱法测定 Cr^{3+}电化学氧化过程中的 $Cr_2O_7^{2-}$ [J]. 光谱学与光谱分析, 2003, (6): 1146-1149.

[17] 陈秀霞. 几种中草药活性成分与蛋白质相互作用的研究[D]. 南昌: 南昌大学, 2008.

[18] 郭继玺. 吡唑啉酮类衍生物的合成及其固态下的光致变色性质研究[D]. 乌鲁木齐: 新疆大学, 2008.

[19] 李继民, 王彦吉, 邹宁, 等. 紫外可见光谱法测定酱油中 4-甲基咪唑含量[J]. 光谱实验室, 2008, (2): 84-87.

[20] 钟玉婷. 含吡唑啉酮类席夫碱光致变色化合物的合成、结构及固态光致变色性质研究[D]. 乌鲁木齐: 新疆大学, 2008.

[21] 仓金顺, 武少波, 朱霞石, 等. 浊点萃取-紫外可见光谱法测定痕量钴[J]. 化学世界, 2009, 50(4): 209-212.

[22] 王晓晖, 苏佳利, 邹洪, 等. 紫外可见光谱法和主成分分析对蓝色圆珠笔油墨分类的研究[J]. 现代仪器, 2010, 16(1): 31-33.

[23] 高慧颖. 含有吗啉单元的偶氮基杯[4]芳烃衍生物的合成及其性质研究[D]. 沈阳: 辽宁大学, 2011.

[24] 李雅波, 剧锦亮. 紫外可见光谱法在材料耐老化性能检测中的应用[J]. 中国涂料, 2011, 26(8): 64-65.

[25] 王斌. 中药小分子与牛血清白蛋白的相互作用[D]. 武汉: 中南民族大学, 2011.

[26] 魏康林, 温志渝, 武新, 等. 基于紫外-可见光谱分析的水质监测技术研究进展[J]. 光谱学与光谱分析, 2011, 31(4): 1074-1077.

[27] 马亚梅, 张运良, 龚心怡, 等. 紫外可见光谱法研究芹菜素-铕配合物与 ct-DNA 的相互作用[J]. 广东化工, 2013, 40(18): 134-135.

[28] 钱建华, 李福帅, 贝秋平, 等. 紫外可见光谱法在监测水体有机污染物方面的应用[J]. 中华纸业, 2013, 34(10): 84-86.

[29] 曲崇. 共振光散射法研究金属离子-核固红-蛋白质体系的相互作用及其分析应用[D]. 新乡: 河南师范大学, 2013.

[30] 苏郁清. 化学计量学结合紫外光谱在金银花、黄芩质量控制中的应用[D]. 济南: 山东大学, 2013.

[31] 张丽娜. 水体冻结过程中溶解性有机物的光谱学特性变化[D]. 沈阳: 辽宁大学, 2013.

[32] 郭倩, 徐志. 天然金珍珠和染色金珍珠的致色因素和鉴定分析方法研究进展[J]. 岩矿测试, 2015, 34(5): 512-519.

[33] 张岚, 陈昌杰, 陈亚妍.我国生活饮用水卫生标准[J]. 中国公共卫生, 2007, (11): 1281-1282.

[34] World Health Organization. Guidelines for Drinking-Water Quality[M]. 2017.

[35] Hall J, Zaffiro A D, Marx R B, et al. On-line water quality parameters as indicators of distribution system contamination[J]. Journal American Water Works Association, 2007, 99(1): 66-77.

[36] Dahlen J, Karlsson S, Backstrom M, et al. Determination of nitrate and other water quality parameters in groundwater from UV/Vis spectra employing partial least squares regression[J]. Chemosphere, 2000, 40(1): 71-77.

[37] 徐世俊. 基于紫外可见光谱的水下多参数水质检测技术研究[J]. 水利技术监督, 2018, (3): 131-133.

[38] 张永. 基于紫外-可见光谱法水质 COD 检测方法与建模研究[D]. 合肥: 中国科学技术大学, 2017.

[39] 胡琼丹. 太湖沉积物中 DOM 的分子量组成和光谱学特征[D]. 成都: 四川师范大学, 2014.

[40] Sarraguca M C, Paulo A, Alves M M, et al. Quantitative monitoring of an activated sludge reactor using on-line UV-visible and near-infrared spectroscopy[J]. Analytical and Bioanalytical Chemistry, 2009, 395(4): 1159-1166.

[41] Scott M. Methodologies for wastewater quality monitoring[J]. Talanta, 1999, 50(4): 725-728.

[42] Bourgeois W, Burgess J E, Stuetz R M. On-line monitoring of wastewater quality: a review[J]. Journal of Chemical Technology and Biotechnology, 2001, 76(4): 337-348.

[43] Stuetz R. Using sensor arrays for on-line monitoring of water and wastewater quality[J]. American Laboratory, 2001, 33(2): 10-15.

[44] Matsche N, Stumwohrer K. UV absorption as control-parameter for biological treatment plants[J]. Water Science and Technology, 1996, 33(12): 211-218.

[45] Dobbs R A , Wise R H , Dean R B. The use of ultra-violet absorbance for monitoring the total organic carbon content of water and wastewater[J]. Water Research, 1972, 6(10): 1173-1180.

[46] Brookman S K E. Estimation of biochemical oxygen demand in slurry and effluents using ultra-violet spectrophotometry[J]. Water Research, 1997, 31(2): 372-374.

[47] Tsoumanis C M, Giokas D L, Vlessidis A G. Monitoring and classification of wastewater quality using supervised pattern recognition techniques and deterministic resolution of molecular absorption spectra based on multiwavelength UV spectra deconvolution[J]. Talanta, 2010, 82(2): 575-581.

[48] 胡扬俊. 荧光光谱分析在几种果汁饮品检测中的应用[D]. 无锡: 江南大学, 2014.

[49] Diaz T G, Valenzuela M I A, Salinas F. Determination of the pesticide naptalam, at the ppb level, by FIA with fluorimetric detection and on-line preconcentration by solid-phase extraction on C-18 modified silica[J]. Analytica Chimica Acta, 1999, 384(2): 185-191.

[50] Danielsson B, Surugiu I, Dzgoev A, et al. Optical detection of pesticides and drugs based on chemiluminescence-fluorescence assays[J]. Analytica Chimica Acta, 2001, 426(2): 227-234.

[51] 许金钩. 荧光分析方法[M]. 北京: 科学出版社, 2006.

[52] 郭德济, 孙洪飞. 光谱分析法[M]. 重庆: 重庆大学出版社, 1999.

[53] 谈爱玲, 王思远, 赵勇, 等. 基于三维荧光光谱和四元数主成分分析的食醋品牌溯源研究[J]. 光谱学与光谱分析, 2018, 38(7): 2163-2169.

[54] 田广军. 基于三维荧光谱参数化及模式识别的水中油类鉴别与测定[D]. 秦皇岛: 燕山大学, 2005.

[55] 崔立超. 荧光光谱法在农药残留检测中的应用研究[D]. 秦皇岛: 燕山大学, 2006.

[56] 刘洁. 荧光法测定氨基甲酸酯类农药和己烯雌酚[D]. 沈阳: 东北大学, 2011.

[57] 许鹤. 基于荧光光谱技术的农药残留检测方法的研究[D]. 长春: 长春理工大学, 2012.

[58] 宋杰瑶. 荧光纳米材料的制备及其在水体污染物检测方面的应用[D]. 合肥: 中国科学技术大学, 2018.

[59] 赵园园. 荧光分光光度计光机结构设计[D]. 天津: 天津理工大学, 2013.

[60] 魏立娜. 荧光分光光度计的结构与应用[J]. 生命科学仪器, 2007, 5(7): 61-62.

[61] 陈至坤. 基于微通道系统的石油污染物荧光光谱测量研究[D]. 秦皇岛: 燕山大学, 2016.

[62] 程朋飞. 基于三维荧光与二阶校正分析的复杂体系油类污染物检测方法研究[D]. 秦皇岛: 燕山大学, 2017.

[63] 肖长江, 张景超. 三维荧光光谱多峰校正测量水中汽油浓度[J]. 发光学报, 2017, 38(10): 1391-1402.

[64] 徐婧. 三维荧光数据处理算法研究及在有机物含量检测中的应用[D]. 秦皇岛: 燕山大学, 2017.

[65] Wu X H, Liu J J, Wang Q, et al. Spectroscopic and molecular modeling evidence of clozapine binding to human serum albumin at subdomain IIA[J]. Spectrochimica Acta Part A: Molecular and Biomolecular Spectroscopy, 2011, 79(5): 1202-1209.

[66] 辛建伟. 药物及纳米材料与牛血清白蛋白相互作用的光谱研究[D]. 延安: 延安大学, 2013.

[67] Yue Y, Zhang Y, Zhou L, et al. In vitro study on the binding of herbicide glyphosate to human serum albumin by optical spectroscopy and molecular modeling[J]. Journal of Photochemistry and Photobiology B:Biology, 2008, 90(1): 26-32.

[68] Wang G K, Wang D C, Li X A, et al. Exploring the binding mechanism of dihydropyrimidinones to human serum albumin: spectroscopic and molecular modeling techniques[J]. Colloids and Surfaces B: Biointerfaces, 2011, 84(1): 272-279.

[69] 王同申. 便携式荧光(紫外)、激光笔在不同种属及易混淆中药饮片中鉴别应用[J]. 中国农村卫生, 2018, (4): 4.

[70] 刘俊发. 牡丹皮和几种中成药中丹皮酚的荧光分析方法研究[D]. 石家庄: 河北师范大学, 2017.

[71] 穆园园. 四氢小檗碱类化合物的荧光性质及其分析方法研究[D]. 石家庄: 河北师范大学, 2014.

[72] 乔江鹏. 小檗碱类化合物的荧光性质及其分析方法研究[D]. 石家庄: 河北师范大学, 2014.

[73] 周春惠. 喜树碱类化合物的荧光性质及其分析方法研究[D]. 石家庄: 河北师范大学, 2014.

[74] 陈小康, 孙素琴, 李隆弟. 中药注射剂荧光光谱法的快速鉴别和热稳定性研究[J]. 分析化学, 2002, 30(10): 1168-1173.

[75] 吕永为, 郭祥群. 荧光分光光度法测定两种中药对羟基自由基的清除作用[J]. 厦门大学学报(自然科学版), 2004, 43(2): 208-212.

[76] 史训立, 魏永巨, 张英华, 等. 中药白芨水浸液的荧光光谱研究[J]. 光谱学与光谱分析, 2007, 27(4): 769-772.

[77] 张海容, 武晓燕. 荧光探针法研究10种中药多糖及黄酮对DNA的保护作用[J]. 光谱学与光谱分析, 2007, 27(2): 346-349.

[78] 郝爱鱼, 赵丽元, 刘英慧, 等. HPLC 柱后光衍生荧光法测定中药饮片中黄曲霉毒素残留量[J]. 药物分析杂志, 2012, 32(12): 2203-2207.

[79] 彭月, 李雪莲, 银玲, 等. 荧光衍生法测定中药二氧化硫残留量研究[J]. 中国中药杂志, 2013, 38(2): 212-216.

[80] 赵筱萍, 冈敏, 张伯礼. 一种基于荧光探针和 HK-2 细胞的中药肾毒性物质筛查方法及其应用[J]. 中国中药杂志, 2013, 38(10): 1577-1580.

[81] 王淑静, 张晴, 王立屏, 等. 牛蒡苷与牛蒡苷元的荧光性质及中药牛蒡子中牛蒡苷的荧光法测定[J]. 分析测试学报, 2014, 33(2): 138-143.

[82] 车翠霞. 中药成分香草酸和咖啡酸的荧光分析方法研究[D]. 石家庄: 河北师范大学, 2017.

[83] 刘仔明, 李丛舒, 张毓秋, 等. 荧光猝灭法测定中药夏枯草、淡竹叶黄酮[J]. 广州化工, 2018, 46(5): 104-106.

[84] 秦斌, 王炳志, 闫研, 等. 中药材中有机磷农药荧光试纸条的开发[J]. 中国现代中药, 2018, 20(4): 432-436.

[85] 周舒, 邵楠, 姜益善. 红外分光光度法测定水质中石油类和动植物油的分析[J]. 山西建筑, 2018, 44(10): 183-184.

[86] 黄钟霆, 彭锐, 于磊. 红外分光光度法测定水体中石油类及萃取剂的选择[J]. 光谱实验室, 2010, 27(2): 655-657.

[87] 孙茜, 王艳洁, 于涛, 等. 海水中油类荧光分光光度法测定结果的有效位数推算[J]. 中国计量, 2018, (1): 104-105.

[88] 高颜, 李军生, 王倩倩, 等. 电化学与光谱法研究茜根定与 DNA 的相互作用[J]. 食品工业, 2015, 36(3): 229-232.

[89] 陈岩, 赵宇明. 紫外可见光谱法测定食醋中4-甲基咪唑含量[J]. 食品研究与开发, 2016, 37(24): 128-131.

[90] 黄亚君, 欧晓霞, 胡友彪. 腐殖酸及其与金属络合物的光谱学表征[J]. 绿色科技, 2016, (4): 53-56.

[91] 李津津, 郑锦辉. 紫外分光光度法测定海水中石油类的不确定度评定[J]. 陕西理工学院学报(自然科学版), 2016, 32(4): 54-59.

[92] 王斌, 王晓红, 乌英嘎, 等. 多酸 Eu-$PMo_{12}O_{40}$可逆变色/荧光开关性质对维生素C的光谱检测[J]. 无机化学学报, 2016, 32(6): 994-1000.

[93] 安乐. 紫外分光光度法测定海水中石油类的不确定度评定[J]. 海洋环境科学, 2017, 36(2): 303-306.

[94] 郭兴飞. 紫外-可见光谱法鉴别印油的种类[J]. 广东公安科技, 2017, 25(2): 18-22.

[95] 李晶晶, 白光明, 于瀛鑫. GC-MS 法与红外分光光度法测定水中石油类烃含量的方法比对[J]. 黑龙江科技信息, 2017, (4): 156-157.

[96] 王慧梅. 水质石油类和动植物油类监测过程注意事项[J]. 当代化工研究, 2017, (12): 32-33.

[97] 曹飞. 红外分光光度法模拟测定锅炉烟气中油含量的研究[J]. 中氮肥, 2018, (1): 60-64.

[98] 马晓利, 苏丽娜, 庞林, 等. 快速溶剂萃取-红外分光光度法测定低含量油污染土壤中总石油烃的含量[J]. 理化检验(化学分册), 2018, 54(4): 388-392.

[99] 薛晓杰, 王诚熹, 姜巍巍. 正己烷紫外分光光度法测定地表水中石油类的方法改进[J]. 净水技术, 2018, 37(S1): 34-35.

[100] 黄常钊. 阵列式近红外光谱信号获取技术研究[D]. 广州: 暨南大学, 2011.

[101] 战皓. 近红外光谱技术在赤芍等中药材中定量分析应用研究[D]. 北京: 中国中医科学院, 2017.

[102] 陆婉珍. 近红外光谱仪器[M]. 北京: 化学工业出版社, 2010.

[103] 张敏. 轻型傅里叶变换光谱仪干涉系统研究[D]. 长春: 中国科学院长春光学精密机械与物理研究所, 2018.

[104] 高天祎. 中草药防风的光谱特性研究[D]. 大庆: 黑龙江八一农垦大学, 2017.

[105] 杜敏. 中药近红外光谱检测影响因素的研究[D]. 北京: 北京中医药大学, 2013.

[106] 吴利敏. 近红外光谱法快速检测某些中药及中成药品质的应用研究[D]. 重庆: 西南大学, 2013.

[107] 王向丽. 红外光谱法和X射线衍射技术在中药配方颗粒定性鉴别方面的应用[D]. 石家庄: 河北师范大学, 2015.

[108] 张洁. 红外光谱法和 X 射线衍射技术在中成药定性鉴别方面的应用[D]. 石家庄: 河北师范大学, 2015.

[109] 刘辉. 红外光谱辐射药剂及辐射特性研究[D]. 南京: 南京理工大学, 2017.

[110] 贾灿潮, 李俊妮, 李荣, 等. 中药快速分析技术的发展及其前景[J]. 药物分析杂志, 2018, (9): 1476-1483.

[111] 汪方舟. 近红外光谱建模法在中药质检中的应用[J]. 山东农业大学学报(自然科学版), 2018, (5): 1-3.

[112] 王月. 基于红外光谱与化学计量学对中药的鉴定方法研究[D]. 北京: 北京中医药大学, 2018.

[113] 张卫东, 李灵巧, 胡锦泉, 等. 基于堆栈稀疏自编码融合核极限学习机的近红外光谱药品鉴别[J]. 分析化学, 2018, 46(9): 1446-1454.

[114] 江婷. FTIR 光谱仪的微弱信号检测技术研究[D]. 合肥: 中国科学技术大学, 2018.

[115] 李欣. MEMS 扫描微镜光谱仪的嵌入式系统研究[D]. 赣州: 江西理工大学, 2018.

[116] 唐开婷. 便携式近红外光谱仪预测苜蓿干草品质模型建立与应用[D]. 石河子: 石河子大学, 2018.

[117]朱文静, 李林, 李美清, 等. 红外热成像与近红外光谱结合快速检测潜育期番茄花叶病[J]. 光谱学与光谱分析, 2018, 38(9): 2757-2762.

[118] 邹爱笑. 基于近红外光谱技术的淀粉含水量预测[D]. 北京: 北方工业大学, 2017.

[119] 赖秀娣, 林晓菁, 龚雪, 等. 近红外光谱法快速测定穿心莲中穿心莲内酯的含量[J]. 中国医药工业杂志, 2018, 49(9): 1300-1305.

[120] 邵月华, 邵忠松. 傅里叶红外光谱法对海参品质的研究[J]. 食品工业, 2018, 39(9): 179-180.

[121]张亚坤, 罗斌, 宋鹏, 等. 基于近红外光谱的大豆叶片可溶性蛋白含量快速检测(英文)[J]. 农业工程学报, 2018, 1(18): 187-193.

[122] Kramers H A. The quantum theory of dispersion[J]. Nature, 1924, 114(2861): 310-311.

[123] 李政. 拉曼散射理论及其应用[D]. 北京: 北京工业大学, 2005.

[124] 胡军, 胡继明. 拉曼光谱在分析化学中的应用进展[J]. 分析化学, 2000, 28: 764-771.

[125] Krishnan K S. A new type of secondary radiation[J]. Nature, 1928, 121(3048): 501-502.

[126] 林漫漫. 激光拉曼光谱对血糖含量的分析[D]. 桂林: 广西师范大学, 2012.

[127] 张帅. 拉曼光谱预处理及多组分分析方法研究[D]. 哈尔滨: 哈尔滨工程大学, 2009.

[128] 李琼. 微型拉曼光谱仪的拉曼光谱数据处理方法研究[D]. 重庆: 重庆大学, 2008.

[129] Muik B, Lendl B, Molina-Díaz A, et al. Determination of oil and water content in olive pomace using near infrared and Raman spectrometry: a comparative study[J]. Analytical and Bioanalytical Chemistry, 2004, 379(1): 35-41.

[130] Chauchard F, Cogdill R, Roussel S, et al. Application of LS-SVM to non-linear phenomena in NIR spectroscopy: development of a robust and portable sensor for acidity prediction in

grapes[J]. Chemometrics and Intelligent Laboratory Systems, 2004, 71(2): 141-150.
[131] 林艺玲. 成品汽油关键成分的拉曼光谱分析[D]. 杭州: 浙江大学, 2011.
[132] Schmidt W F, Kraaijveld M A, Duin R. Feedforward Neural Networks with Random Weights[M]. New York: Springer, 1992.
[133] 姜承志. 拉曼光谱数据处理与定性分析技术研究[D]. 长春: 中国科学院长春光学精密机械与物理研究所, 2014.
[134] 蒋玉凌. 拉曼光谱技术用于分析红酵母产类胡萝卜素的研究[D]. 桂林: 广西师范大学, 2014.
[135] 黄承伟. 仪器间的光谱模型传递及谱图标准化[D]. 杭州: 浙江大学, 2012.
[136] Williams K P J, Aries R E, Cutler D J, et al. Determination of gas oil cetane number and cetane index using near-infrared Fourier-transform Raman spectroscopy[J]. Analytical Chemistry, 1990, 62(23): 2553-2556.
[137] Chung W M, Wang Q, Sezerman U, et al. Analysis of aviation turbine fuel composition by laser Raman spectroscopy[J]. Applied Spectroscopy, 1991, 45(9): 1527-1532.
[138] Clarke R H, Chung W M, Wang Q, et al. Determination of aromatic composition of fuels by laser Raman spectroscopy[J]. Journal of Raman Spectroscopy, 1991, 22(2): 79-82.
[139] 王吉有, 王闵, 刘玲, 等. 拉曼光谱在考古中的应用[J]. 光散射学报, 2006, 18(2): 130-133.
[140] 罗曦芸, 叶菲, 吴来明, 等. 便携式拉曼光谱用于文物及文物保护材料光老化作用的快速评价[J]. 光谱学与光谱分析, 2010, 30(9): 2405-2408.
[141] 乔西娅. 拉曼光谱特征提取方法在定性分析中的应用[D]. 杭州: 浙江大学, 2010.
[142] 黄伟, 潘建基, 陈荣, 等. 鼻咽癌离体组织拉曼光谱的测量[J]. 光谱学与光谱分析, 2009, 29(5): 1304-1307.
[143] 董学锋. 拉曼光谱传递与定量分析技术研究及其工业应用[D]. 杭州: 浙江大学, 2013.
[144] 杨文沛, 姚辉璐, 朱淼, 等. 单个肝癌细胞的拉曼光谱分析研究[J]. 激光与红外, 2007, 37(2): 824-827.
[145] Abigail S H, Zoya V, Joseph A, et al. In vivo margin assessment during partial mastectomy breast surgery using Raman spectroscopy[J]. Cancer Research, 2006, 66(6): 3317-3322.
[146] Haka A S, Shafer-Peltier K E, Fitzmaurice M, et al. Diagnosing breast cancer by using Raman spectroscopy[J]. Proceedings of the National Academy of Sciences of the United States of America, 2005, 102(35): 12371-12376.
[147] Huang Z, McWilliams A, Lui H, et al. Near-infrared Raman spectroscopy for optical diagnosis of lung cancer[J]. International Journal of Cancer, 2003, 107(6): 1047-1052.
[148] Stone N, Kendall C, Smith J, et al. Raman spectroscopy for identification of epithelial

cancers[J]. Faraday Discussions, 2004, 126(2): 141-157.

[149] 李正雷，范广强，胡顺星，等. 拉曼激光雷达探测对流层二氧化碳浓度分布[J]. 科技信息，2012, 16: 149-150.

[150] Cécile B, Paul R, Fabienne G, et al. Structural heterogeneity of wheat arabinoxylans revealed by Raman spectroscopy[J]. Carbohydrate Research, 2006, 341(9): 1186-1191.

[151] 金菊良. 遗传算法及其在水科学中的应用[M]. 成都：四川大学出版社, 2000.

[152] Whitley D. A genetic algorithm tutorial[J]. Statistics and Computing, 1994, 4: 65-85.

[153] Holland J H. Adaptation in Natural and Artifial Systems[M]. New York: Springer, 1992.

[154] Chen Z X. Wang Y G. A modified extreme learning machine with sigmoidal activation functions[J]. Neural Computing and Applications, 2013, 22(4): 541-550.

[155] Huang G B. What are extreme learning machines? Filling the gap between Frank Rosenblatt's dream and John von Neumann's puzzle[J]. Cognitive Computation, 2015, 7(3): 263-278.

[156] Benoít F, Heeswijk M, Miche Y, et al. Feature selection for nonlinear models with extreme learning machines[J]. Neurocomputing, 2013, 102: 111-124

[157] Huang G S, Gupta S, Wu J N. Semi-supervised and unsupervised extreme learning machines[J]. IEEE Transactions on Cybernetics, 2014, 44(12): 2405-2417.

[158] Huang G B. An insight into extreme learning machines: random neurons, random features and kernels[J]. Cognitive Computation, 2014, 6(3): 376-390.

[159] Albadr M A A, Tiun S. Extreme learning machine: a review[J]. International Journal of Applied Engineering Research, 2017, 12: 4610-4623.

[160] Pao B I. Stochastic choice of basis functions in adaptive function approximation and the functional-link net[J]. IEEE Transactions on Neural Networks, 1995, 6(6): 1320-1329.

[161] Huang G H, Song G B, You S K. Trends in extreme learning machines: a review[J]. Neural Networks, 2015, 61: 32-48.

[162] Wang Y C, Yuan F Y. A study on effectiveness of extreme learning machine[J]. Neurocomputing, 2011, 74(16): 2483-2490.

[163] 郭新辰. 最小二乘支持向量机算法及应用研究[D]. 长春：吉林大学, 2008.

[164] Dai J J, Lieu L, Rocke D. Dimension reduction for classification with gene expression microarray data[J]. Statistical Applications in Genetics and Molecular Biology, 2006, 5(1): 6.

[165] 宫凤强，李夕兵. 距离判别分析法在岩体质量等级分类中的应用[J]. 岩石力学与工程学报, 2007, 26(1): 190-194.

[166] 李乡儒，胡占义，赵永恒. 基于 Fisher 判别分析的有监督特征提取和星系光谱分类[J]. 光谱学与光谱分析, 2007, 27(9): 1888-1901.

[167] 蒋胜晖, 文畅平. 陶瓷原料分类的 Bayes 判别分析法[J]. 硅酸盐通报, 2008, 27(3): 419-423.
[168] 吴晓军, 罗立强, 甘露, 等. 用系统聚类分析法与 ALKNN 法进行地质、合金样品分类研究[J]. 分析科学学报, 2002, 18(3): 203-206.
[169] Lu Y, Fotouhi F, Deng Y, et al. Incremental genetic K-means algorithm and its application in gene expression data analysis[J]. BMC Bioinformatics, 2004, 5: 172.
[170] Shehroz S K. Cluster center initialization algorithm for K-means clustering[J]. Pattern Recognition Letters, 2004, 25: 1293-1302.
[171] 翁怀荣. 蚁群算法的聚类分析研究及在 HRM 中的应用[D]. 成都: 四川大学, 2006.
[172] Dunham M H. 数据挖掘教程[M]. 北京: 清华大学出版社, 2005.
[173] 俞汝勤. 化学计量学导论[M]. 长沙: 湖南教育出版社, 1991.
[174] 朱明. 数据挖掘[M]. 北京: 中国科学技术出版社, 2002.
[175] Karaboga D, Ozturk C. A novel clustering approach: artificial bee colony (ABC) algorithm[J]. Applied Soft Computing, 2011, 11(1): 652-657.
[176] Barros A S, Rutledge D N. PLS cluster: a novel technique for cluster analysis[J]. Chemometrics and Intelligent Laboratory Systems, 2004, 70(2): 99-112.

彩　　图

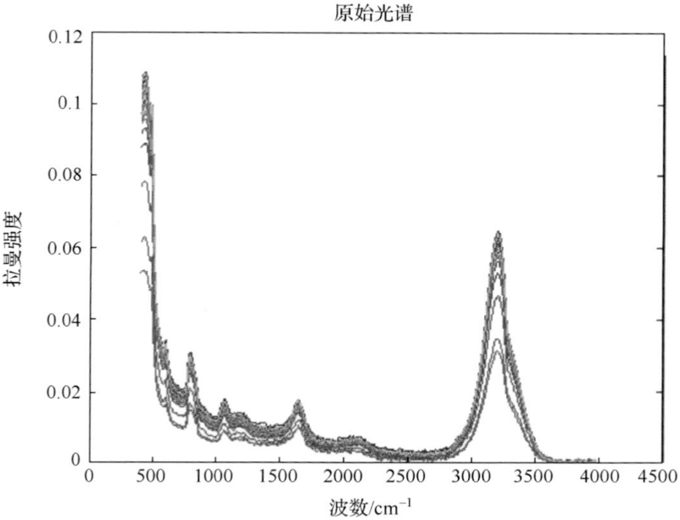

图 6.1　原始拉曼光谱图

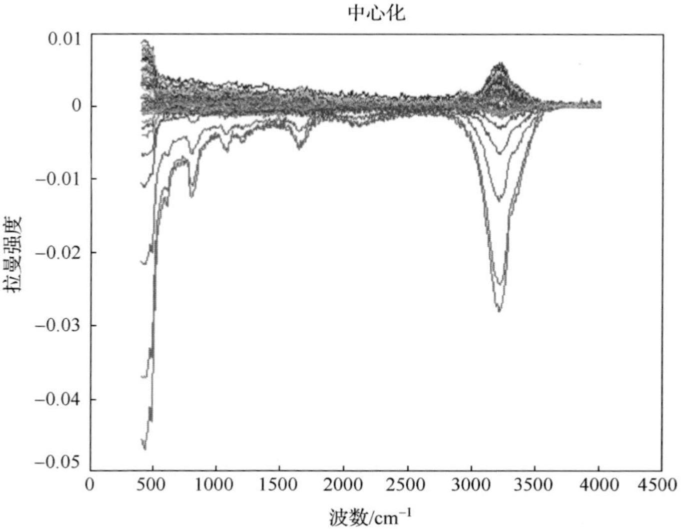

图 6.2　中心化后的拉曼光谱图

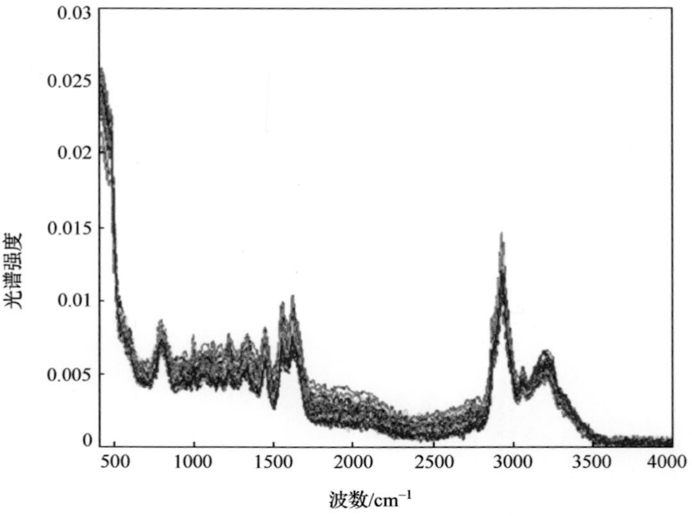

图 7.3　106 组葡萄糖溶液数据原始拉曼光谱图

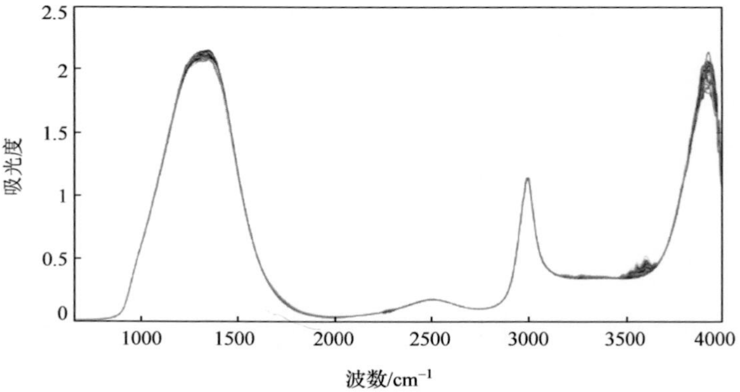

图 8.1　23 个葡萄糖溶液样本的 ATR 光谱图

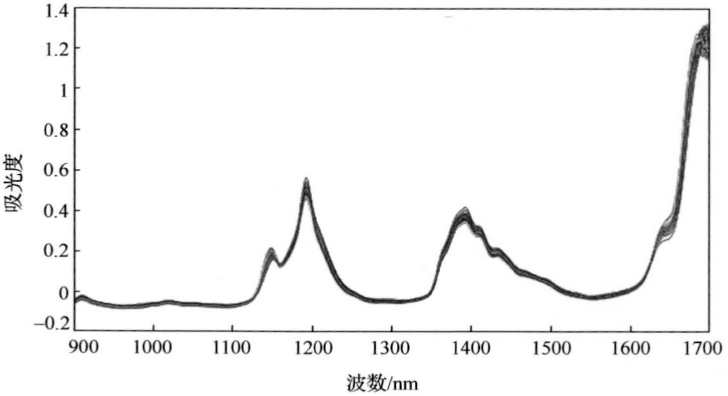

图 8.2　60 个汽油样本的近红外光谱图

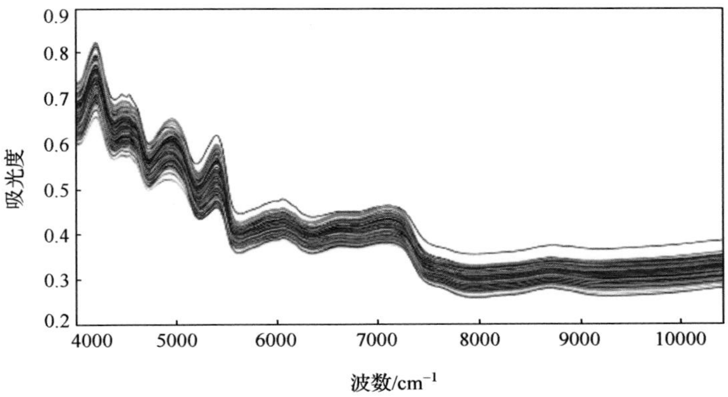

图 9.2　215 个烟草数据原始近红外光谱图

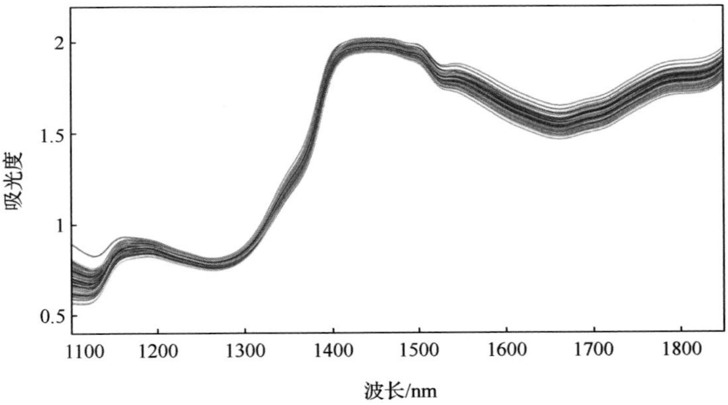

图 13.6　猪血样本的近红外光谱图